제3판

위상수학 개론

INTRODUCTION TO TOPOLOGY

| 김진홍 지음 |

KM 경문사

머리말

위상수학은 20세기 초 학문적으로 확립된 이후 비약적으로 발전하여 기하학이나 해석학과 같은 타 학문 분야의 지식과의 융합적 학문으로 발전해가고 있다. 이 책은 위상수학의 입문서로서 미래 전문적인 위상수학 연구자가 갖추어야 할 기본적 학문 소양을 키우는 것을 목표로 하여 쓰여졌다. 이러한 목표를 염두에 두고 이 책에서는 위상수학의 입문자들이 숙지해야 할 가장 기본적이고 핵심적인 내용만을 엄선하여 구성하였다. 이는 대학에서 수학을 지도하는 교육자로서 위상수학에 입문하는 학생들을 위한 교재가 너무 많은 내용을 제시할 경우, 위상수학의 핵심 개념을 놓칠 가능성이 높을 뿐만 아니라 지나친 학습 부담으로 학습 의욕을 저하시키는 요인으로 작용하는 것을 목격하였기 때문이다. 또한 이 책에서는 모든 내용을 가능한 쉽게 이해할 수 있도록 많은 예제를 소개하였고, 기본적인 문제와 참신한 문제를 많이 제시하고자 노력하였다. 입문자들에게는 추상적인 설명보다는 핵심 개념이 응용되는 과정을 예제 및 문제들을 통해 제공하는 것이 위상수학에 쉽게 접근하는데 도움이 되기 때문이다. 특히 임용시험에 나왔던 문제들과 유사한 문제를 많이 소개하여 시험을 준비하는 학생들에게 크게 도움이 되게 하였다.

일반위상수학은 학생들이 그 동안 접해보지 못했던 추상적인 논리적 사고를 하도록 요구하고 있고, 해석학이나 타 분야와 다르게 심각한 계산과정을 통해 답을 도출하도록 요구하지는 않는다. 일반위상수학에서 사용되는 계산은 아주 초보적이어서 약간 과장해서 말하면 $1+1=2$ 정도 수준의 계산만을 요구한다고 할 수 있다. 물론 간혹 집합론의 기본지식과 기수와 순서수 등의 계산을 필요로 하는 경우도 있지만, 이것은 강의할 때 간단한 설명을 통해 해결될 수 있는 정도의 수준이다. 따라서 이 책에서는 집합론에 관한 내용을 포함하지 않기로 했다. 집합론에 관한 기본적인 지식은 Y.-F. Lin과 S.-Y. T. Lin의 《Set Theory: An intuitive approach》나 경문사에서 출판된 그 번역본 등을 참고하기 바란다(참고 문헌에서 [1], [4], [7], [10]).

이 책은 모두 8장으로 구성되어 있다. 제1장은 위상수학의 정의와 위상공간을 만드는 일반적인 방법에서 중요한 역할을 하는 기저와 부분기저에 관한 내용을 자세히 소개하였다. 제2장은 먼저 닫힌집합의 개념을 소개하고 폐포, 내부, 경계 등을 다양한 예를 통해 학습할 수 있도록 구성하였다. 특히 분리공리 중의 하나인 하우스도르프 공리를 만족하는 위상공간의 성질을 자세히 살펴볼 수 있다. 제3장에서는 유클리드 공간에서 많이 다루는 연속함수의 개념을 일반적인 위상공간으로 확장하였다. 유클리드 공간에서 정의된 연속함수의 그래프는 연속적으로 그려야 하는 것이 일반적인 현상이지만, 일반적인 위상공간에서 정의된 연속함수는 그 그래프가 연속적으로 그릴 필요가 없다는 특징이 있다. 제4장은 제1장에서 간단히 다루었던 곱공간을 성분이 무한개인 경우로 확장하였다. 성분이 무한개인 곱위상공간은 성분이 유한개인 곱위상공간과 여러 가지 면에서 많은 차이가 난다. 제5장은 주어진 전사함수와 정의역의 위상을 이용하여 전사함수가 연속이 되도록 공역에 가장 큰 위상을 주는 방법에서 필요한 개념인 상사상과 상위상을 소개한다. 제6장과 제7장에서는 연결공간과 컴팩트공간에 관한 정의와 여러 가지 성질을 정리하였다. 특히 연결성분과 길연결성분을 구하는 방법, 완비거리공간, 국소컴팩트와 한점컴팩트화와 같은 개념도 같이 소개하였다. 제8장은 제2장에서 이미 소개된 분리공리보다 더 강한 개념인 정칙공간과 정규공간을 간단히 소개하였고, 제1가산공리와 제2가산공리를 만족하는 위상공간의 예와 여러 성질을 알아보았다. 이 장의 마지막 부분에서는 우리손의 보조정리와 티체의 확장정리를 증명 없이 서술하였다. 이 책의 부록에서는 일반위상수학에서 자주 등장하는 중요한 예인 하극한위상공간 $\mathbb{R}_l$, 여유한위상공간 $\mathbb{R}_f$, 여가산위상공간 $\mathbb{R}_c$, K-위상공간 $\mathbb{R}_K$ 등의 성질을 정리하였다. 이 책은 저자가 Munkres의 책을 오랫동안 강의한 경험의 결과물이며 이 책을 집필하기 위해 참고 문헌에서 [2], [3], [5], [6], [8], [9] 등의 책을 참고하였다.

본 제3판에서는 제2판에 있었던 여러 가지 부정확한 부분과 오타를 수정하였고, 본문의 내용과 의미를 조금 더 명확하게 전달하기 위해 많은 노력을 기울였다. 또한 몇몇 절의 경우에는 각 절의 말미에 제시된 연습문제를 상당히 많이 보강하였다. 아무쪼록 이 책을 통해 위상수학의 기본적인 내용을 이해하고 응용할 수 있는 능력과 창의성을 키워 계획했던 목표에서 충분한 성과를 거둘 수 있기를 바란다. 책의 내용 중에 의도하지 않게 잘못된 부분도 있을 수 있으니 이 점은 너그럽게 양해해 주기 바란다.

무등산 자락 연구실에서

지은이 씀

차 례

제1장 | 위상공간

제2장 | 열린집합과 닫힌집합

제3장 | 연속함수

제4장 | 곱위상공간

제5장 | 상사상과 상위상

제6장 | 연결공간

제7장 | 컴팩트공간

제8장 | 가산공리와 분리공리

제1장

위상공간

실수 공간의 열린구간(open interval)과 닫힌구간(closed interval)의 성질을 일반적인 집합으로 추상화하여 만든 것이 위상공간이다. 따라서 일반적인 위상공간에서는 실수 공간에서 열린구간에 해당하는 개념이 바로 열린집합이고 이것이 위상공간에서 핵심적인 역할을 한다.

1.1 위상의 정의

X를 임의의 집합이라 할 때, 앞으로 2^X는 X의 모든 부분집합들로 구성된 집합인 **멱집합**(power set)을 나타낸다.

정의 1.1.1 X를 임의의 집합이라 하자. X의 부분집합들의 모임 $\mathfrak{I} \subset 2^X$가 다음과 같은 세 가지 조건을 만족할 때, $\mathfrak{I}$를 X의 **위상**(topology)이라 부른다.

(1) $\varnothing$과 X 자신이 항상 $\mathfrak{I}$에 속한다.

(2) $\mathfrak{I}$의 임의의 원소들의 합집합이 다시 $\mathfrak{I}$에 속한다. 즉, 임의의 개수의 $U_\alpha \in \mathfrak{I}\,(\alpha \in J)$에 대하여, $\bigcup_{\alpha \in J} U_\alpha \in \mathfrak{I}$이다.

(3) $\mathfrak{I}$의 임의의 유한개의 원소들의 교집합이 다시 $\mathfrak{I}$에 속한다. 즉, 임의의 유한개의 $U_i \in \mathfrak{I}\,(i = 1, 2, \ldots, n)$에 대하여, $\bigcap_{i=1}^{n} U_i \in \mathfrak{I}$이다.

이때, $\mathfrak{I}$의 원소를 **열린집합**(open set)이라 하고 위상 $\mathfrak{I}$을 갖는 집합 X를 순서쌍 $(X, \mathfrak{I})$으로 나타내며 **위상공간**(topological space)이라 말한다. 또한, 위상 $\mathfrak{I}$를 구체적으로 명시하지 않아도 혼란이 없을 때는 위상공간 $(X, \mathfrak{I})$를 간단히 X로 나타내기로 한다. X의 부분집합 C의 여집합 $X - C$가 열린집합이면 C를 **닫힌집합**(closed set)이라 부른다. 하지만, 열린집합도 아니고 닫힌집합도 아닌 집합이 존재할 수 있음을 유의하자.

실수상의 임의의 열린구간들의 교집합은 유한개의 원소의 교집합이 아니라면 일반적으로 열린구간이 되지 않는다. 예를 들어,

$$U_k = \left(-\frac{1}{k}, \frac{1}{k}\right), \quad k = 1, 2, \ldots$$

이라 하면 $\bigcap_{k=1}^{\infty} U_k = \{0\}$은 열린구간이 아니다. 따라서 위의 위상의 정의 (3)에서는 항상 유한개의 원소만을 택하여 교집합을 한다.

예제 1.1.2

임의의 집합 X에 대하여, 두 개의 극단적인 위상이 있다. 그 첫 번째는 위상이 $\varnothing$과 X자신만으로 구성된 **비이산위상**(in-discrete topology) 또는 **자명한 위상**(trivial topology) $\mathfrak{I}_{\text{in}}$이다. 즉, $\mathfrak{I}_{\text{in}} = \{\varnothing, X\}$이다. 집합 X에 줄 수 있는 또 다른 극단적인 위상은 바로 멱집합을 위상으로 이용하는 것이고 이 위상을 **이산위상**(discrete topology) $\mathfrak{I}_{\text{dis}}$라 한다. 즉, $\mathfrak{I}_{\text{dis}} = 2^X$이다. □

예제 1.1.3

(1) $X = \{a,b\}$일 때, X에 다음과 같이 4개의 위상을 줄 수 있다.

$$\mathfrak{I}_1 = \{\varnothing, X\}$$
$$\mathfrak{I}_2 = \{\varnothing, \{a\}, X\}$$
$$\mathfrak{I}_3 = \{\varnothing, \{b\}, X\}$$
$$\mathfrak{I}_4 = \{\varnothing, \{a\}, \{b\}, X\}$$

(2) $X = \{a,b,c\}$일 때, 다음과 같은 멱집합의 부분집합들을 고려해 보자.

$$\mathfrak{I}_1 = \{\varnothing, X, \{a\}, \{b\}\}$$
$$\mathfrak{I}_2 = \{\varnothing, X, \{a,b\}, \{b\}, \{b,c\}\}$$
$$\mathfrak{I}_3 = \{\varnothing, X, \{a,b\}, \{b,c\}\}$$

이때, $\mathfrak{I}_1$은 $\{a,b\}$가 $\mathfrak{I}_1$에 속하지 않기 때문에 위상이 아니지만 $\mathfrak{I}_2$는 당연히 위상이다. 그리고 $\mathfrak{I}_3$는 $\{b\} = \{a,b\} \cap \{b,c\}$를 포함하고 있지 않으므로 위상의 세 번째 조건을 만족하지 못한다. 따라서 $\mathfrak{I}_3$는 위상이 아니다.

(3) $X = \{a,b,c\}$일 때, X에 줄 수 있는 위상은 총 29개이다. 실제로 X에는 다음과 같은 9가지 형태의 위상이 존재한다.

$\mathfrak{I}_1 = \{\varnothing, X\}$

$\mathfrak{I}_2 = \{\varnothing, \{a\}, X\}$의 형태 3개

$\mathfrak{I}_3 = \{\varnothing, \{a,b\}, X\}$의 형태 3개

$\mathfrak{I}_4 = \{\varnothing, \{a\}, \{a,b\}, X\}$의 형태 6개

$\mathfrak{I}_5 = \{\varnothing, \{a\}, \{b,c\}, X\}$의 형태 3개

$\mathfrak{T}_6 = \{\varnothing, \{a\}, \{b\}, \{a,b\}, X\}$의 형태 3개

$\mathfrak{T}_7 = \{\varnothing, \{b\}, \{a,b\}, \{b,c\}, X\}$의 형태 3개

$\mathfrak{T}_8 = \{\varnothing, \{b\}, \{c\}, \{a,b\}, \{b,c\}, X\}$의 형태 6개

$\mathfrak{T}_9 = 2^X$

(4) 위와 비슷한 방법으로 $X = \{a,b,c,d\}$이면 X에 줄 수 있는 위상의 총개수는 355개이고, $X = \{a,b,c,d,e\}$일 때 X에 줄 수 있는 위상의 총개수는 6942개이다. 또한 $X = \{a,b,c,d,e,f\}$인 경우에는 X에 줄 수 있는 위상의 총개수는 209527개임이 알려져 있다. □

유한집합의 경우에는 위상을 나타내기 위해 다음과 같이 벤다이어그램을 이용하면 편리하다([그림 1.1.1]).

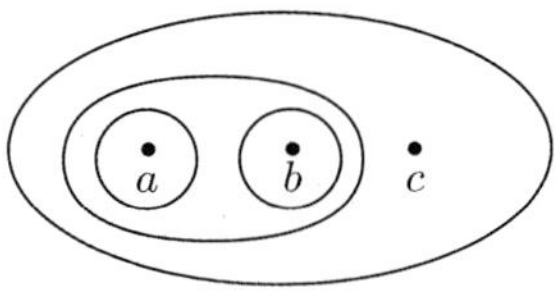

[그림 1.1.1] $X = \{a,b,c\}$, $\mathfrak{T} = \{\varnothing, X, \{a\}, \{b\}, \{a,b\}\}$

예제 1.1.4

X가 임의의 집합일 때,

$$\mathfrak{T}_f = \{U \subset X \mid X - U: \text{유한집합이거나 또는 } X \text{ 전체}\}$$

는 X의 위상이 된다. 이 위상을 **여유한위상**(finite complement topology, co-finite topology)이라 한다. 실제로,

(1) $X - \varnothing = X \Rightarrow \varnothing \in \mathfrak{T}_f$

$X - X = \varnothing$ 유한집합 $\Rightarrow X \in \mathfrak{T}_f$

(2) $\{U_\alpha \mid \alpha \in J\}$를 $\mathfrak{T}_f$의 공집합이 아닌 원소들의 모임이라 할 때,

$$X - \bigcup_{\alpha \in J} U_\alpha = \bigcap_{\alpha \in J} (X - U_\alpha) \subset X - U_\alpha : \text{유한집합}$$

이 성립한다. 따라서 $\bigcap_{\alpha \in J}(X - U_\alpha)$도 유한집합이므로 $\bigcup_{\alpha \in J} U_\alpha$가 $\mathfrak{T}_f$의 원소이다.

(3) $\{U_i \mid 1 \le i \le n\}$을 $\mathfrak{I}_f$의 공집합이 아닌 유한개의 원소들의 모임이라 할 때,

$$X - \bigcap_{i=1}^{n} U_i = \bigcup_{i=1}^{n} \underbrace{(X - U_i)}_{\text{유한집합}} : \text{유한집합}$$

이 성립한다. 따라서 $\bigcap_{i=1}^{n} U_i \in \mathfrak{I}_f$이다.

위의 (1), (2), (3)에 의해 $\mathfrak{I}_f$는 위상이 됨을 알 수 있다. □

비슷한 방법으로,

$$\mathfrak{I}_c = \{U \subseteq X \mid X - U\text{는 가산집합이거나 또는 } X \text{ 전체}\}$$

일 때, $\mathfrak{I}_c$도 역시 X의 위상이 되고 이 위상을 **여가산위상**(countable complement topology, co-countable topology)이라 한다.

예제 1.1.5

2차원 실수 공간 $\mathbb{R}^2$에서 다음과 같이 정의된 집합 $\mathfrak{I}$는 위상이다.

$$\mathfrak{I} = \left\{U \subset \mathbb{R}^2 \mid \{(0,0)\} \bigcap U = \varnothing \text{ 또는 } (-1,1)\times(-1,1) \subset U\right\}$$

사실,

(1) $\{(0,0)\} \bigcap \varnothing = \varnothing$이므로 $\varnothing \in \mathfrak{I}$이고 $(-1,1)\times(-1,1) \subset \mathbb{R}^2$이므로 $\mathbb{R}^2$도 $\mathfrak{I}$의 원소이다.

(2) $\{U_\alpha \mid \alpha \in J\}$를 $\mathfrak{I}$의 원소들의 모임이고 $U = \bigcup_{\alpha \in J} U_\alpha$라 할 때, 먼저

$$U \bigcap \{(0,0)\} = \varnothing$$

이면 당연히 U는 $\mathfrak{I}$의 원소이다. 한편, $U \bigcap \{(0,0)\} \neq \varnothing$이면 $U_{\alpha_0} \bigcap \{(0,0)\} \neq \varnothing$을 만족하는 적당한 $\alpha_0 \in J$가 존재한다. 따라서 이 α_0에 대하여

$$(-1,1)\times(-1,1) \subset U_{\alpha_0}$$

이므로 U는 $(-1,1)\times(-1,1)$을 포함한다. 즉, U가 다시 $\mathfrak{I}$의 원소이다.

(3) $\{U_i \mid 1 \le i \le n\}$을 $\mathfrak{I}$의 유한개의 원소들의 모임이라 하고 $V = \bigcap_{i=1}^{n} U_i$라 할 때, 먼저

$$V\bigcap\{(0,0)\}=\varnothing$$

이면 당연히 V는 $\mathfrak{I}$의 원소이다. 한편, $V\bigcap\{(0,0)\}\neq\varnothing$ 이면 모든 $i=1,2,\ldots,n$에 대하여 $U_i\bigcap\{(0,0)\}\neq\varnothing$ 을 만족한다. 따라서 모든 $i=1,2,\ldots,n$에 대하여

$$(-1,1)\times(-1,1)\subset U_i$$

이므로 V는 $(-1,1)\times(-1,1)$을 포함한다. 즉, V가 다시 $\mathfrak{I}$의 원소이다.

위의 (1), (2), (3)에 의해 $\mathfrak{I}$는 $\mathbb{R}^2$의 위상이다. □

임의의 집합 X의 위상은 멱집합 2^X의 부분집합이고 2^X는 집합 사이의 포함관계를 크기로 가지는 부분순서집합(partially ordered set, poset)이다. 따라서 X에 주어진 두 위상을 부분순서집합 2^X의 원소로 보고, 그 크기를 서로 비교할 수 있는 경우가 있다.

정의 1.1.6 $\mathfrak{I}_1$과 $\mathfrak{I}_2$가 집합 X의 두 위상이라 할 때, 다음이 성립한다.

(1) $\mathfrak{I}_1\subset\mathfrak{I}_2$이면 $\mathfrak{I}_2$가 $\mathfrak{I}_1$보다 **크다**(larger) 또는 **세밀하다**(finer)고 말한다. 또는, 반대로 $\mathfrak{I}_1$는 $\mathfrak{I}_2$보다 **작다**(smaller) 또는 **거칠다**(coarser)고 말한다. 비슷하게, $\mathfrak{I}_1\subset\mathfrak{I}_2$이지만 $\mathfrak{I}_1$이 $\mathfrak{I}_2$와 서로 같지 않은 경우에는 $\mathfrak{I}_2$가 $\mathfrak{I}_1$보다 **완벽하게 크다**(strictly larger) 또는 **완벽하게 세밀하다**(strictly finer)고 말한다.

(2) 두 위상 $\mathfrak{I}_1,\mathfrak{I}_2$가 서로 거칠거나 세밀할 때, $\mathfrak{I}_1$와 $\mathfrak{I}_2$는 서로 **비교가능하다**(comparable)고 말한다.

(3) 두 위상 $\mathfrak{I}_1,\mathfrak{I}_2$가 서로 거칠거나 세밀하지 않을 때, 즉, $\mathfrak{I}_1$이 $\mathfrak{I}_2$의 부분집합이 아니고 $\mathfrak{I}_2$가 $\mathfrak{I}_1$의 부분집합도 아닐 때 $\mathfrak{I}_1$와 $\mathfrak{I}_2$는 서로 **비교불가능하다**(non-comparable)고 말한다.

비교가능성과 비교불가능성이란 개념을 이용하여 주어진 두 위상 사이에 일종의 위계질서(hierarchy)를 세울 수 있다.

예제 1.1.7

다음 그림은 집합 $X=\{a,b,c\}$에 주어진 몇 가지 위상의 위계질서를 나타내고 있다

([그림 1.1.2]).

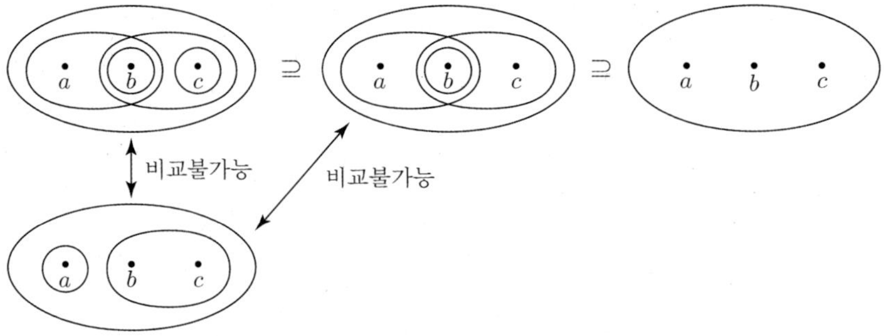

[그림 1.1.2] 위상의 위계질서의 예 □

1.1 연습문제

1. 집합 X와 $p,q(\neq p)\in X$에 대하여, 다음 집합 $\mathfrak{I}$가 X상의 위상이 되는지 판별하라.

$$\mathfrak{I}=\{U\subseteq X\mid \{p,q\}\bigcap U=\varnothing \text{ 또는 } U^c \text{ 유한집합}\}$$

2. 집합 $X=\{a,b,c\}$에서 정의된 위상 중에서 $\{b\}$와 $\{b,c\}$를 열린집합으로 가지고 있는 위상을 모두 구하라.

3. $X=\{a,b,c\}$일 때, 다음 두 위상을 고려하자.

$$\mathfrak{I}_1=\{\varnothing,X,\{b\},\{b,c\}\},\ \mathfrak{I}_2=\{\varnothing,X,\{b\},\{a,c\}\}$$

(1) $\mathfrak{I}_1$과 $\mathfrak{I}_2$를 포함하는 가장 작은 위상을 찾아라.

(2) $\mathfrak{I}_1$과 $\mathfrak{I}_2$에 포함되는 가장 큰 위상을 찾아라.

4. 다음 물음에 답하라.

(1) 실수의 집합 $\mathbb{R}$의 부분집합들의 모임 $\mathfrak{I}_1$이 $\mathbb{R}$의 위상인지 판별하라.

$$\mathfrak{I}_1=\{(-\infty,r)\subset\mathbb{R}\mid r\in\mathbb{Q}\}\bigcup\{\varnothing,\mathbb{R}\}$$

(2) 유리수의 집합 $\mathbb{Q}$의 부분집합들의 모임 $\mathfrak{I}_2$가 $\mathbb{Q}$의 위상인지 판별하라.

$$\mathfrak{I}_2=\{(-\infty,r]\subset\mathbb{Q}\mid r\in\mathbb{Q}\}\bigcup\{\varnothing,\mathbb{Q}\}$$

(3) 실수의 집합 $\mathbb{R}$의 부분집합들의 모임 $\mathfrak{I}_3$가 $\mathbb{R}$의 위상인지 판별하라.

$$\mathfrak{I}_3 = \{(-r, r) \subset \mathbb{R} \mid r \in \mathbb{R},\ r > 0\} \bigcup \{\varnothing, \mathbb{R}\}$$

(4) 실수의 집합 $\mathbb{R}$의 부분집합들의 모임 $\mathfrak{I}_4$가 $\mathbb{R}$의 위상인지 판별하라.

$$\mathfrak{I}_4 = \{U \subset \mathbb{R} \mid \mathbb{R} - U\text{가 유계인 집합}\} \bigcup \{\varnothing, \mathbb{R}\}$$

5. 자연수의 집합 $\mathbb{N}$에 대하여, 집합 $X = \mathbb{N} \times \mathbb{N}$에 다음과 같이 위상 $\mathfrak{I}_f$가 주어져 있다.

$$\mathfrak{I}_f = \{U \subseteq X \mid X - U\text{는 유한집합이거나 또는 전체집합}\}$$

이때, 함수 $f : X \to \mathbb{N}$을 $f(m, n) = m + n + 2018$로 정의하고, 다음과 같이 정의된 집합 $\mathfrak{I}$를 고려하자.

$$\mathfrak{I} = \left\{U \subseteq \mathbb{N} \;\middle|\; f^{-1}(U) \in \mathfrak{I}_f\right\}$$

다음 물음에 자세히 답하라.

(1) $\mathfrak{I}$가 $\mathbb{N}$ 상의 위상이 됨을 보여라.

(2) $\mathbb{N}_k = \{1, 2, 3, \ldots, k\}$가 $(\mathbb{N}, \mathfrak{I})$에서 열린집합이 되는 최대의 자연수 k를 찾아라.

(3) $\mathbb{N}_0 = \{1, 3, 5, \ldots, 2k-1, \ldots\}$이 $\mathfrak{I}$의 원소인지 판별하라.

(4) $\mathbb{N} - \{1, 3, 5, \ldots, 2k-1\}$이 $\mathfrak{I}$의 원소인지 판별하라.

6. 실수의 집합 $\mathbb{R}$에서 정의된 여가산위상공간 $(\mathbb{R}, \mathfrak{I}_c)$와 [예제 1.2.7]에서 정의된 보통위상공간 $\mathbb{R}_u$를 서로 비교하라.

7. X가 임의의 집합일 때, 다음과 같이 정의된 집합 $\mathfrak{I}_\infty$가 X의 위상인지 판별하라.

$$\mathfrak{I}_\infty = \{U \subset X \mid X - U : \text{무한집합}\} \bigcup \{\varnothing, X\}$$

8. 다음 물음에 답하라.

(1) 여유한위상공간 $(X, \mathfrak{I}_f)$가 이산위상공간일 필요충분조건은 X가 유한집합임을 보여라.

(2) 여가산위상공간 $(X, \mathfrak{I}_c)$가 이산위상공간일 필요충분조건은 X가 가산집합임을 보여라.

9. 실수의 집합 $\mathbb{R}$에서 다음과 같이 정의된 집합 $\mathfrak{I}$가 위상인지 판별하라.

$$\mathfrak{I} = \{U \subset \mathbb{R} \mid \mathbb{Q} \cap U = \varnothing \text{ 또는 } \{\sqrt{2}\} \cup \mathbb{Q} \subset U\}$$

단, 여기서 $\mathbb{Q}$는 유리수의 집합을 나타낸다.

10. 자연수의 집합 $\mathbb{N}$에 대하여 다음과 같이 정의된 집합 $\mathfrak{T}$가 위상인지 판별하라. 만약, $\mathfrak{T}$가 위상이라면 $(\mathbb{N}, \mathfrak{T})$가 이산위상공간인가?

$$\mathfrak{T} = \{U \subset \mathbb{N} \mid \text{임의의 } n \in U \text{에 대하여, } m|n \text{이면 } m \in U\}$$

단, 여기서 $m|n$은 m이 n의 약수임을 의미한다.

11. 실수의 집합 $\mathbb{R}$과 $\infty \notin \mathbb{R}$에 대하여, $\mathbb{R}^* = \mathbb{R} \cup \{\infty\}$라 하자. 이때, 다음과 같이 정의된 집합 $\mathfrak{T}$가 $\mathbb{R}^*$상의 위상임을 보여라.

$$\mathfrak{T} = 2^{\mathbb{R}} \cup \{\mathbb{R}^* - F \mid F\text{는 } \mathbb{R}\text{의 유한 부분집합}\}$$

12. 임의의 위상공간 $(X, \mathfrak{T}_X)$와 집합 Y에 대하여, 전단사함수 $f : X \to Y$를 고려하자. 이때, 다음과 같이 정의된 집합 $\mathfrak{T} \subset 2^Y$가 Y상의 위상이 됨을 보여라.

$$\mathfrak{T} = \{f(U) \mid U \in \mathfrak{T}_X\}$$

13. $X = \{a, b, c, d\}$이고 A와 B가 공집합이 아닌 X의 서로 다른 진부분집합일 때, 다음과 같이 정의된 집합 $\mathfrak{T}$가 X상의 위상이라 하자.

$$\mathfrak{T} = \{X, \varnothing, A, B\}$$

이때, 다음 물음에 답하라. 단, 여기서 $|A|, |B|$는 각각 A와 B의 원소의 개수를 나타낸다.

(1) $A \cap B = \varnothing, a \in A, |A| \le |B|$일 때, 위상 $\mathfrak{T}$의 A, B가 다음과 같이 4가지로 주어짐을 보여라.

$$A = \{a\},\ B = \{b, c, d\};\quad A = \{a, b\},\ B = \{c, d\}$$
$$A = \{a, c\},\ B = \{b, d\};\quad A = \{a, d\},\ B = \{b, c\}$$

(2) $A \cap B \neq \varnothing, a \in A, |A| \le |B|$일 때, 위상 $\mathfrak{T}$가 다음과 같이 12가지로 주어짐을 보여라.

$$A = \{a\},\ B = \{a, b\};\quad A = \{a\},\ B = \{a, c\};\quad A = \{a\},\ B = \{a, d\}$$
$$A = \{a\},\ B = \{a, b, c\};\quad A = \{a\},\ B = \{a, b, d\};\quad A = \{a\},\ B = \{a, c, d\}$$
$$A = \{a, b\},\ B = \{a, b, c\};\quad A = \{a, b\},\ B = \{a, b, d\}$$
$$A = \{a, c\},\ B = \{a, b, c\};\quad A = \{a, c\},\ B = \{a, c, d\}$$
$$A = \{a, d\},\ B = \{a, b, d\};\quad A = \{a, d\},\ B = \{a, c, d\}$$

14. $X = \{a, b, c, d\}$와 임의의 $x \in X$에 대하여 위상공간 $(X, \mathfrak{T})$에서 x의 근방 $V \subset X$를 $x \in U \subset V$를 만족하는 열린집합 $U \in \mathfrak{T}$가 존재하는 것으로 정의할 때,

$$N(x) = \{V \subset X \mid V\text{가 } (X, \mathfrak{T})\text{에서 } x\text{의 근방}\}$$

이라 하자. 이때, 다음 물음에 답하라.

(1) 다음과 같이 정의된 위상

$$\mathfrak{I} = \{X, \varnothing, \{a\}, \{c\}, \{a, c\}, \{b, c\}, \{a, c, d\}, \{a, b, c\}\}$$

에 대하여, $N(a)$, $N(b)$, $N(c)$, $N(d)$를 구하라.

(2) 다음 네 가지 조건

$$N(a) = \{V \subset X \mid \{a, c\} \subset V\},\ \ N(b) = \{V \subset X \mid \{b, c\} \subset V\},$$
$$N(c) = \{V \subset X \mid \{c\} \subset V\},\quad N(d) = \{X\}$$

를 만족하는 X의 위상 $\mathfrak{I}$가 다음과 같이 주어짐을 보여라.

$$\mathfrak{I} = \{X, \varnothing, \{c\}, \{a, c\}, \{b, c\}, \{a, b, c\}\}$$

15. 정수의 집합 $\mathbb{Z}$와 위상공간 $(\mathbb{Z}, \mathfrak{I}_1)$에 대하여, $X = \mathbb{Z} \cup \left\{\frac{1}{2}, \sqrt{2}\right\}$라 하자. 이때, X 상에서 다음과 같이 정의된 집합 $\mathfrak{I}_2$가 위상인지 판별하라.

$$\mathfrak{I}_2 = \mathfrak{I}_1 \cup \left\{U \cup \left\{\frac{1}{2}, \sqrt{2}\right\} \,\middle|\, U \in \mathfrak{I}_1 \text{이고 } \mathbb{Z} - U\text{가 유한집합}\right\}$$

16. X가 무한집합이고 $\mathfrak{I}$가 X상의 위상일 때, 위상공간 $(X, \mathfrak{I})$에 대하여 다음 물음에 답하라.

(1) 임의의 원소 $a \in X$에 대하여, a를 포함하는 X의 가부번 부분집합(denumerable subset) Y가 존재함을 보여라.

(2) X상의 위상 $\mathfrak{I}$가 X의 모든 가부번 부분집합을 원소로 가질 때, $(X, \mathfrak{I})$가 이산위상공간인지 판별하라. (힌트: $\mathfrak{I}$가 이산위상이다.)

(3) X상의 위상 $\mathfrak{I}$가 X의 모든 무한 부분집합을 원소로 가질 때, $(X, \mathfrak{I})$가 이산위상공간인지 판별하라. (힌트: $\mathfrak{I}$가 이산위상이다.)

17. 실수의 집합 $\mathbb{R}$과 그 부분집합 A에 대하여, 다음과 같이 정의된 집합 $\mathfrak{I}$가 $\mathbb{R}$상에서 위상이 되는지 판별하라.

$$\mathfrak{I} = \{(-\infty, x) \mid x \in A\} \cup \{\varnothing, \mathbb{R}\} \subset 2^{\mathbb{R}}$$

(1) $A = (-1, 2)$ (2) $A = [-1, 2)$ (3) $A = (-1, 2]$

(4) $A = (-1, 2) \cup (3, 4)$ (5) $A = (-1, 2] \cup (3, 4]$ (6) $A = [-1, 2] \cup [3, 4]$

(힌트: (3), (5), (6)만 위상이다.)

18. $\mathbb{R}_l = (\mathbb{R}, \mathfrak{I}_l)$이 실수의 집합 $\mathbb{R}$상에서 하극한위상을 나타내고 함수

$$f : \mathbb{R}_l \to \mathbb{R},\ \ f(x) = |x - 1|$$

일 때,

$$\mathfrak{I} = \left\{ U \subset \mathbb{R} \mid f^{-1}(U) \in \mathfrak{I}_l \right\}$$

이라 하자. 다음과 같이 주어진 집합 A, B, C, D, E가 위상공간 $(\mathbb{R}, \mathfrak{I})$에서 열린집합인지 판별하라.

(1) $A = \left\{ \dfrac{1}{2} \right\}$ (2) $B = [1, 2]$ (3) $C = \left[1, \dfrac{3}{2} \right)$

(4) $D = \left(-\infty, \dfrac{1}{2} \right)$ (5) $E = \{ m \in \mathbb{Z} \mid m < 0 \}$ (6) $F = \mathbb{N}$

▶ 1.2 위상의 기저와 부분기저

앞 절에서는 주어진 집합의 위상을 정의하기 위해 위상의 원소를 모두 명시해야만 했다. 하지만 이와 같은 방법은 너무 복잡하고 때에 따라서는 거의 불가능하다. 실제로, 일반적인 위상공간의 기본적인 모델인 실수 공간의 위상을 앞 절의 방식으로 나타내는 것은 거의 불가능한 일이다. 따라서 이와 같은 점을 보완하기 위한 유용한 방법으로 기저와 부분기저의 개념을 도입할 필요가 있다.

정의 1.2.1 임의의 집합 X에 대하여, **위상의 기저** $\mathscr{B}$란 다음 두 조건을 만족하는 X의 부분집합들의 모임이다.

(1) 임의의 $x \in X$에 대하여, x를 포함하는 원소 $B \in \mathscr{B}$가 존재한다.

(2) 임의의 두 원소 $B_1, B_2 \in \mathscr{B}$와 $x \in B_1 \cap B_2$에 대하여, $x \in B_3 \subset B_1 \cap B_2$를 만족하는 새로운 원소 $B_3 \in \mathscr{B}$가 존재한다([그림 1.2.1]).

이때, $B \in \mathscr{B}$를 **기저원소**(basis element)라 한다.

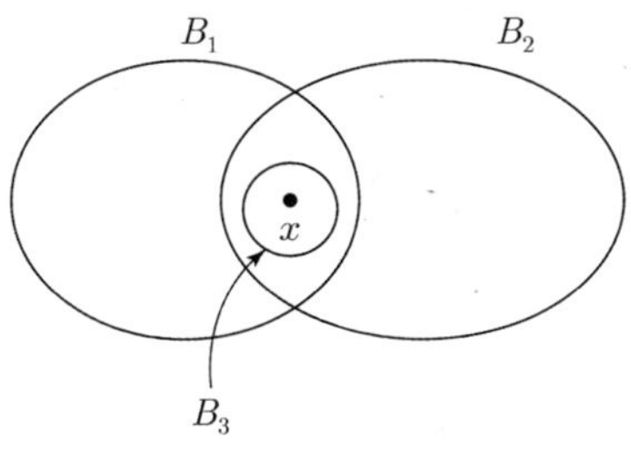

[그림 1.2.1]

정의 1.2.2 임의의 집합 X와 위상의 기저 $\mathscr{B}$에 대하여, **$\mathscr{B}$에 의해 생성된 위상** $\mathfrak{T}_{\mathscr{B}}$ (topology generated by $\mathscr{B}$)는 다음과 같이 정의된다([그림 1.2.2]).

$$\mathfrak{T}_{\mathscr{B}} := \{U \subset X \mid \text{임의의 } x \in U\text{에 대하여, } x \in B \subset U\text{을 만족하는 기저원소 } B \in \mathscr{B}\text{가 존재}\}$$

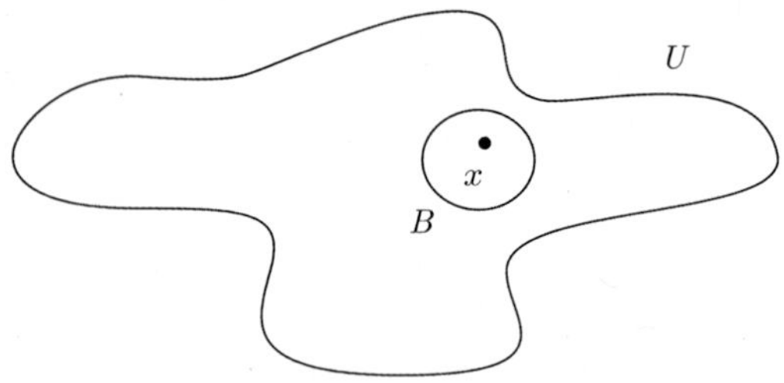

[그림 1.2.2]

기저원소 $B \in \mathscr{B}$는 임의의 원소 $x \in B$에 대하여, $x \in B \subset B$인 조건을 만족하므로 항상 $B \in \mathfrak{I}_{\mathscr{B}}$ 이다. 즉, 임의의 원소 $B \in \mathscr{B}$는 $\mathfrak{I}_{\mathscr{B}}$ 에서 열린집합이다.

보조정리 1.2.3 $\mathfrak{I}_{\mathscr{B}}$ 는 X의 위상이다.

증명 (1) 임의의 원소 $x \in \varnothing$ 에 대하여, $x \in B \subset \varnothing$ 을 만족하는 $B \in \mathscr{B}$가 존재한다는 명제는 가정이 거짓이므로 항상 참인 명제이다. 따라서 $\varnothing \in \mathfrak{I}_{\mathscr{B}}$ 이다. 또한, 기저의 첫 번째 조건에 의해 X의 임의의 원소 x를 포함하는 기저원소 $B \in \mathscr{B}$가 항상 존재한다. 즉, $X \in \mathfrak{I}_{\mathscr{B}}$ 이다.

(2) $\{U_\alpha \mid \alpha \in J\}$을 $\mathfrak{I}_{\mathscr{B}}$ 의 원소들의 모임이고 $U = \bigcup_{\alpha \in J} U_\alpha$라 하자. 이때, 만일 $x \in U$라면 가정에 의해 $x \in U_\alpha \in \mathfrak{I}_{\mathscr{B}}$ 인 α가 존재한다. 따라서 $x \in B \subset U_\alpha$을 만족하는 기저원소 $B \in \mathscr{B}$가 존재하고

$$x \in B \subset U_\alpha \subset U$$

이다. 즉, $U \in \mathfrak{I}_{\mathscr{B}}$ 이다.

(3) $\{U_i \mid 1 \le i \le n\}$을 $\mathfrak{I}_{\mathscr{B}}$ 의 유한개의 원소들의 모임이라 하고 $V = \bigcap_{i=1}^{n} U_i$라 하자. 만일 $x \in V$이면, 모든 $i = 1, 2, \ldots, n$에 대하여 $x \in U_i$이다. 따라서 모든 $i = 1, 2, \ldots, n$에 대하여, $x \in B_i \subset U_i$를 만족하는 $B_i \in \mathscr{B}$가 존재한다. 하지만 기저의 두 번째 조건을 $(n-1)$번 반복적으로 적용하면

$$x \in B' \subset \bigcap_{i=1}^{n} B_i \subset \bigcap_{i=1}^{n} U = V$$

를 만족하는 기저원소 $B' \in \mathscr{B}$을 찾을 수 있다. 즉, $V \in \mathfrak{I}_{\mathscr{B}}$ 이다.

위의 (1), (2), (3)에 의해서 $\mathfrak{I}_{\mathscr{B}}$ 는 위상이 된다. □

예제 1.2.4

실수 ℝ상의 모든 닫힌구간들의 모임

$$\mathscr{B} = \{[a,b] \mid a,b \in \mathbb{R},\ a < b\}$$

은 기저의 두 번째 조건을 만족하지 못한다. 왜냐하면,

$$[a,b] \bigcap [b,c] = \{b\}$$

이기 때문이다. 하지만,

$$\mathscr{B}' = \{[a,b] \mid a,b \in \mathbb{R},\ a \le b\}$$

는 기저가 되고 사실 $(\mathbb{R}, \mathfrak{I}_{\mathscr{B}'})$는 이산위상공간이다. □

보조정리 1.2.5 임의의 집합 X에 기저 $\mathscr{B}$에 생성된 위상 $\mathfrak{I}_{\mathscr{B}}$가 주어진 위상공간 $(X, \mathfrak{I}_{\mathscr{B}})$에 대하여, 다음과 같은 성질이 성립한다.

(1) $U \in \mathfrak{I}_{\mathscr{B}}$ 일 때, $x \in B_x \subset U$를 만족하는 기저원소 $B_x \in \mathscr{B}$을 이용하여

$$U = \bigcup_{x \in U} B_x$$

로 나타낼 수 있다.

(2) $\mathfrak{I}_{\mathscr{B}} = \left\{ U = \bigcup_{B \in \mathscr{B}^*} B \;\middle|\; \mathscr{B}^* \subset \mathscr{B} \right\}$

(3) $\mathfrak{I}'$이 기저 $\mathscr{B}$를 포함하는 X의 새로운 위상일 때,

$$\mathfrak{I}_{\mathscr{B}} \subset \mathfrak{I}'$$

이다. 따라서 $\mathfrak{I}_{\mathscr{B}}$는 기저 $\mathscr{B}$를 포함하는 가장 작은 위상이다.

증명 (1) $x \in U$라면 정의에 의해

$$x \in B_x \subset U$$

를 만족하는 기저원소 $B_x \in \mathscr{B}$가 존재한다. 따라서 $U \subset \bigcup_{x \in U} B_x$이고 당연히 $\bigcup_{x \in U} B_x \subset U$도 성립한다.

(2) 만일 $U \in \mathfrak{I}_{\mathscr{B}}$ 라면 위의 [보조정리 1.2.5 (1)]에 의해 $U = \bigcup_{x \in U} B_x$의 형태로 표현할 수 있다. 따라서 $\mathscr{B}^* := \{B_x \mid x \in U\}$라 하면 $\mathscr{B}^* \subset \mathscr{B}$이므로 U는 [보조정리 1.2.5 (2)]의 오른쪽 변의 원소가 된다. 반대로, 기저에 의해 생성된 위상의 정의에 의해 [보조정리 1.2.5 (2)]의 오른쪽 변은 자명하게 $\mathfrak{I}_{\mathscr{B}}$ 의 부분집합이 된다. 따라서 [보조정리 1.2.5 (2)]의 등식이 성립한다.

(3) 만일 $U \in \mathfrak{I}_{\mathscr{B}}$ 이라면 위의 [보조정리 1.2.5 (1)]에 의해 $U = \bigcup_{x \in U} B_x$의 형태로 표현된다. 하지만 기저 $\mathscr{B} \subset \mathfrak{I}'$이고 $\mathfrak{I}'$은 위상이므로 $\bigcup_{x \in U} B_x$는 $\mathfrak{I}'$의 원소가 되어야 한다. 따라서 U는 $\mathfrak{I}'$의 원소이다. 즉, $\mathfrak{I}_{\mathscr{B}} \subset \mathfrak{I}'$이다. □

따름정리 1.2.6 임의의 집합 X와 두 기저 $\mathscr{B}_1$, $\mathscr{B}_2$가 $\mathscr{B}_1 \subset \mathscr{B}_2$이면 $\mathfrak{I}_{\mathscr{B}_1} \subset \mathfrak{I}_{\mathscr{B}_2}$ 이다.

증명 위의 [보조정리 1.2.5 (1)]에 의해, 임의의 원소 $U \in \mathfrak{I}_{\mathscr{B}_1}$을 적당한 $B_x \in \mathscr{B}_1$을 이용하여 $U = \bigcup_{x \in U} B_x$로 나타낼 수 있다. 한편 $\mathscr{B}_1 \subset \mathscr{B}_2$이고 $\mathfrak{I}_{\mathscr{B}_2}$는 위상이므로 $U \in \mathfrak{I}_{\mathscr{B}_2}$이다. □

하지만, 위의 [따름정리 1.2.6]의 역은 일반적으로 성립하지 않는다. 즉, $\mathfrak{I}_{\mathscr{B}_1} \subset \mathfrak{I}_{\mathscr{B}_2}$이지만 $\mathscr{B}_1 \subset \mathscr{B}_2$이 성립하지 않을 수도 있다. 예를 들어, 아래에 소개될 실수 집합의 보통위상공간 $\mathbb{R}_u$는 하극한위상공간 $\mathbb{R}_l$보다 거칠지만 보통위상공간의 기저 $\mathscr{B}_u$와 하극한위상공간의 기저 $\mathscr{B}_l$은 서로 비교할 수 없다.

예제 1.2.7

실수의 집합 $\mathbb{R}$상의 모든 개구간들의 모임

$$\mathscr{B}_u = \{(a,b) \mid a, b \in \mathbb{R},\ a < b\}$$

를 고려하자. 이때, $\mathscr{B}_u$는 기저가 됨을 쉽게 보일 수 있다. 실제로,

(i) 임의의 원소 $x \in \mathbb{R}$에 대하여, $x \in (x-1, x+1) \in \mathscr{B}_u$이다.

(ii) 임의의 두 원소 $B_1 = (a,b)$, $B_2 = (c,d)$와 $x \in B_1 \cap B_2$에 대하여,

$$a' := \max\{a,c\},\ b' := \min\{b,d\}$$

라 하면 $x \in B_3 := (a', b') \subset B_1 \bigcap B_2$이고 $B_3 \in \mathscr{B}_u$이다.

$\mathscr{B}_u$에 의해 생성된 위상 $\mathfrak{I}_{\mathscr{B}_u}$을 $\mathbb{R}$의 **보통위상**(usual topology 또는 standard topology)이라 하고 $(\mathbb{R}, \mathfrak{I}_{\mathscr{B}_u})$를 **보통위상공간**(usual 또는 standard topological space)이라 한다. 앞으로 보통위상공간 $(\mathbb{R}, \mathfrak{I}_{\mathscr{B}_u})$를 간단히 $\mathbb{R}_u$로 나타낸다. □

예제 1.2.8

실수의 집합 $\mathbb{R}$상의 부분집합들의 모임

$$\mathscr{B}_K = \{(a,b), (c,d) - K \mid a,b,c,d \in \mathbb{R},\ a < b,\ c < d\}$$

를 고려하자. 단, 여기서 $K = \left\{ \frac{1}{n} \,\middle|\, n \in \mathbb{N} \right\}$이다. 이때, $\mathscr{B}_K$는 기저가 됨을 쉽게 보일 수 있고 $\mathscr{B}_K$에 의해 생성된 위상을 ***K*-위상**(K-topology)이라 한다. K-위상이 주어진 실수상의 위상공간을 앞으로 간단히 $\mathbb{R}_K$로 나타낸다. □

예제 1.2.9

실수의 집합 $\mathbb{R}$상의 모든 반열린구간들의 모임

$$\mathscr{B}_l = \{[a,b) \mid a,b \in \mathbb{R},\ a < b\}$$

을 고려하자. 이때, $\mathscr{B}_l$는 기저가 됨을 쉽게 보일 수 있다. 실제로,

(1) 임의의 원소 $x \in \mathbb{R}$에 대하여, $x \in [x, x+1) \in \mathscr{B}_l$이다.

(2) 임의의 두 원소 $B_1 = [a,b)$, $B_2 = [c,d)$와 $x \in B_1 \bigcap B_2$에 대하여,

$$a' := \max\{a,c\},\ b' := \min\{b,d\}$$

라 하면 $x \in B_3 := [a', b') \subset B_1 \bigcap B_2$이고 $B_3 \in \mathscr{B}_l$이다.

$\mathscr{B}_l$에 의해 생성된 위상 $\mathfrak{I}_{\mathscr{B}_l}$을 $\mathbb{R}$의 **하극한위상**(lower limit topology)이라 하고 $(\mathbb{R}, \mathfrak{I}_{\mathscr{B}_l})$를 **하극한위상공간**(lower limit topological space)이라 한다. 앞으로, 하극한위상

공간 $(\mathbb{R},\mathfrak{I}_{\mathscr{B}_l})$를 간단히 $\mathbb{R}_l$로 나타낸다. 특히,

$$[a,b)^c = (-\infty,a)\bigcup[b,\infty)$$

는 $\mathbb{R}_l$에서 열린집합이다. 따라서 하극한위상의 기저원소 $[a,b)$는 열린집합이며 동시에 닫힌집합이기도 하다. □

예제 1.2.10

실수의 집합 $\mathbb{R}$상의 모든 반열린구간들의 모임

$$\mathscr{B}_p = \{(a,b] \mid a,b\in\mathbb{R},\ a<b\}$$

를 고려하자. 이때, $\mathscr{B}_p$는 기저가 됨을 쉽게 보일 수 있다. 실제로,

(1) 임의의 원소 $x\in\mathbb{R}$에 대하여, $x\in(x-1,x]\in\mathscr{B}_p$이다.

(2) 임의의 두 원소 $B_1=(a,b]$, $B_2=(c,d]$와 $x\in B_1\bigcap B_2$에 대하여,

$$a' := \max\{a,c\},\ b' := \min\{b,d\}$$

라 하면 $x\in B_3 := (a',b'] \subset B_1\bigcap B_2$이고 $B_3\in\mathscr{B}_p$이다.

$\mathscr{B}_p$에 의해 생성된 위상 $\mathfrak{I}_{\mathscr{B}_p}$을 $\mathbb{R}$의 **상극한위상**(upper limit topology)이라 하고 $(\mathbb{R},\mathfrak{I}_{\mathscr{B}_p})$를 **상극한위상공간**(upper limit topological space)이라 한다. 앞으로, 상극한위상공간 $(\mathbb{R},\mathfrak{I}_{\mathscr{B}_p})$를 간단히 $\mathbb{R}_p$로 나타낸다. 사실, 상극한위상과 하극상위상의 교집합은 보통위상이 된다. □

일반적으로 다음 성질이 성립한다.

정리 1.2.11 $\{\mathfrak{I}_\alpha \mid \alpha\in J\}$가 집합 X의 위상들의 모임일 때, $\bigcap_{\alpha\in J}\mathfrak{I}_\alpha$도 역시 X의 위상이다.

증명 (1) 각각의 $\alpha\in J$에 대하여 $\varnothing\in\mathfrak{I}_\alpha$이고 $X\in\mathfrak{I}_\alpha$이므로 $\varnothing\in\bigcap_{\alpha\in J}\mathfrak{I}_\alpha$이고 $X\in\bigcap_{\alpha\in J}\mathfrak{I}_\alpha$이다.

(2) $\{U_\beta \mid \beta \in \Gamma\}$를 $\bigcap_{\alpha\in J}\mathfrak{I}_\alpha$의 원소들의 모임이라 할 때, 모든 $\alpha\in J$에 대하여 $\{U_\beta \mid \beta \in \Gamma\}$가 $\mathfrak{I}_\alpha$의 원소들의 모임이다. 한편 $\mathfrak{I}_\alpha$가 위상이므로 $\bigcup_{\beta\in\Gamma}U_\beta\in\mathfrak{I}_\alpha$이다. 따라서 $\bigcup_{\beta\in\Gamma}U_\beta\in\bigcap_{\alpha\in J}\mathfrak{I}_\alpha$이다.

(3) $\{U_i \mid 1\le i\le n\}$을 $\bigcap_{\alpha\in J}\mathfrak{I}_\alpha$의 원소들의 모임이라 할 때, 모든 $\alpha\in J$에 대하여 $\{U_i \mid 1\le i\le n\}$이 $\mathfrak{I}_\alpha$의 원소들의 모임이다. 한편 $\mathfrak{I}_\alpha$가 위상이므로 $\bigcap_{i=1}^{n}U_i\in\mathfrak{I}_\alpha$이다. 따라서 $\bigcap_{i=1}^{n}U_i\in\bigcap_{\alpha\in J}\mathfrak{I}_\alpha$이다.

위의 (1), (2), (3)에 의해, $\bigcap_{\alpha\in J}\mathfrak{I}_\alpha$가 X상의 위상이다. □

사실, $\bigcap_{\alpha\in J}\mathfrak{I}_\alpha$는 모든 위상 $\mathfrak{I}_\alpha$에 포함되는 가장 큰 위상이다. 두 위상의 교집합의 성질과 달리, 일반적으로 두 위상의 합집합은 다시 위상이 되지 않는다. 예를 들어, $\mathfrak{I}_1=\{\varnothing, X, \{a,b\}\}$와 $\mathfrak{I}_2=\{\varnothing, X, \{b,c\}\}$는 모두 집합 $X=\{a,b,c\}$의 위상이지만 $\mathfrak{I}_1\bigcup\mathfrak{I}_2=\{\varnothing, X, \{a,b\}, \{b,c\}\}$는 X의 위상이 아니다. 일반적으로 $\bigcup_{\alpha\in J}\mathfrak{I}_\alpha$를 포함하는 위상은 항상 존재한다(예를 들어, 이산위상). 따라서 $\bigcup_{\alpha\in J}\mathfrak{I}_\alpha$를 포함하는 모든 위상들의 교집합을 택하면 $\bigcup_{\alpha\in J}\mathfrak{I}_\alpha$를 포함하는 가장 작은 위상이 된다([연습문제 1.2]의 14번 참고).

또한 기저의 정의에 의해, 각각의 $\alpha\in J$에 대하여 $\mathfrak{I}_\alpha$가 집합 X_α의 위상이고 모든 $\alpha,\beta(\neq\alpha)\in J$에 대하여 $X_\alpha\bigcap X_\beta=\varnothing$이면 집합 $\bigcup_{\alpha\in J}X_\alpha$에서 $\bigcup_{\alpha\in J}\mathfrak{I}_\alpha$는 항상 위상이고 동시에 기저가 된다. 따라서 집합 $\bigcup_{\alpha\in J}X_\alpha$에서 $\bigcup_{\alpha\in J}\mathfrak{I}_\alpha$를 포함하는 가장 작은 위상은 기저 $\bigcup_{\alpha\in J}\mathfrak{I}_\alpha$로 생성한 위상과 같고, 이 경우에는 단순히 $\bigcup_{\alpha\in J}\mathfrak{I}_\alpha$이다. 일반적으로, 위상 $\mathfrak{I}$를 기저 $\mathscr{B}$로 택하여 생성한 위상 $\mathfrak{I}_{\mathscr{B}}$는 다시 위상 $\mathfrak{I}$이다.

임의의 위상공간 $(X,\mathfrak{I})$에 대하여 위상 $\mathfrak{I}$를 생성하는 기저를 항상 찾을 수 있다. 예를 들어, 경제적이지는 않지만 가장 쉽게 택할 수 있는 기저는 위상 $\mathfrak{I}$ 자체를 $\mathfrak{I}$를 생성하는 기저 $\mathscr{B}$로 택하면 된다. 사실, 주어진 위상공간 $(X,\mathfrak{I})$의 기저를 찾는 체계적인 방법이 있지만 그리 유용하지 않아 여기서는 언급하지 않는다([Munkres, Lemma 13.2] 참고).

두 위상이 각각 기저로 주어져 있을 때, 두 위상의 대소 관계를 판별하는 아주 유용한 방법이 있다.

정리 1.2.12 $\mathscr{B}_1$와 $\mathscr{B}_2$가 집합 X의 두 위상 $\mathfrak{T}_{\mathscr{B}_1}$, $\mathfrak{T}_{\mathscr{B}_2}$의 기저라 할 때, 다음 두 조건은 서로 동치이다([그림 1.2.3]).

(1) $\mathfrak{T}_{\mathscr{B}_2}$가 $\mathfrak{T}_{\mathscr{B}_1}$보다 세밀하다. 즉, $\mathfrak{T}_{\mathscr{B}_1} \subseteq \mathfrak{T}_{\mathscr{B}_2}$이다.

(2) 임의의 원소 $x \in X$와 x를 포함하는 각각의 $B_1 \in \mathscr{B}_1$에 대하여,

$$x \in B_2 \subset B_1$$

을 만족하는 $B_2 \in \mathscr{B}_2$가 존재한다.

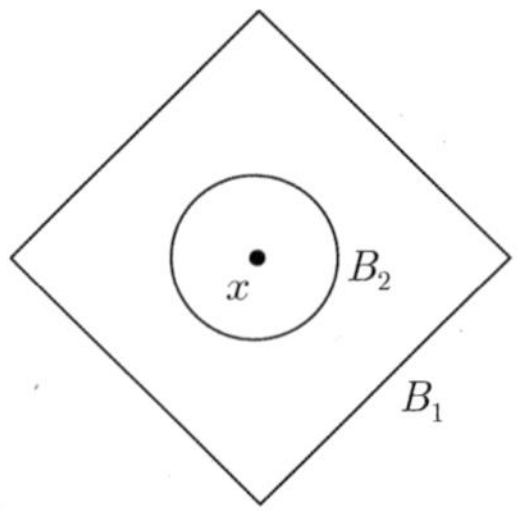

[그림 1.2.3]

증명 (1) ⇒ (2) 가정에 의해 $\mathfrak{T}_{\mathscr{B}_2}$가 $\mathfrak{T}_{\mathscr{B}_1}$보다 세밀하고 기저 $\mathscr{B}_1 \subset \mathfrak{T}_{\mathscr{B}_1}$이므로 임의의 원소 $x \in X$와 x를 포함하는 각각의 $B_1 \in \mathscr{B}_1$에 대하여, B_1은 $\mathfrak{T}_{\mathscr{B}_2}$의 원소이다. 따라서 $\mathscr{B}_2$에 의해 생성된 위상의 정의에 의해

$$x \in B_2 \subset B_1$$

를 만족하는 $B_2 \in \mathscr{B}_2$가 존재한다.

(2) ⇒ (1) 임의의 원소 $U \in \mathfrak{T}_{\mathscr{B}_1}$과 $x \in U$에 대하여, $x \in B_1 \subset U$를 만족하는 기저원소 $B_1 \in \mathscr{B}_1$이 존재한다. 이때, 가정 (2)에 의해 $x \in B_2 \subset B_1$를 만족하는 $B_2 \in \mathscr{B}_2$가 존재한다. 따라서 $x \in B_2 \subset U$을 만족하는 기저원소 $B_2 \in \mathscr{B}_2$가 존재한다. 즉, $U \in \mathfrak{T}_{\mathscr{B}_2}$이다. □

위의 [정리 1.2.12]를 이용하면 다음 사실을 간단히 증명할 수 있다.

보조정리 1.2.13 다음이 성립한다.

(1) $\mathbb{R}_l$과 $\mathbb{R}_K$는 $\mathbb{R}_u$보다 완벽하게 세밀하다.

(2) $\mathbb{R}_l$과 $\mathbb{R}_K$는 서로 비교불가능하다.

증명 (1) $\mathscr{B}_u \subset \mathscr{B}_K$이므로 $\mathfrak{I}_{\mathscr{B}_u} \subset \mathfrak{I}_{\mathscr{B}_K}$이고 $(-1,1)-K \in \mathscr{B}_K$이지만

$$0 \in (a,b) \subset (-1,1)-K$$

를 만족하는 $(a,b) \in \mathscr{B}_u$는 존재하지 않는다. 따라서 위의 [정리 1.2.12]에 의해 $\mathbb{R}_K$는 $\mathbb{R}_u$보다 완벽하게 세밀하다.

또한, 임의의 $(a,b) \in \mathscr{B}_u$와 $x \in (a,b)$에 대하여, $[x,b) \subset (a,b)$이므로 $\mathbb{R}_l$는 $\mathbb{R}_u$보다 세밀하다. 하지만, $[a,b) \in \mathscr{B}_l$과 $x=a \in [a,b)$에 대하여 $x=a \in (c,d) \subset [a,b)$를 만족하는 $(c,d) \in \mathscr{B}_u$는 존재하지 않는다. 따라서 사실 $\mathbb{R}_l$는 $\mathbb{R}_u$보다 완벽하게 세밀하다.

(2) 위의 (1)과 비슷하게, $(-1,1)-K \in \mathscr{B}_K$이지만

$$0 \in [a,b) \subset (-1,1)-K$$

를 만족하는 $[a,b) \in \mathscr{B}_l$가 존재하지 않고, $[0,1) \in \mathscr{B}_l$과 $x=0$에 대하여

$$x=0 \in (a,b)-K \subset [0,1) \text{ 또는 } x=0 \in (c,d) \subset [0,1)$$

을 만족하는 $(a,b)-K \in \mathscr{B}_K$와 $(c,d) \in \mathscr{B}_K$가 존재하지 않는다. 따라서 $\mathbb{R}_l$과 $\mathbb{R}_K$는 서로 비교불가능하다. □

정의 1.2.14 임의의 집합 X에 대하여, 다음을 정의하자.

(1) **위상의 부분기저**(sub-basis) $\mathscr{S}$는 X의 부분집합들로 구성된 모임으로 $\mathscr{S}$의 모든 원소들의 합집합이 X가 되는 멱집합 2^X의 부분집합이다.

(2) **위상의 부분기저 $\mathscr{S}$에 의해 생성된 기저 $\mathscr{B}_{\mathscr{S}}$** 는

$$\mathscr{B}_{\mathscr{S}} = \{B = \bigcap_{i=1}^{n} S_i \mid n=0,1,2,\ldots,\ S_i \in \mathscr{S},\ 1 \le i \le n\}$$

로 정의된다. 이때, $\mathscr{B}_{\mathscr{S}}$ 는 실제로 집합 X의 기저가 되고 정의에 의해 $\mathscr{S} \subset \mathscr{B}_{\mathscr{S}}$ 이다(아래 [보조정리 1.2.15] 참고). 특히, 위의 정의에서 $n=0$인 경우에는 집

합론의 논리적인 성질에 의해 $B = X$이다.

(3) **위상의 부분기저 $\mathscr{S}$에 의해 생성된 위상** $\mathfrak{I}_{\mathscr{S}}$ 는 기저 $\mathscr{B}_{\mathscr{S}}$ 에 의해 생성된 위상 $\mathfrak{I}_{\mathscr{B}_{\mathscr{S}}}$ 를 말한다.

일부 교재의 저자는 위상공간 $(X, \mathfrak{I})$을 먼저 택한 후, $\mathscr{S}$가 $\mathfrak{I}$의 부분집합이고 $\mathscr{S}$의 임의의 유한개의 원소의 교집합들의 모임이 $\mathfrak{I}$의 기저를 생성하면 $\mathscr{S}$를 $\mathfrak{I}$의 부분기저라고 정의한다. 이것은 새로운 위상을 생성하기 위해 부분기저를 먼저 도입한다는 취지에는 어긋나지만 주어진 위상의 성질을 파악하기 위해 기저보다 더 간단한 부분기저의 개념을 이용할 수도 있다는 면에서는 받아들일 만한 정의인 것으로 보인다. 이 책에서는 Munkres 책에 있는 부분기저의 정의를 따르고 있다.

보조정리 1.2.15 위상의 부분기저 $\mathscr{S}$에 대하여,

$$\mathscr{B}_{\mathscr{S}} = \{B = \bigcap_{i=1}^{n} S_i \mid n = 0, 1, 2, \ldots,\ S_i \in \mathscr{S}, 1 \le i \le n\}$$

는 집합 X의 위상의 기저이다.

증명 (1) 임의의 원소 $x \in X$에 대하여, 부분기저의 정의에 의해 $x \in S \in \mathscr{S}$을 만족하는 $S \in \mathscr{B}_{\mathscr{S}}$ 가 존재한다.

(2) 임의의 두 원소 $B_1, B_2 \in \mathscr{B}_{\mathscr{S}}$ 에 대하여,

$$B_1 = S_1 \bigcap S_2 \bigcap \cdots \bigcap S_m,\ B_2 = S'_1 \bigcap S'_2 \bigcap \cdots \bigcap S'_n$$

로 나타낼 수 있다. 따라서 $x \in B_1 \cap B_2$일 때,

$$x \in B_3 := B_1 \bigcap B_2 = S_1 \bigcap S_2 \bigcap \cdots \bigcap S_m \bigcap S'_1 \bigcap S'_2 \bigcap \cdots \bigcap S'_n \in \mathscr{B}_{\mathscr{S}}$$

이므로 $x \in B_3 \subseteq B_1 \bigcap B_2$를 만족하는 $B_3 \in \mathscr{B}_{\mathscr{S}}$ 가 존재한다.

위의 (1), (2)에 의해 $\mathscr{B}_{\mathscr{S}}$ 는 X의 기저이다. □

예제 1.2.16

실수의 집합 $\mathbb{R}$에서

$$\mathscr{S} = \{(a,\infty), (-\infty,b) \mid a,b\in\mathbb{R}\}$$

이라 하자. 그러면, 분명히 $\mathscr{S}$는 한 위상의 부분기저이다. 한편,

$$(-\infty,b)\bigcap(a,\infty) = (a,b) \text{ 또는 } \varnothing$$

이다. 따라서 $\mathscr{S}$에 의해 생성된 위상 $\mathfrak{I}_{\mathscr{S}}$ 는 실수의 보통위상공간 $\mathbb{R}_u$임을 알 수 있다. 실제로, 다음이 성립한다.

(1) 부분기저 $\mathscr{S}$에 의해 생성된 기저 $\mathscr{B}_{\mathscr{S}}$ 는 다음과 같다.

$$\mathscr{B}_{\mathscr{S}} = \{\varnothing, \mathbb{R}, (-\infty, b), (a, \infty), (c, d) \mid a, b, c, d\in\mathbb{R}, c < d\}$$

(2) $\mathscr{B}_u \subset \mathscr{B}_{\mathscr{S}}$ 이므로 $\mathbb{R}_u \subset \mathfrak{I}_{\mathscr{S}}$ 이다. 또한 $\mathfrak{I}_{\mathscr{S}} \subset \mathbb{R}_u$임을 다음 경우로 나누어 보일 수 있다.

(i) $B=(-\infty,b)\in\mathscr{B}_{\mathscr{S}}$ 와 임의의 $x\in B$에 대하여, $x\in(x-1,b)\subset(-\infty,b)$를 만족하는 $(x-1,b)\in\mathscr{B}_u$가 존재한다.

(ii) $B=(a,\infty)\in\mathscr{B}_{\mathscr{S}}$ 와 임의의 $x\in B$에 대하여, $x\in(a,x+1)\subset(a,\infty)$를 만족하는 $(a,x+1)\in\mathscr{B}_u$가 존재한다.

(iii) $B=(c,d)\in\mathscr{B}_{\mathscr{S}}$ 와 임의의 $x\in B$에 대하여, $x\in(c,d)\subset(c,d)$를 만족하는 $(c,d)\in\mathscr{B}_u$가 존재한다.

(i), (ii), (iii)과 [정리 1.2.12]에 의해, $\mathfrak{I}_{\mathscr{S}} \subset \mathbb{R}_u$가 성립한다. □

예제 1.2.17

$X=\{a,b,c,d\}$일 때,

$$\mathscr{S} = \{\{a,b\},\{b,c\},\{d\}\}$$

라 하면 $\mathscr{S}$는 위상의 부분기저이다. 이때, 기저 $\mathscr{B}_{\mathscr{S}}$ 는

$$\mathscr{B}_{\mathscr{S}} = \{\varnothing, X, \{b\}, \{a,b\}, \{b,c\}, \{d\}\}$$

이다. 따라서 $\mathscr{S}$에 의해 생성된 위상

$$\mathfrak{I}_{\mathscr{S}} = \{\varnothing, X, \{b\}, \{d\}, \{a,b\}, \{b,c\}, \{b,d\}, \{a,b,d\}, \{a,b,c\}, \{b,c,d\}\}$$

이다. □

예제 1.2.18

임의의 집합 X에 대하여,

$$\mathscr{S} = \{\{x\} \mid x \in X\}$$

라 할 때, $\mathscr{S}$는 부분기저이고 $\mathscr{S}$에 의해 생성된 위상 $\mathfrak{I}_{\mathscr{S}}$ 는 이산위상이다. 실제로, X의 원소의 개수가 2 이상이면

$$\mathscr{B}_{\mathscr{S}} = \{\varnothing, X, \{x\} \mid x \in X\}$$

이고, X의 원소의 개수가 하나이면 $\mathscr{B}_{\mathscr{S}} = \{\{x\} \mid x \in X\}$이다. 따라서 $\mathfrak{I}_{\mathscr{S}}$ 는 이산위상임을 알 수 있다. □

예제 1.2.19

X가 무한집합일 때,

$$\mathscr{S} = \{X - \{x\} \mid x \in X\}$$

라 하면 $\mathscr{S}$는 부분기저가 되고 $\mathscr{S}$에 의해 생성된 위상 $\mathfrak{I}_{\mathscr{S}}$ 는 여유한위상이다. 실제로,

$$(X - \{x_1\}) \bigcap \cdots \bigcap (X - \{x_n\}) = X - \{x_1, \ldots, x_n\}, \ \ n \in \mathbb{N}$$

이므로 기저 $\mathscr{B}_{\mathscr{S}}$ 는 다음과 같다.

$$\mathscr{B}_{\mathscr{S}} = \left\{X, X - \{x_1, x_2, \ldots, x_n\} \mid n \in \mathbb{N}, x_1, x_2, \ldots, x_n \in X\right\}$$

따라서 기저 $\mathscr{B}_{\mathscr{S}}$ 에 의해 생성된 위상 $\mathfrak{I}_{\mathscr{S}}$ 는 여유한위상이다. □

1.2 연습문제

1. 각각의 $\alpha \in J$에 대하여 $\mathfrak{I}_\alpha$가 집합 X_α의 위상이고 모든 $\alpha, \beta(\neq \alpha) \in J$에 대하여 $X_\alpha \bigcap X_\beta = \varnothing$일 때, 다음 물음에 답하라.

(1) $\bigcup_{\alpha \in J} \mathfrak{I}_\alpha$가 집합 $\bigcup_{\alpha \in J} X_\alpha$에서 항상 기저가 됨을 보여라.

(2) 집합 $\bigcup_{\alpha \in J} X_\alpha$에서 $\bigcup_{\alpha \in J} \mathfrak{I}_\alpha$를 포함하는 가장 작은 위상은 기저 $\bigcup_{\alpha \in J} \mathfrak{I}_\alpha$로 생성한 위상과 같음을 보여라.

2. 다음 물음에 답하라.

(1) 집합 X에서 정의된 두 기저 $\mathscr{B}_1$과 $\mathscr{B}_2$의 교집합은 일반적으로 X의 기저가 되지 못함을 예를 통해 보여라.

(2) 집합 X에서 정의된 두 기저 $\mathscr{B}_1$과 $\mathscr{B}_2$의 합집합은 일반적으로 X의 기저가 되지 못함을 예를 통해 보여라.

3. 실수 전체의 집합 $\mathbb{R}$의 부분집합들로 구성된

$$\mathscr{B} = \{[a,b] \subset \mathbb{R} \mid a \leq b,\ a,b \in \mathbb{R}\}$$

에 다음 물음에 답하라.

(1) $\mathscr{B}$가 실수의 집합 $\mathbb{R}$의 기저가 됨을 보여라.

(2) $\mathscr{B}$에 의해 생성된 위상 $\mathfrak{I}_{\mathscr{B}}$ 를 가진 위상공간 $(\mathbb{R}, \mathfrak{I}_{\mathscr{B}})$와 이산위상공간 $\mathbb{R}_{\text{dis}}$를 서로 비교하라.

4. 실수 전체의 집합 $\mathbb{R}$에 대하여,

$$\mathscr{B}_u = \{(a,b) \subset \mathbb{R} \mid a < b,\ a,b \in \mathbb{R}\}$$

인 기저로 생성된 보통위상공간을 $\mathbb{R}_u$라 하자. 함수 $f : \mathbb{R} \to \mathbb{R}$가 $f(x) = [x] - x$일 때,

$$\mathfrak{I} = \left\{U \subset \mathbb{R} \mid f^{-1}(U) \in \mathbb{R}_u\right\}$$

라 하자. 이때, 다음 물음에 답하라.

(1) 실수의 집합 $\mathbb{R}$상에 $\mathfrak{I}$가 위상이 됨을 보여라.

(2) 위상공간 $(\mathbb{R}, \mathfrak{I})$에서 열린집합으로 0을 포함하는 것을 모두 찾아라.

(3) 위상공간 $(\mathbb{R}, \mathfrak{I})$에서

$$\left\{-\frac{5}{2}\right\}, \{2\}, \left\{-\frac{1}{2}\right\}$$

이 열린집합인지 판별하라.

5. 실수 전체의 집합 $\mathbb{R}$에 대하여,

$$\mathscr{B}_l = \{[a,b) \subset \mathbb{R} \mid a < b,\ a,b \in \mathbb{R}\}$$

인 기저로 생성된 하극한위상공간을 $\mathbb{R}_l$이라 하자. 함수 $f:\mathbb{R} \to \mathbb{R}$가 $f(x) = [x] - x$일 때,

$$\mathfrak{I} = \left\{f^{-1}(U) \subset \mathbb{R} \mid U \in \mathbb{R}_l\right\}$$

라 하자. 이때, 다음 물음에 자세히 답하라.

(1) 실수의 집합 $\mathbb{R}$상에 $\mathfrak{I}$가 위상이 됨을 보여라.

(2) 다음과 같이 정의된 집합 $\mathscr{B}'$이 위상 $\mathfrak{I}$의 기저가 됨을 보여라:

$$\mathscr{B}' = \left\{f^{-1}([a,b)) \mid [a,b) \in \mathscr{B}_l\right\}$$

(3) 위상공간 $(\mathbb{R}, \mathfrak{I})$에서

$$\left\{-\frac{5}{2}\right\}, \{2\}, \left\{-\frac{1}{2}\right\}$$

이 열린집합인지 판별하라.

6. 실수의 집합 $\mathbb{R}$의 부분기저

$$\mathscr{S} = \{(-\infty, 4), (0,1), (0,3), (2,\infty)\}$$

로 생성된 위상을 $\mathfrak{I}_{\mathscr{S}}$ 로 나타내자. 이때, 다음 물음에 자세히 답하라.

(1) $\mathfrak{I}_{\mathscr{S}}$ 를 구체적으로 구하라.

(2) $\mathfrak{I}_{\mathscr{S}}$ 에서 $[1,2)$를 포함하는 모든 열린집합을 찾아라.

7. 실수의 집합 $\mathbb{R}$상에서 두 기저 $\mathscr{B}_l$과 $\mathscr{B}_p$를 다음과 같이 정의하자.

$$\mathscr{B}_l = \{[a,b) \mid a < b,\ a,b \in \mathbb{R}\}, \quad \mathscr{B}_p = \{(a,b] \mid a < b,\ a,b \in \mathbb{R}\}$$

다음 물음에 자세히 답하라.

(1) $\mathscr{B}_l$과 $\mathscr{B}_p$에 의해 생성된 두 위상 $\mathfrak{I}_{\mathscr{B}_l}$과 $\mathfrak{I}_{\mathscr{B}_p}$가 서로 비교가능한지 판별하라.

(2) 두 위상 $\mathfrak{I}_{\mathscr{B}_l}$과 $\mathfrak{I}_{\mathscr{B}_p}$에 모두 포함되는 가장 큰 위상 $\mathfrak{I}$을 구하라.

(3) $\mathfrak{I}_{\mathscr{B}_l} \cup \mathfrak{I}_{\mathscr{B}_p}$이 실수의 집합 $\mathbb{R}$상에서 위상이 되는지 판별하라.

8. 임의의 자연수 n과 정수 a에 대하여,

$$B_n(a) = \{a + k \cdot 3^n \mid k \in \mathbb{Z}\}$$

이고 $\mathscr{B} = \{B_n(a) \mid a \in \mathbb{Z},\ n \in \mathbb{N}\}$라 할 때, 다음 물음에 자세히 답하라.

(1) $\mathscr{B}$가 정수의 집합 $\mathbb{Z}$의 기저가 됨을 보여라.

(2) $\mathbb{N}_e$를 짝수들의 집합이라 할 때, 위상공간 $(\mathbb{Z}, \mathfrak{T}_{\mathscr{B}})$에서 $\mathbb{N}_e$가 열린집합인지 판별하라.

(3) $\mathbb{N}_o$를 홀수들의 집합이라 할 때, 위상공간 $(\mathbb{Z}, \mathfrak{T}_{\mathscr{B}})$에서 $\mathbb{N}_o$가 열린집합인지 판별하라.

(4) $B_n(a)$가 $(\mathbb{Z}, \mathfrak{T}_{\mathscr{B}})$에서 닫힌집합임을 보여라.

9. 2차원 평면 $\mathbb{R}^2$상에서 정의된

$$\mathscr{B}_1 = \{[a,b) \times (c,d] \mid a,b,c,d \in \mathbb{R},\ a < b,\ c < d\},$$

$$\mathscr{B}_2 = \{[a,b) \times (c,d] \mid a,b,c,d \in \mathbb{Q},\ a < b,\ c < d\}$$

에 대하여, 다음 물음에 답하라.

(1) 다음과 같이 정의된 집합 A가 $(\mathbb{R}^2, \mathfrak{T}_{\mathscr{B}_1})$에서 열린집합인지 판별하라.

$$A = \{(x,y) \in \mathbb{R}^2 \mid x > 0,\ y > 0,\ y \le x + 1\}$$

(2) [예제 1.4.4 (1)]에서 정의된 보통위상공간 $\mathbb{R}_u^2$와 $(\mathbb{R}^2, \mathfrak{T}_{\mathscr{B}_1})$이 서로 비교가능한지 판별하라.

(3) 두 위상공간 $(\mathbb{R}^2, \mathfrak{T}_{\mathscr{B}_1})$과 $(\mathbb{R}^2, \mathfrak{T}_{\mathscr{B}_2})$가 서로 비교가능한지 판별하라.

10. 실수의 집합 $\mathbb{R}$에 대하여

$$\mathscr{B}_l = \{[a,b) \subset \mathbb{R} \mid a < b,\ a, b \in \mathbb{R}\}$$

인 기저로 생성된 하극한위상공간을 $\mathbb{R}_l$이라 하자. 함수 $f : \mathbb{R} \to \mathbb{R}_l$를

$$f(x) = [x] + 2x$$

라 할 때, $\mathfrak{T} = \{f^{-1}(U) \mid U \in \mathbb{R}_l\}$이다. 위상공간 $(\mathbb{R}, \mathfrak{T})$에서

$$\left\{-\frac{1}{2}\right\},\ [0, 1],\ \left[1, \frac{3}{2}\right),\ \left(-\infty, \frac{3}{2}\right)$$

이 열린집합인지 판별하라.

11. 실수의 집합 $\mathbb{R}$의 부분집합들의 모임

$$\mathscr{S} = \{(-\infty, 5),\ (0, 1),\ (0, 4),\ (3, \infty)\}$$

에 대하여 다음 물음에 답하라.

(1) $\mathscr{S}$가 부분기저임을 보여라.

(2) $\mathbb{R}$상의 기저 $\mathscr{B}_{\mathscr{S}}$ 을 구체적으로 구하라.

(3) $\mathbb{R}$상의 위상 $\mathfrak{I}_{\mathscr{S}}$ 를 구체적으로 구하라.

(4) 위상공간 $(\mathbb{R}, \mathfrak{I}_{\mathscr{S}})$에서 $[1, 2)$를 포함하는 열린집합을 모두 찾아라.

12. 2차원 평면 $\mathbb{R}^2$상에서 정의된 기저

$$\mathscr{B} = \{([a, b) \times (c, d] \mid a, b, c, d \in \mathbb{Q},\ a < b,\ c < d\}$$

로 생성된 위상공간 $(\mathbb{R}^2, \mathfrak{I}_{\mathscr{B}})$에 대하여, 다음 물음에 답하라.

(1) 다음과 같이 정의된 집합 B가 열린집합인지 판별하라.

$$A = \left\{(x, y) \in \mathbb{R}^2 \,\middle|\, \frac{x^2}{3^2} + \frac{y^2}{2^2} < 1\right\}$$

$$B = A \cup \left\{(x, y) \in \mathbb{R}^2 \,\middle|\, \frac{x^2}{3^2} + \frac{y^2}{2^2} = 1,\ x < 0,\ y < 0\right\}$$

(2) 사전식순서를 이용하여 만든 순서위상공간 $(\mathbb{R}^2, \mathfrak{I}_o)$상에서 위의 (1)의 집합 A가 열린집합인지 판별하라(순서위상공간의 정의는 1.3절 참고).

(3) 두 위상공간 $(\mathbb{R}^2, \mathfrak{I}_{\mathscr{B}})$와 $(\mathbb{R}^2, \mathfrak{I}_o)$가 비교가능인지 판별하고, 비교가능하다면 어느 위상이 더 세밀한지 보여라.

13. 실수의 집합 $\mathbb{R}$의 멱집합 $2^{\mathbb{R}}$의 부분집합

$$\mathscr{S} = \{(a, b),\ \{0\} \cup K \mid a < b,\ a, b \in \mathbb{R}\}$$

를 고려하자. 단, 여기서

$$K = \left\{\frac{1}{n} \,\middle|\, n \in \mathbb{N}\right\}$$

을 나타낸다. 이때, 다음 물음에 답하라.

(1) $\mathscr{S}$가 $\mathbb{R}$상의 부분기저임을 보여라.

(2) x가 실수일 때, $\{x\}$가 $\mathfrak{I}_{\mathscr{S}}$ 에서 열린집합이 되는 x를 모두 찾고 그 이유를 설명하라.

14. 각각의 $\alpha \in J$에 대하여 $\mathfrak{I}_\alpha$가 집합 X의 위상일 때, 다음 물음에 답하라.

(1) $\bigcup_{\alpha \in J} \mathfrak{I}_\alpha$가 X상의 부분기저임을 보여라.

(2) 부분기저 $\mathscr{S} = \bigcup_{\alpha \in J} \mathfrak{I}_\alpha$를 포함하는 가장 작은 위상이 $\mathscr{S}$에 의해 생성된 위상임을

보여라.

(3) $X=\{a, b, c\}$일 때, X상의 두 위상 $\mathfrak{I}_1$과 $\mathfrak{I}_2$를 고려하자.

$$\mathfrak{I}_1=\{X, \varnothing, \{a\}, \{a, b\}\},\ \mathfrak{I}_2=\{X, \varnothing, \{a, b\}, \{c\}\}$$

이때, $\mathfrak{I}_1 \cup \mathfrak{I}_2$를 포함하는 가장 작은 위상을 구하라.

15. 실수의 집합 $\mathbb{R}$상에서 다음과 같이 정의된 기저

$$\mathscr{B}=\{(a, b) \mid a \in \mathbb{Q}, b \in \mathbb{Q}^c, a<b\}$$

에 의해 생성된 위상 $\mathfrak{I}_{\mathscr{B}}$ 와 보통위상 $\mathbb{R}_u$를 비교하라.

16. 실수의 집합 $\mathbb{R}$상에서 정의된 기저

$$\mathscr{B}=\{(a, b] \subset \mathbb{R} \mid a \in \mathbb{Q},\ b \in \mathbb{Q}^c,\ a<b\}$$

에 의해 생성된 위상과 상극한위상공간 $\mathbb{R}_p$의 세밀성을 비교하라.

17. 실수의 집합 $\mathbb{R}$상에서 정의된 기저

$$\mathscr{B}=\{(a, b], [c, d) \mid a, c \in \mathbb{Q}, b, d \in \mathbb{Q}^c, a<b, c<d\}$$

에 대하여, 다음 물음에 답하라.

(1) 기저 $\mathscr{B}$에 의해 생성된 위상 $\mathfrak{I}_{\mathscr{B}}$ 에 대하여, 다음과 같이 주어진 집합이 열린집합인지 판별하라.

$$A=\mathbb{Q},\ B=[0,1],\ C=[-\sqrt{3}, 2)$$

(2) 하극한위상 $\mathbb{R}_l$과 $\mathfrak{I}_{\mathscr{B}}$ 가 서로 비교가능인지 판별하라. 만약 서로 비교가능이라면 두 위상의 세밀성을 판별하라.

18. 하극한위상공간 $\mathbb{R}_l$과 두 함수

$$f: \mathbb{R} \rightarrow \mathbb{R}_l,\ f(x)=[x]-x$$
$$g: \mathbb{R} \rightarrow \mathbb{R}_l,\ g(x)=[x]+x$$

에 대하여, 부분기저

$$\mathscr{S}=\{f^{-1}(U), g^{-1}(U) \mid U \in \mathbb{R}_l\}$$

에 의해 생성된 위상 $\mathfrak{I}_{\mathscr{S}}$ 가 이산위상인지 판별하라.

19. $X=\{a, b, c, d, e\}$일 때, X상에서 다음과 같이 정의된 두 위상 $\mathfrak{I}_1$과 $\mathfrak{I}_2$를 고려하자.

$$\mathfrak{I}_1=\{\varnothing, X, \{c\}, \{d\}, \{c, d\}, \{d, e\}, \{a, b, c\}, \{c, d, e\}, \{a, b, c, d\}\}$$
$$\mathfrak{I}_2=\{\varnothing, X, \{a\}, \{a, b\}, \{a, c, d, e\}\}$$

이때, 다음 물음에 답하라.

(1) $\mathfrak{I}_1$과 $\mathfrak{I}_2$에 모두 포함되는 가장 큰 위상 $\mathfrak{I}_3$를 찾아라.

(2) $\mathfrak{I}_1$과 $\mathfrak{I}_2$에 모두 포함하는 가장 작은 위상 $\mathfrak{I}_4$를 찾아라. (힌트: $|\mathfrak{I}_4| = 18$)

20. 실수의 집합 $\mathbb{R}$상에서 다음과 같이 정의된 집합 $\mathscr{B}$를 고려하자.

$$\mathscr{B} = \{(-a, \sqrt{2}a) \subset \mathbb{R} \mid a \in \mathbb{R},\ a > 0\}$$

이때, 다음 물음에 답하라.

(1) $\mathscr{B}$가 $\mathbb{R}$상에서 기저임을 보여라.

(2) 기저 $\mathscr{B}$에 의해 생성된 위상 $\mathfrak{I}_{\mathscr{B}}$ 가 다음과 같이 주어짐을 보여라.

$$\mathfrak{I}_{\mathscr{B}} = \{(-a, \sqrt{2}a) \mid a \in \mathbb{R},\ a > 0\} \cup \{\varnothing, \mathbb{R}\}$$

21. 실수의 집합 $\mathbb{R}$과 그 부분집합 A에 대하여, 다음과 같이 정의된 집합 $\mathscr{B}$를 고려하자.

$$\mathscr{B} = \{(-\infty, x) \mid x \in A\} \cup \{\mathbb{R}\} \subset 2^{\mathbb{R}}$$

이때, 다음 각각의 경우에 대해 $\mathscr{B}$가 $\mathbb{R}$상에서 정의된 한 위상의 기저인지 판별하라. 또한, 만약 $\mathscr{B}$가 $\mathbb{R}$상에서 정의된 한 위상의 기저라면 $\mathscr{B}$에 의해 생성된 위상 $\mathfrak{I}_{\mathscr{B}}$ 를 구체적으로 찾아라.

(1) $A = (-1, 2)$

(2) $A = (-1, 2]$

(3) $A = (-1, 2] \cup [3, 4)$

(힌트: (1) $\mathfrak{I}_{\mathscr{B}} = \{(-\infty, x) \mid -1 < x \le 2\} \cup \{\varnothing, \mathbb{R}\}$

(2) $\mathfrak{I}_{\mathscr{B}} = \{(-\infty, x) \mid -1 < x \le 2\} \cup \{\varnothing, \mathbb{R}\}$

(3) $\mathfrak{I}_{\mathscr{B}} = \{(-\infty, x) \mid -1 < x \le 2,\ 3 \le x \le 4\} \cup \{\varnothing, \mathbb{R}\}$)

22. $A = (0, 2) = \{x \in \mathbb{R} \mid 0 < x < 2\}$일 때, 실수의 집합 $\mathbb{R}$상에서 다음과 같이 정의된 집합 $\mathscr{B}$를 고려하자.

$$\mathscr{B} = \{(-a, \sqrt{2}a] \subset \mathbb{R} \mid a \in A\} \cup \{\mathbb{R}\}$$

이때, 다음 물음에 답하라.

(1) $\mathscr{B}$가 $\mathbb{R}$상에서 기저임을 보여라.

(2) 기저 $\mathscr{B}$에 의해 생성된 위상 $\mathfrak{I}_{\mathscr{B}}$ 가 다음과 같이 주어짐을 보여라.

$$\mathfrak{I}_{\mathscr{B}} = \{(-a, \sqrt{2}a], (-b, \sqrt{2}b) \mid 0 < a < 2,\ 0 < b \le 2\} \cup \{\varnothing, \mathbb{R}\}$$

▶ 1.3 · 순서위상

집합 X가 **단순순서집합**(simply ordered set)이라 하자. 즉, X에는 다음 조건을 만족하는 관계 $<$가 있다.

(1) 임의의 서로 다른 두 원소 $x,y\in X$에 대하여, $x<y$이거나 $y<x$ 중에서 하나만 성립한다.

(2) 임의의 원소 $x\in X$에 대하여, $x<x$가 성립하지 않는다.

(3) 임의의 세 원소 $x,y,z\in X$에 대하여, $x<y$이고 $y<z$이면 $x<z$이다.

단순순서집합 $(X,<)$에 순서위상을 줄 수 있다. 이를 위해, 먼저 다음과 같은 네 가지 구간을 정의해야 한다.

정의 1.3.1 단순순서집합 $(X,<)$에 대하여, 네 가지 구간을 다음과 같이 정의하자.

(1) $(a,b)=\{x\in X \mid a<x<b\}$, **열린구간**

(2) $[a,b)=\{x\in X \mid a\le x<b\}$, **반닫힌구간** 또는 **반열린구간**

(3) $(a,b]=\{x\in X \mid a<x\le b\}$, **반닫힌구간** 또는 **반열린구간**

(4) $[a,b]=\{x\in X \mid a\le x\le b\}$, **닫힌구간**

정의 1.3.2 두 개 이상의 원소를 가지고 있는 단순순서집합 $(X,<)$에 대하여, 다음 세 가지 형태의 모든 집합들의 모임을 $\mathscr{B}_o$라 하면, $\mathscr{B}_o$는 X상의 한 위상의 기저가 된다. 이때, $\mathscr{B}_o$에 의해 생성된 위상 $\mathfrak{I}_{\mathscr{B}_o}$를 **순서위상**(order topology)이라 하고 $\mathfrak{I}_o$로 나타낸다. 그리고 종종 순서위상공간 $(X,\mathfrak{I}_o)$를 X_o로 간단히 쓴다.

(1) 열린구간 (a,b)

(2) X의 최소원소 a_0가 존재하는 경우, $[a_0,b)$

(3) X의 최대원소 b_0가 존재하는 경우, $(a,b_0]$

예제 1.3.3

실수의 집합 $\mathbb{R}$의 크기 $<$에 관해, $(\mathbb{R},<)$는 단순순서집합이고 최대원소와 최소원소를

가지고 있지 않다. 따라서 $(\mathbb{R},<)$의 순서위상공간 $\mathbb{R}_o$는 (a,b), $a<b$로만 생성된 위상공간이고 $\mathbb{R}_o$은 보통위상공간 $\mathbb{R}_u$와 같다. □

예제 1.3.4

데카르트 곱공간 $\mathbb{R}\times\mathbb{R}$에 다음과 같은 **사전식순서**(lexicographic order)를 주자.

$$(a,b)<(c,d) \Leftrightarrow \begin{cases} a<c \\ a=c, \ b<d \end{cases}$$

이 사전식순서에 관해 $\mathbb{R}\times\mathbb{R}$은 단순순서집합이고 이 경우에도 최대원소와 최소원소를 가지고 있지 않다. 순서쌍 (a,b)를 $a\times b$로 나타낼 때, 순서위상공간 $(\mathbb{R}\times\mathbb{R})_0$의 기저 $\mathscr{B}_o$는

$$(a\times b,\ a\times d),\ b<d \ \text{또는}\ (a\times b,\ c\times d),\ a<c$$

로 이루어져 있다([그림 1.3.1]).

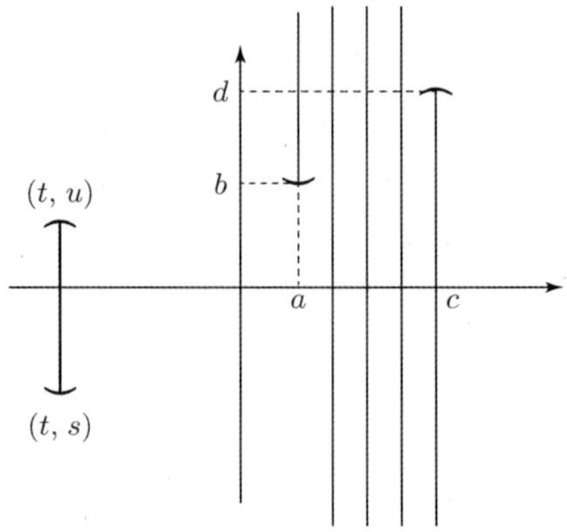

[그림 1.3.1] □

예제 1.3.5

자연수의 집합 $\mathbb{N}$의 크기 $<$에 관해, $(\mathbb{N},<)$는 단순순서집합이고 최대원소는 없고 최소원소 1을 가지고 있다. 따라서 $(\mathbb{N},<)$의 순서위상공간 $\mathbb{N}_o$는 (a,b), $a<b$와 $[1,b)$로 생성된 위상공간이다. 하지만,

$$\{n\}=(n-1,n+1),\ n\geq 2, \quad \{1\}=[1,2)$$

이므로 순서위상공간 $\mathbb{N}_o$는 사실 자연수 집합 $\mathbb{N}$의 이산위상공간과 같다. □

예제 1.3.6

$X=\{1,2\}\times\mathbb{N}$는 $\mathbb{R}\times\mathbb{R}$의 부분집합이므로 $\mathbb{R}\times\mathbb{R}$의 사전식순서를 이용하여 $X=\{1,2\}\times\mathbb{N}$를 단순순서집합

$$(X,<)=(\{1,2\}\times\mathbb{N},<)$$

으로 만들 수 있다. $(X,<)=(\{1,2\}\times\mathbb{N},<)$는 최소원소 1×1을 가지고 있지만 최대원소를 가지고 있지 않다. 따라서 단집합 $\{1\times n\}, n\ge 1$이나 $\{2\times n\}, n\ge 2$은 열린집합이다. 하지만, 단집합 $\{2\times 1\}$은 열린집합이 아니므로 X_o는 이산위상공간이 아니다([그림 1.3.2]).

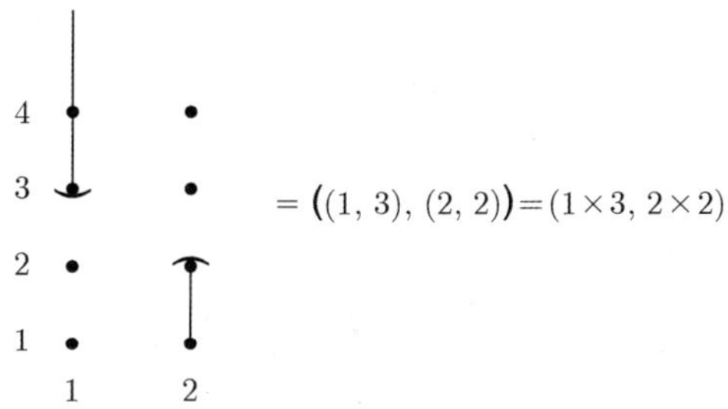

[그림 1.3.2] □

예제 1.3.7

$X=\{0\}\bigcup\left\{\frac{1}{n}\mid n\in\mathbb{N}\right\}$는 $\mathbb{R}$의 부분집합이므로 $\mathbb{R}$의 순서를 주어 단순순서집합을 만들 수 있고 X는 최소원소 0과 최대원소 1을 가지고 있다. 위의 예제와 같이, 순서위상공간 X_o에서 단집합 $\{0\}$은 열린집합이 아니고 $\left\{\frac{1}{n}\right\}, n\in\mathbb{N}$은 모두 열린집합이다. □

예제 1.3.8

$X=(0,1)\bigcup\{2\}$는 $\mathbb{R}$의 부분집합이므로 $\mathbb{R}$의 순서를 주어 단순순서집합을 만들 수 있다. 이때, X에는 최소원소가 없지만 최대원소 2가 존재한다. 위의 예제와 같이, 순서위상공간 X_o에서 단집합 $\{2\}$은 열린집합이 아님을 알 수 있다([그림 1.3.3]). □

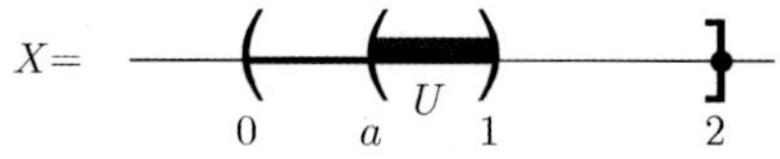

[그림 1.3.3] 2의 열린집합 $U=(a,1)\bigcup\{2\}$

1.3 연습문제

1. 2차원 평면 $\mathbb{R}^2$상에 다음과 같은 관계 $\le$를 정의하자.

$(x_1,y_1)\le(x_2,y_2)\Leftrightarrow y_1-x_1^2<y_2-x_2^2$ 또는 $y_1-x_1^2=y_2-x_2^2$이고 $x_1\le x_2$

이때, 다음 물음에 답하라.

(1) 관계 $\le$가 반사성, 추이성, 반대칭성을 만족함을 증명하여, $(\mathbb{R}^2,\le)$가 **부분순서집합**(또는 **반순서집합**, poset)임을 보여라.

(2) $(\mathbb{R}^2,\le)$가 **전순서집합**(toset)임을 보여라.

(3) $(\mathbb{R}^2,<)$가 단순순서집합임을 보여라.

2. 위의 **문제** 1의 전순서집합 $(\mathbb{R}^2,\le)$를 이용하여 만든 순서위상공간 $(\mathbb{R}^2,\mathfrak{I}_o)$에서 다음 물음에 답하라.

(1) $\mathscr{B}=\left\{((a,a^2+k),\ (b,b^2+k)),\ ((c,c^2+l),\ (d,d^2+m))\ \middle|\ \begin{array}{l} a<b,\ l<m, \\ a,\ b,\ c,\ d,\ k,\ l,\ m\in\mathbb{R}\end{array}\right\}$

가 $\mathfrak{I}_o$의 기저인지 판별하라([그림 1.3.4]).

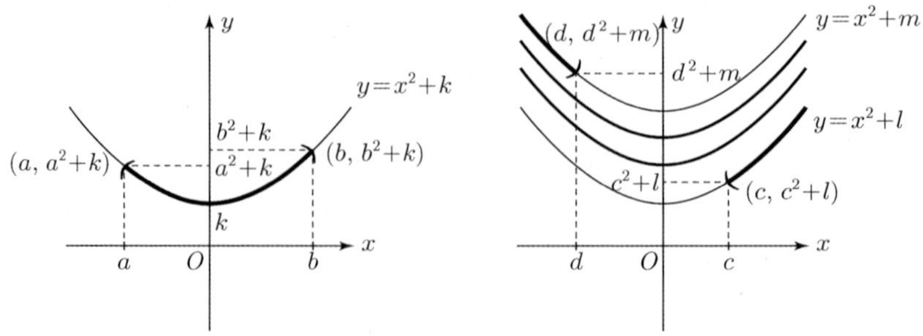

[그림 1.3.4]

(2) 다음과 같이 주어진 집합 A와 B가 $(\mathbb{R}^2, \mathfrak{I}_o)$에서 열린집합인지 판별하라.

$$A = \{(x, x^2) \mid x \in \mathbb{R},\ -1 < x < 1\},\quad B = \{(0, y) \mid y \in \mathbb{R}\}$$

3. 위의 **문제 1**의 전순서집합 $(\mathbb{R}^2, \leq)$의 관계 $\leq$을 이용하여 부분집합 $\mathbb{N}^2$에서 관계 $\leq_{\mathbb{N}^2}$를 주어 전순서집합 $(\mathbb{N}^2, \leq_{\mathbb{N}^2})$를 만들자. 전순서집합 $(\mathbb{N}^2, \leq_{\mathbb{N}^2})$를 이용하여 만든 순서위상공간 $(\mathbb{N}^2, \mathfrak{I}_0)$에서 다음 물음에 답하라.

(1) 전순서집합 $(\mathbb{N}^2, \leq_{\mathbb{N}^2})$의 최대원소와 최소원소가 존재하는지 판별하라.

(2) 다음과 같이 주어진 집합 C와 D가 $(\mathbb{N}^2, \mathfrak{I}_0)$에서 열린집합인지 닫힌집합인지 판별하라.

$$C = \{(1,1)\},\quad D = \{(n, n^2+1) \mid n \in \mathbb{N}\}$$

4. $\mathbb{N}_m = \{1, 2, 3, \ldots, m\}$일 때, 위의 **문제 1**의 전순서집합 $(\mathbb{R}^2, \leq)$의 관계 $\leq$을 이용하여 부분집합 $\mathbb{N}_m^2$에서 관계 $\leq_{\mathbb{N}_m^2}$를 주어 전순서집합 $(\mathbb{N}_m^2, \leq_{\mathbb{N}_m^2})$를 만들자. 전순서집합 $(\mathbb{N}_m^2, \leq_{\mathbb{N}_m^2})$를 이용하여 만든 순서위상공간 $(\mathbb{N}_m^2, \mathfrak{I}_0)$에서 다음 물음에 답하라.

(1) 전순서집합 $(\mathbb{N}_m^2, \leq_{\mathbb{N}_m^2})$의 최대원소와 최소원소가 존재하는지 판별하라.

(2) 다음과 같이 주어진 집합 C_k가 $(\mathbb{N}_m^2, \mathfrak{I}_0)$에서 열린집합인지 닫힌집합인지 판별하라.

$$C_k = \{(1, k)\},\quad k = 1, 2, 3, \ldots, m$$

5. 다음과 같은 집합에 사전식순서를 이용하여 순서위상공간을 만들 때, 이산위상공간이 되는지 판별하라.

(1) $\mathbb{N} \times \mathbb{Z}$

(2) $\mathbb{R} \times [-1, \infty)$

(3) $\mathbb{N} \times \{1, 2\}$

(4) $(-1, 2] \times [2, 3]$

6. 집합

$$X = \{-1,\ 0,\ 2\} \cup \left\{ \frac{1}{n} \,\middle|\, n \in \mathbb{N} \right\} \subset \mathbb{R}$$

에 실수의 집합 $\mathbb{R}$의 순서를 주어 만든 순서위상공간 $(X, \mathfrak{I}_o)$에서 $\{-1,\ 0,\ 2\}$의 열린 부분집합을 모두 찾아라.

7. 데카르트 곱공간 $\mathbb{R}^2 = \mathbb{R} \times \mathbb{R}$상에 다음과 같은 **반사전식순서**(anti-lexicographic order)

$<$를 줄 때, 물음에 답하라.

$$(a, b) < (c, d) \Leftrightarrow \begin{cases} a < c, \\ b > d,\ a = c \end{cases}$$

(1) $(\mathbb{R}^2, <)$가 단순순서집합임을 보여라.

(2) $\mathbb{N}^2 = \mathbb{N} \times \mathbb{N} \subset \mathbb{R}^2$에 순서 $<$를 주어 만든 순서위상공간 $(\mathbb{N}^2,\ <)$가 이산위상공간인지 판별하라.

8. 집합

$$X = \left\{ m - \frac{1}{n} \,\middle|\, n \in \mathbb{N}, m = 0,\ 1, 2 \right\}$$

에 대하여 X_o가 실수의 순서를 주어 만든 순서위상공간을 나타낼 때, $1 \in U$가 X_o에서 열린집합이 될 필요충분조건을 찾아라.

1.4 · 곱위상

두 개의 위상공간과 데카르트 곱공간을 이용하여 새로운 위상공간을 만들 수 있고, 이 과정을 무한개의 성분으로 구성된 데카르트 곱공간까지 확장할 수 있다. 하지만, 무한개의 성분이 있는 경우에는 우리의 직관과 많은 부분 일치하지 않고 복잡한 면이 있어 이 절에서는 먼저 유한개 특히, 두 개의 성분으로 이루어진 곱공간에 곱위상을 주는 방법에 관해서만 자세히 알아본다.

보조정리 1.4.1 두 개의 위상공간 $(X,\mathfrak{I}_X)$, $(Y,\mathfrak{I}_Y)$에 대하여,

$$\mathscr{B} = \{U \times V \mid U \in \mathfrak{I}_X, V \in \mathfrak{I}_Y\}$$

라 할 때, $\mathscr{B}$는 $X \times Y$상의 위상의 기저이다([그림 1.4.1]).

증명 (1) 임의의 원소 $(x,y) \in X \times Y$에 대하여, $x \in X \in \mathfrak{I}_X$이고 $y \in Y \in \mathfrak{I}_Y$이므로 $(x,y) \in X \times Y \in \mathscr{B}$이다.

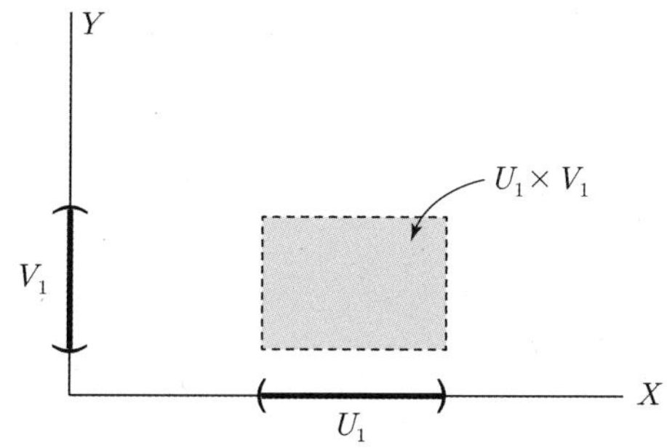

[그림 1.4.1]

(2) 임의의 두 원소 $U_1 \times V_1$, $U_2 \times V_2 \in \mathscr{B}$와 $(x,y) \in U_1 \times V_1 \bigcap U_2 \times V_2$에 대하여,

$$(x,y) \in U_1 \times V_1 \bigcap U_2 \times V_2 = (U_1 \bigcap U_2) \times (V_1 \bigcap V_2) \in \mathfrak{I}_X \times \mathfrak{I}_Y$$

이다.

위의 (1)과 (2)에 의해 $\mathscr{B}$는 $X \times Y$의 기저가 된다. □

정의 1.4.2 두 개의 위상공간 $(X, \mathfrak{I}_X)$, $(Y, \mathfrak{I}_Y)$에 대하여,

$$\mathscr{B} = \{U \times V \mid U \in \mathfrak{I}_X,\ V \in \mathfrak{I}_Y\}$$

라 할 때, $\mathscr{B}$는 $X \times Y$상의 한 위상의 기저이고 $\mathscr{B}$에 의해 $X \times Y$에 생성된 위상을 **곱위상**(product topology)이라 한다. 두 개의 위상공간 $(X, \mathfrak{I}_X)$와 $(Y, \mathfrak{I}_Y)$를 이용하여 만든 곱위상공간을 종종 간단히 $(X, \mathfrak{I}_X) \times (Y, \mathfrak{I}_Y)$로 나타내기도 한다.

보조정리 1.4.3 두 개의 위상공간 $(X, \mathfrak{I}_{\mathscr{B}_1})$, $(Y, \mathfrak{I}_{\mathscr{B}_2})$에 대하여,

$$\mathscr{C} = \{B_1 \times B_2 \mid B_1 \in \mathscr{B}_1,\ B_2 \in \mathscr{B}_2\}$$

라 할 때, $\mathscr{C}$는 $X \times Y$상의 기저이고 $\mathscr{C}$에 의해 생성된 위상 $\mathfrak{I}_{\mathscr{C}}$ 와 곱위상 $\mathfrak{I}_{\mathscr{B}}$ 는 서로 같다.

증명 $\mathscr{C}$가 $X \times Y$상의 기저임은 자명하므로 $\mathfrak{I}_{\mathscr{C}} = \mathfrak{I}_{\mathscr{B}}$ 만을 증명한다. 실제로, 먼저 $\mathscr{C} \subset \mathscr{B}$이므로 $\mathfrak{I}_{\mathscr{C}} \subset \mathfrak{I}_{\mathscr{B}}$ 가 성립한다.

이제, 그 역을 보이기 위해 $U \times V \in \mathscr{B}$와 임의의 원소 $(x, y) \in U \times V$를 택하자. $U \in \mathfrak{I}_{\mathscr{B}_1}$이고 $V \in \mathfrak{I}_{\mathscr{B}_2}$이므로, $x \in B_1 \subset U$와 $y \in B_2 \subset V$를 만족하는 $B_1 \in \mathscr{B}_1$과 $B_2 \in \mathscr{B}_2$가 존재한다. 따라서 $(x, y) \in B_1 \times B_2 \subset U \times V$를 만족하는 $B_1 \times B_2 \in \mathscr{C}$가 존재한다. 즉, $\mathfrak{I}_{\mathscr{B}} \subset \mathfrak{I}_{\mathscr{C}}$ 이다. □

예제 1.4.4

(1) 보통위상공간 $\mathbb{R}_u$를 이용하여 곱공간 $\mathbb{R}_u^2 = \mathbb{R}_u \times \mathbb{R}_u$를 만들 수 있다. 이때, $\mathbb{R}_u^2$의 한 기저는 [보조정리 1.4.3]에 의해

$$\mathscr{B}_p = \{(a, b) \times (c, d) \mid a, b, c, d \in \mathbb{R},\ a < b,\ c < d\}$$

이다.

(2) 보통위상공간 $\mathbb{R}_u$와 하극한위상공간 $\mathbb{R}_l$을 이용하여 곱공간 $\mathbb{R}_u \times \mathbb{R}_l$을 만들 수 있다. 이때, $\mathbb{R}_u \times \mathbb{R}_l$의 한 기저는

$$\mathscr{B}_p = \{(a, b) \times [c, d) \mid a, b, c, d \in \mathbb{R},\ a < b,\ c < d\}$$

이다.

(3) $\mathbb{R}_l$만을 이용하여 곱공간 $\mathbb{R}_l^2 = \mathbb{R}_l \times \mathbb{R}_l$을 만들 수 있다. 이때, $\mathbb{R}_l^2$의 한 기저는

$$\mathscr{B}_p = \{[a,b)\times[c,d) \mid a,b,c,d \in \mathbb{R},\ a<b,\ c<d\}$$

이다([그림 1.4.2]).

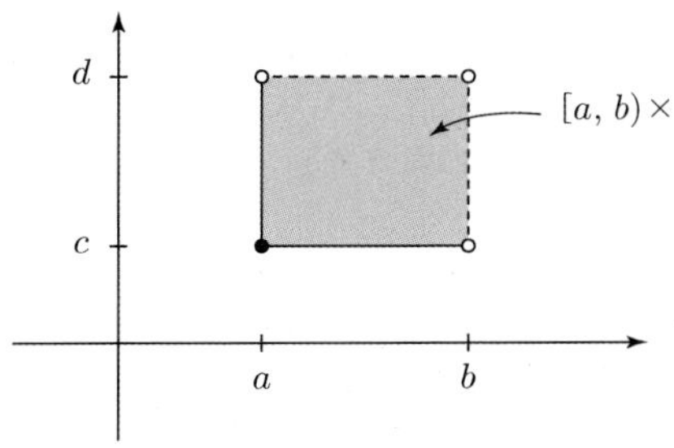

[그림 1.4.2] □

곱위상을 부분기저를 통해 생성할 수도 있다. 이를 위해,

$$\pi_1 : X\times Y \to X,\quad (x,y)\mapsto x$$
$$\pi_2 : X\times Y \to Y,\quad (x,y)\mapsto y$$

라 정의할 때, π_1과 π_2를 각각 $X\times Y$에서 첫 번째 성분과 두 번째 성분으로의 **사영사상**(projection map)이라 한다.

보조정리 1.4.5 두 개의 위상공간 $(X,\mathfrak{I}_X)$, $(Y,\mathfrak{I}_Y)$에 대하여,

$$\mathscr{S} = \left\{\pi_1^{-1}(U),\ \pi_2^{-1}(V) \mid U\in\mathfrak{I}_X,\ V\in\mathfrak{I}_Y\right\}$$

라 할 때, $\mathscr{S}$는 $X\times Y$상의 부분기저이고 $X\times Y$에서 $\mathscr{S}$에 의해 생성된 위상 $\mathfrak{I}_{\mathscr{S}}$는 곱위상 $\mathfrak{I}_{\mathscr{B}}$와 같다([그림 1.4.3]).

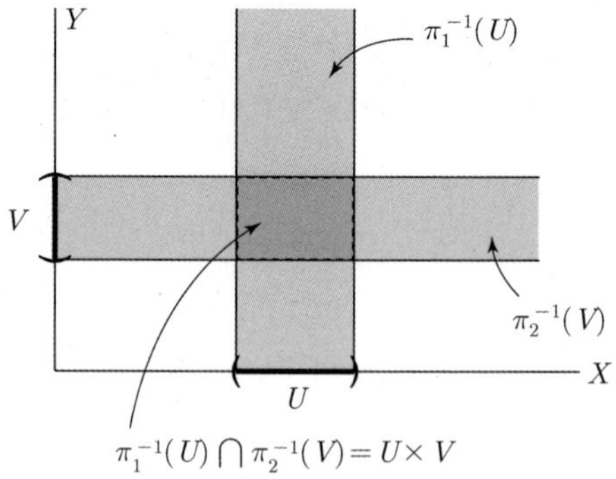

[그림 1.4.3]

증명 (1) 먼저, $\mathscr{S}$는 $X \times Y$상의 부분기저이다. 왜냐하면, 임의의 원소 $(x,y) \in X \times Y$에 대하여 $X \times Y = \pi_1^{-1}(X)$이므로 $(x,y) \in \pi_1^{-1}(X) \in \mathscr{S}$를 만족하는 원소 $\pi_1^{-1}(X)$가 $\mathscr{S}$에 있다.

(2) 두 위상 $\mathfrak{I}_{\mathscr{S}}$ 와 $\mathfrak{I}_{\mathscr{B}}$ 가 서로 같다. 실제로, $\mathscr{S} \subset \mathscr{B} \subset \mathfrak{I}_{\mathscr{B}}$ 이므로 $\mathfrak{I}_{\mathscr{S}} \subset \mathfrak{I}_{\mathscr{B}}$ 이다. 또한,

$$U \times V = \pi_1^{-1}(U) \cap \pi_2^{-1}(V)$$

이므로 $\mathfrak{I}_{\mathscr{B}} \subset \mathfrak{I}_{\mathscr{S}}$ 가 성립한다. □

비슷한 방법으로 다음 보조정리도 쉽게 증명할 수 있다.

보조정리 1.4.6 두 개의 위상공간 $(X, \mathfrak{I}_{\mathscr{B}_1})$, $(Y, \mathfrak{I}_{\mathscr{B}_2})$에 대하여,

$$\mathscr{D} = \left\{ \pi_1^{-1}(B_1), \pi_2^{-1}(B_2) \mid B_1 \in \mathscr{B}_1,\ B_2 \in \mathscr{B}_2 \right\}$$

라 할 때, $\mathscr{D}$는 $X \times Y$상의 부분기저이고 $\mathscr{D}$에 의해 생성된 위상 $\mathfrak{I}_{\mathscr{D}}$ 와 곱위상 $\mathfrak{I}_{\mathscr{B}}$ 는 서로 같다.

예제 1.4.7

$X = \{a,b,c\}$이고 $Y = \{1,2\}$일 때, X와 Y에 두 기저

$$\mathscr{B}_X = \{\{a\},\{b,c\}\}, \quad \mathscr{B}_Y = \{\{1,2\},\{2\}\}$$

를 이용하여 위상 $\mathfrak{I}_{\mathscr{B}_X}$, $\mathfrak{I}_{\mathscr{B}_Y}$를 주자. 이때,

$$\mathscr{S} = \left\{\pi_1^{-1}(\{a\}), \pi_1^{-1}(\{b,c\}), \pi_2^{-1}(\{2\}), \pi_2^{-1}(\{1,2\})\right\}$$

가 $X \times Y$상의 곱위상 $\mathfrak{I}_{\mathscr{B}}$ 의 부분기저이고, $\mathscr{S}$에 의해 생성된 기저 $\mathscr{B}_{\mathscr{S}}$ 는 다음과 같다.

$$\mathscr{B}_{\mathscr{S}} = \{X \times Y, \varnothing, \{a\} \times Y, \{b,c\} \times Y, X \times \{2\}, \{a\} \times \{2\}, \{b,c\} \times \{2\}\}$$

따라서 $\mathscr{S}$에 의해 생성된 위상 $\mathfrak{I}_{\mathscr{S}}$ 는 기저 $\mathscr{B}_{\mathscr{S}}$ 에 의해 생성된 위상이므로

$$\mathfrak{I}_{\mathscr{S}} = \mathscr{S} \bigcup \left\{\varnothing, \{a\} \times \{2\}, \{b,c\} \times \{2\}, \{a\} \times Y \bigcup \{b,c\} \times \{2\}, \{a\} \times \{2\} \bigcup \{b,c\} \times Y\right\}$$

로 주어지고 곱위상 $\mathfrak{I}_{\mathscr{B}}$ 와 같다([그림 1.4.4]). □

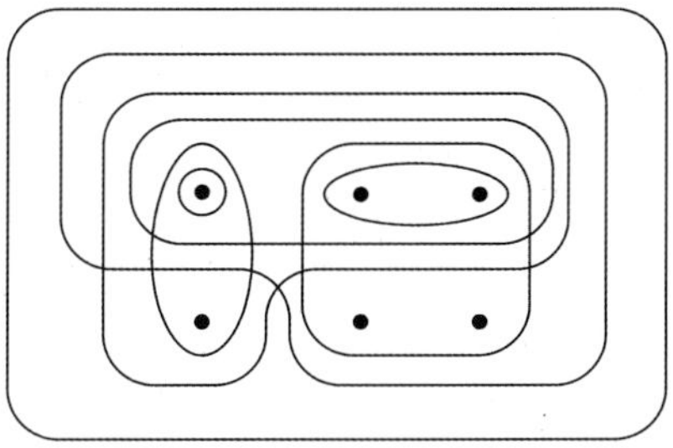

[그림 1.4.4] $\{a,b,c\} \times \{1,2\}$상의 위상 $\mathfrak{I}_{\mathscr{S}}$

1.4 연습문제

1. $I = [0,1] \subset \mathbb{R}$일 때, 사전식순서를 주어 만든 순서위상공간을 $(I \times I, \mathfrak{I}_o)$로 나타내고, 보통위상공간 $\mathbb{R}_u$의 부분공간 I을 이용하여 만든 곱위상공간을 $(I \times I, \mathfrak{I}_p)$로 나타내자. 이때, $\mathfrak{I}_o$와 $\mathfrak{I}_p$가 비교가능인지 판별하라.

2. 정수의 집합 $\mathbb{Z}$와 임의의 정수 n에 대하여

$$A_n = \{k \in \mathbb{Z} \mid k \geq n\}$$

이라 하고, $\mathscr{B}$를 다음과 같이 정의하자.

$$\mathscr{B} = \{A_n \mid n \in \mathbb{Z}\}$$

이때, 다음 물음에 자세히 답하라.

(1) $\mathscr{B}$가 $\mathbb{Z}$상에서 기저가 됨을 보여라.

(2) 집합 $A=\{n\in\mathbb{Z}\mid -2\le n\le 2016\}$가 위상공간 $(\mathbb{Z},\ \mathfrak{I}_{\mathscr{B}})$에서 열린집합인지 판별하라.

(3) 함수 $f:\mathbb{Z}\to\{2\}\cup[-1,1]$을

$$f(n)=\begin{cases}\dfrac{1}{n}, & n\neq 0,\\ 2, & n=0\end{cases}$$

로 정의할 때, $f^{-1}\left(\left(\dfrac{1}{2016},1\right]\right)$이 위상공간 $(\mathbb{Z},\mathfrak{I}_{\mathscr{B}})$에서 열린집합인지 판별하라.

(4) $\{-2\}\cup[-1,1]$을 보통위상공간 $\mathbb{R}_u$의 부분공간이라 할 때,
곱공간

$$(\{-2\}\cup[-1,1])\times(\mathbb{Z},\mathfrak{I}_{\mathscr{B}})$$

에서 $\{-2\}\times\mathbb{N}$과 $\{-2\}\times\{n\in\mathbb{Z}\mid n\le 0\}$가 열린집합인지 판별하라.

3. 2차원 평면 $\mathbb{R}^2$상에서 정의된

$$\mathscr{B}_1=\{[a,b)\times[c,d)\mid a,b,c,d\in\mathbb{R},\ a<b,\ c<d\}$$
$$\mathscr{B}_2=\{[a,b)\times(c,d]\mid a,b,c,d\in\mathbb{Q},\ a<b,\ c<d\}$$

에 대하여, 다음 물음에 자세히 답하라.

(1) 다음과 같이 정의된 집합 A가 $(\mathbb{R}^2,\mathfrak{I}_{\mathscr{B}_1})$상에서 열린집합인지 판별하라.

$$A=\{(x,y)\in\mathbb{R}^2\mid x>0,\ y>0,\ y\le x+1\}$$

(2) $\mathbb{R}^2$상에서 정의된 두 위상공간 $\mathbb{R}_u^2$와 $(\mathbb{R}^2,\mathfrak{I}_{\mathscr{B}_1})$이 서로 비교가능한지 판별하라.

(3) $\mathbb{R}^2$상에서 정의된 두 위상공간 $(\mathbb{R}^2,\mathfrak{I}_{\mathscr{B}_1})$과 $(\mathbb{R}^2,\mathfrak{I}_{\mathscr{B}_2})$가 서로 비교가능한지 판별하라.

4. 정수의 집합 $\mathbb{Z}$의 멱집합 $2^{\mathbb{Z}}$의 부분집합 $\mathscr{B}$가 다음과 같다.

$$\mathscr{B}=\{\{2m-1,\ 2m,\ 2m+1\},\ \{2n+1\}\mid m,\ n\in\mathbb{Z}\}$$

이때, 다음 물음에 답하라.

(1) $\mathscr{B}$가 $\mathbb{Z}$상에서 기저가 됨을 보여라.

(2) $\mathscr{B}$에 의해 생성된 위상공간 $(\mathbb{Z},\mathfrak{I}_{\mathscr{B}})$를 이용하여 만든 곱공간 $(\mathbb{Z}^2,\mathfrak{I}_p)$에서 $(0,0)$를 포함하는 가장 작은 열린집합을 찾아라.

(3) 다음과 같이 주어진 집합 A가 $(\mathbb{Z}^2,\mathfrak{I}_p)$에서 열린집합인지 닫힌집합인지 판별하라.

$$A=\{(1,-1),(1,0),(1,1),(2,0),(2,2)\}$$

5. 정수의 집합 $\mathbb{Z}$상에서 정의된 집합

$$\mathscr{B}=\{\{2m,\ 2m+1\},\ \{3n,3n+1,3n+2\}\mid m,\ n\in\mathbb{Z}\}$$

에 대하여, 다음 물음에 답하라.

(1) $\mathscr{B}$가 $\mathbb{Z}$상에서 기저가 됨을 보여라.

(2) $\mathscr{B}$에 의해서 생성된 위상공간 $(\mathbb{Z},\mathfrak{I}_{\mathscr{B}})$을 이용하여 만든 곱공간

$$(\mathbb{Z}^2,\mathfrak{I}_p):=(\mathbb{Z},\mathfrak{I}_{\mathscr{B}})\times(\mathbb{Z},\mathfrak{I}_{\mathscr{B}})$$

에서 $(0,\ 1)$ (또는 0×1)를 포함하는 가장 작은 열린집합을 찾아라.

(3) 다음과 같이 정의된 집합 A가 위상공간 $(\mathbb{Z}^2,\mathfrak{I}_p)$에서 열린집합인지 닫힌집합인지 판별하라.

$$A=\{(1,\ -1),\ (1,\ 0),\ (1,\ 1),\ (2,\ 0),\ (2,\ 2)\}$$

(4) 위의 (3)에서 정의된 집합 A의 열린 부분집합을 모두 찾아라.

6. 2차원 평면 $\mathbb{R}^2$상에서 정의된 여유한위상 $\mathbb{R}_f^2$와 곱위상공간 $\mathbb{R}_f\times\mathbb{R}_f$에 대하여 다음 물음에 답하라.

(1) 곱위상공간 $\mathbb{R}_f\times\mathbb{R}_f$가 여유한위상공간 $\mathbb{R}_f^2$보다 세밀함을 보여라.

(2) 여유한위상공간 $\mathbb{R}_f^2$가 곱위상공간 $\mathbb{R}_f\times\mathbb{R}_f$보다 세밀한지 판별하라. 예를 들어, $U=(\mathbb{R}-\{0\})\times\mathbb{R}\in\mathbb{R}_f\times\mathbb{R}_f$에 대하여 $U\in\mathbb{R}_f^2$인지 판별하라.

7. 다음과 같이 주어진 집합 X, A, B에 대하여, 물음에 답하라.

$$X=[0,1]\times[0,1]=\{(x,y)\in\mathbb{R}^2\mid 0\le x\le 1,\ 0\le y\le 1\}$$

$$A=\left\{\frac{1}{2}\right\}\times\left(\frac{1}{2},1\right],\qquad B=\left(\frac{1}{2},\frac{2}{3}\right]\times[0,1]$$

(1) $\mathfrak{I}_0$가 X상에서 정의된 사전식순서를 이용하여 만든 순서위상을 나타낼 때, 순서위상공간 $(X,\mathfrak{I}_0)$상에서 A와 B가 열린집합인지 판별하라.

(2) $\mathfrak{I}_1$이 보통위상공간 $\mathbb{R}_u^2$로부터 X상에 유도된 부분위상을 나타낼 때, 위상공간 $(X,\mathfrak{I}_1)$상에서 A와 B가 열린집합인지 판별하라.

(3) $\mathfrak{I}_2$가 $\mathbb{R}^2$상에서 정의된 사전식순서를 이용하여 만든 순서위상공간 $\mathbb{R}_o^2$로부터 X상에 유도된 부분위상을 나타낼 때, 위상공간 $(X,\mathfrak{I}_2)$상에서 A와 B가 열린집합인지 판별하라.

1.5 · 부분위상

벡터공간의 부분공간과 비슷한 개념이 위상에서도 존재한다. 하지만, 위상에서의 부분공간은 전체공간의 성질과 완전히 달라질 수 있다는 점에서 많은 주의를 기울여야 한다.

보조정리 1.5.1 위상공간 $(X,\mathfrak{I}_X)$에 대하여 Y를 X의 임의의 부분집합이라 할 때,

$$\mathfrak{I}_Y = \{U \cap Y \mid U \in \mathfrak{I}_X\}$$

는 Y의 위상이 된다([그림 1.5.1]).

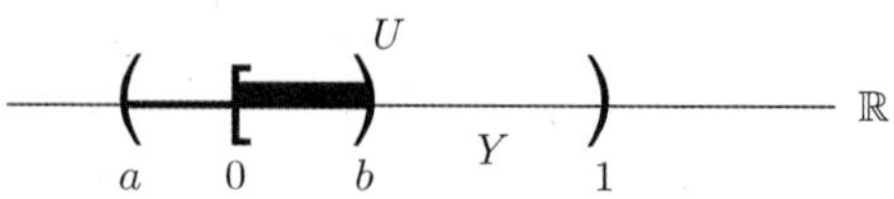

[그림 1.5.1] $Y=[0,1),\ U=(a,b)$

증명 (1) $\varnothing, X \in \mathfrak{I}_X$이므로 $\varnothing = \varnothing \cap Y, Y = X \cap Y$도 $\mathfrak{I}_Y$의 원소이다.

(2) $\{U_\alpha \cap Y \mid \alpha \in J\}$가 $\mathfrak{I}_Y$의 원소들의 모임일 때,

$$\bigcup_{\alpha \in J} (U_\alpha \cap Y) = (\bigcup_{\alpha \in J} U_\alpha) \cap Y$$

이고 $\bigcup_{\alpha \in J} U_\alpha \in \mathfrak{I}_X$이므로 $\bigcup_{\alpha \in J} (U_\alpha \cap Y) \in \mathfrak{I}_Y$이다.

(3) $\{U_i \cap Y \mid i \le i \le n\}$가 $\mathfrak{I}_Y$의 원소들의 모임일 때,

$$\bigcap_{i=1}^{n} (U_i \cap Y) = (\bigcap_{i=1}^{n} U_i) \cap Y$$

이고 $\bigcap_{i=1}^{n} U_i \in \mathfrak{I}_X$이므로 $\bigcap_{i=1}^{n} (U_i \cap Y) \in \mathfrak{I}_Y$이다.

위의 (1), (2), (3)에 의해 $\mathfrak{I}_Y$는 Y의 위상이다. □

정의 1.5.2 위상공간 $(X, \mathfrak{I}_X)$에 대하여, Y를 X의 임의의 부분집합이라 하자. Y의 부분집합들의 모임

$$\mathfrak{I}_Y = \{U \cap Y \mid U \in \mathfrak{I}_X\}$$

가 Y의 위상이 된다. 이때, $\mathfrak{I}_Y$를 Y상의 **부분위상** 또는 **상대위상**(subspace topology, relative topology)이라 하고, $(Y, \mathfrak{I}_Y)$를 $(X, \mathfrak{I}_X)$의 **부분위상공간**(subspace topological space) 또는 간단히 **부분공간**(subspace)이라 한다.

보조정리 1.5.3 기저 $\mathscr{B}$에 생성된 위상공간 $(X, \mathfrak{I}_{\mathscr{B}})$에 대하여 Y를 X의 임의의 부분집합이라 할 때,

$$\mathscr{B}_Y = \{B \cap Y \mid B \in \mathscr{B}\}$$

는 Y의 한 위상의 기저이고 $\mathfrak{I}_{\mathscr{B}_Y}$와 $\mathfrak{I}_Y$는 서로 같다.

증명 먼저 $\mathscr{B}_Y$가 Y상의 한 위상의 기저임을 보이자.

(1) 임의의 원소 $y \in Y$에 대하여, $y \in X$이므로 $y \in B$를 만족하는 $B \in \mathscr{B}$가 존재한다. 따라서 $y \in B \cap Y$을 만족하는 $B \cap Y \in \mathscr{B}_Y$가 존재한다.

(2) 임의의 두 원소 $B_1 \cap Y$, $B_2 \cap Y \in \mathscr{B}_Y$와 $y \in (B_1 \cap Y) \cap (B_2 \cap Y)$에 대하여,

$$y \in (B_1 \cap B_2) \cap Y$$

이다. 따라서 $y \in B_3 \subseteq B_1 \cap B_2$인 $B_3 \in \mathscr{B}$에 대하여

$$y \in B_3 \cap Y \subset (B_1 \cap Y) \cap (B_2 \cap Y)$$

를 만족하는 $B_3 \cap Y \in \mathscr{B}_Y$가 존재한다.

위의 (1), (2)에 의해 $\mathscr{B}_Y$는 Y상의 기저이다.

그런 다음, $\mathfrak{I}_{\mathscr{B}_Y}$와 $\mathfrak{I}_Y$는 서로 같음을 보이자.

(3) 먼저, $\mathscr{B}_Y \subset \mathfrak{I}_Y$이므로 $\mathfrak{I}_{\mathscr{B}_Y} \subset \mathfrak{I}_Y$이다.

(4) 반대로, $V = U \cap Y \in \mathfrak{I}_Y$라 하고 임의의 원소 $y \in V$를 택할 때, $y \in U \in \mathfrak{I}_{\mathscr{B}}$

이다. 따라서 $y \in B \subset U$을 만족하는 $B \in \mathscr{B}$가 존재한다. 다시 말해서 $y \in B \cap Y \subset U \cap Y$인 $B \cap Y \in \mathscr{B}_Y$가 존재한다. 즉,

$$V = U \cap Y \in \mathfrak{I}_{\mathscr{B}_Y}$$

이고 $\mathfrak{I}_Y \subset \mathfrak{I}_{\mathscr{B}_Y}$가 증명된다. □

일반적으로 부분공간에서 열린집합이나 닫힌집합은 전체공간에서 열린집합이나 닫힌집합이 아니다. 다시 말해서, 전체공간의 위상적 성질과 부분공간의 위상적 성질은 완전히 달라질 수 있다. 하지만, 부분집합이 전체집합의 열린집합이거나 닫힌집합이면 부분공간의 몇몇 위상적 성질은 전체공간으로 그대로 전달된다.

보조정리 1.5.4 위상공간 $(X, \mathfrak{I}_X)$에 대하여 Y를 X의 임의의 열린 부분집합이라 할 때, 부분공간 $(Y, \mathfrak{I}_Y)$의 열린집합은 항상 $(X, \mathfrak{I}_X)$에서도 열린집합이다.

증명 V를 부분공간 $(Y, \mathfrak{I}_Y)$의 열린집합이라 할 때,

$$V = U \cap Y, \ U \in \mathfrak{I}_X$$

로 나타내진다. 하지만, 가정에 의해 $Y \in \mathfrak{I}_X$이므로 $V \in \mathfrak{I}_X$가 된다. □

예제 1.5.5

(1) $X = \{a, b, c, d, e\}$일 때, X상의 위상

$$\mathfrak{I} = \{X, \varnothing, \{a\}, \{c, d\}, \{a, c, d\}, \{b, c, d, e\}\}$$

를 고려하자. 이때, $Y = \{a, d, e\}$의 부분위상 $\mathfrak{I}_Y$는 다음과 같이 주어진다.

$$\mathfrak{I}_Y = \{Y, \varnothing, \{a\}, \{d\}, \{a, d\}, \{d, e\}\}$$

(2) 실수 집합의 보통위상공간 $\mathbb{R}_u$의 부분공간

$$(Y, \mathfrak{I}_Y) = ([0,1) \cup \{2\}, \mathfrak{I}_Y)$$

에서 $\{2\} = (1,3) \cap Y$, $(1,3) \in \mathbb{R}_u$이므로 부분공간 $(Y, \mathfrak{I}_Y)$에서 열린집합이다. 또한,

$[0,\frac{1}{2})=(-1,\frac{1}{2})\bigcap Y$, $(-1,\frac{1}{2})\in\mathbb{R}_u$ 이므로 $[0,\frac{1}{2})\in\mathfrak{I}_Y$이다. 하지만, $\{2\}$은 전체공간인 $\mathbb{R}_u$에서는 열린집합이 아니다. □

1.5 연습문제

1. $(X,\mathfrak{I}_f)$가 여유한위상공간이고 $A\subset X$가 유한집합일 때, 부분위상공간 $(A,\mathfrak{I}_A)$는 이산위상공간임을 보여라.

2. $(X,\mathfrak{I}_c)$가 여가산위상공간이고 $A\subset X$가 가산집합일 때, 부분위상공간 $(A,\mathfrak{I}_A)$는 이산위상공간임을 보여라.

3. A가 하극한위상공간 $\mathbb{R}_l$의 부분공간일 때, 다음 물음에 답하라.

(1) $A=\left\{\frac{1}{n}\middle| n\in\mathbb{N}\right\}$가 이산위상공간인지 판별하라.

(2) $A=\left\{-\frac{1}{n}\middle| n\in\mathbb{N}\right\}$가 이산위상공간인지 판별하라.

(3) $A=\left\{\frac{1}{n}\middle| n\in\mathbb{N}\right\}\bigcup\{0\}$가 이산위상공간인지 판별하라.

(4) $A=\left\{-\frac{1}{n}\middle| n\in\mathbb{N}\right\}\bigcup\{0\}$가 이산위상공간인지 판별하라.

4. 2차원 평면 $\mathbb{R}^2$상에서 정의된

$$\mathscr{B}_1=\{[a,b)\times(c,d]\mid a,b,c,d\in\mathbb{R}, a<b, c<d\}$$
$$\mathscr{B}_2=\{[a,b)\times[c,d)\mid a,b,c,d\in\mathbb{R}, a<b, c<d\}$$

에 대하여, 다음 물음에 답하라.

(1) $\mathscr{B}_1$과 $\mathscr{B}_2$에 의해 생성된 위상 $\mathfrak{I}_{\mathscr{B}_1}$과 $\mathfrak{I}_{\mathscr{B}_2}$가 비교가능인지 판별하라.

(2) 다음과 같이 주어진 집합 L이 $(\mathbb{R}^2,\mathfrak{I}_{\mathscr{B}_1})$과 $(\mathbb{R}^2,\mathfrak{I}_{\mathscr{B}_2})$의 부분공간일 때, 서로 비교가능인지 판별하라.

(i) $L=\{(x,-x)\mid x\in\mathbb{R}\}$

(ii) $L=\{(x,x)\mid x\in\mathbb{R}\}$

5. $(\mathbb{R}^* = \mathbb{R} - \{0\}, \mathfrak{I}_{\mathbb{R}^*})$가 보통위상공간 $\mathbb{R}_u$의 부분공간일 때, 실수의 집합 $\mathbb{R}$에 다음과 같은 위상 $\mathfrak{I}$를 주자.

$$\mathfrak{I} = \left\{U \bigcup \{0\} \mid U \in \mathfrak{I}_{\mathbb{R}^*}\right\} \bigcup \{\varnothing\}$$

이때, 다음 물음에 답하라.

(1) $\mathfrak{I}$가 $\mathbb{R}$상에서 위상이 됨을 보여라.

(2) 위상공간 $(\mathbb{R}, \mathfrak{I})$와 $\mathbb{R}_u$가 서로 비교가능인지 판별하라.

(3) $(\mathbb{R}^*, \mathfrak{I}')$가 위상공간 $(\mathbb{R}, \mathfrak{I})$의 부분공간일 때, $(\mathbb{R}^*, \mathfrak{I}')$과 $(\mathbb{R}^*, \mathfrak{I}_{\mathbb{R}^*})$가 서로 같음을 보여라.

6. 실수의 집합 $\mathbb{R}$상에 다음과 같이 정의된 기저 $\mathscr{B}$를 이용하여 만든 위상공간 $(\mathbb{R}, \mathfrak{I}_{\mathscr{B}})$에 대하여 다음 물음에 답하라.

$$\mathscr{B} = \{[a,b) \subset \mathbb{R} \mid a,\ b \in \mathbb{Q},\ a < b\}$$

(1) $(\mathbb{R}, \mathfrak{I}_{\mathscr{B}})$와 하극한위상공간 $\mathbb{R}_l$이 서로 비교가능인지 판별하라.

(2) $(\mathbb{R}, \mathfrak{I}_{\mathscr{B}})$와 보통위상공간 $\mathbb{R}_u$가 서로 비교가능인지 판별하라.

(3) $Y = \mathbb{Q}$일 때, $(\mathbb{R}, \mathfrak{I}_{\mathscr{B}})$의 부분공간 $(Y, \mathfrak{I}_{\mathscr{B}}|_Y)$가 $\mathbb{R}_u$의 부분공간 $(Y, \mathfrak{I}_u|_Y)$보다 완벽하게 세밀함을 보여라.

(4) $Y = \mathbb{Q}$일 때, $(\mathbb{R}, \mathfrak{I}_{\mathscr{B}})$의 부분공간 $(Y, \mathfrak{I}_{\mathscr{B}}|_Y)$가 $\mathbb{R}_l$의 부분공간 $(Y, \mathfrak{I}_l|_Y)$와 같음을 보여라.

7. 다음 세 가지 조건 (a), (b), (c)가 성립한다.

(a) $(A, \mathfrak{I}_A)$와 $(B, \mathfrak{I}_B)$가 각각 위상공간 $(X, \mathfrak{I}_X)$와 $(Y, \mathfrak{I}_Y)$의 부분공간이다.

(b) $(A, \mathfrak{I}_A) \times (B, \mathfrak{I}_B)$는 두 위상공간 $(A, \mathfrak{I}_A)$와 $(B, \mathfrak{I}_B)$를 이용하여 만든 곱공간을 나타낸다.

(c) $(A \times B,\ \mathfrak{I}_{A \times B})$는 두 위상공간 $(X, \mathfrak{I}_X)$와 $(Y, \mathfrak{I}_Y)$를 이용하여 만든 곱공간 $(X, \mathfrak{I}_X) \times (Y, \mathfrak{I}_Y)$의 부분공간을 나타낸다.

이때, 두 위상공간 $(A, \mathfrak{I}_A) \times (B, \mathfrak{I}_B)$와 $(A \times B,\ \mathfrak{I}_{A \times B})$가 서로 비교가능인지 판별하라.

8. 실수의 집합 $\mathbb{R}$상에서 부분기저 $\mathscr{S}$와 기저 $\mathscr{B}_l$을 다음과 같이 정의하자.

$$\mathscr{S} = \{(a,\ b), \{-2,\ 1,\ 3,\ 5,\ 7\} \mid a, b \in \mathbb{R},\ a < b\},$$
$$\mathscr{B}_l = \{[a,\ b) \subset \mathbb{R} \mid a, b \in \mathbb{Q},\ a < b\}$$

이때, $\mathscr{S}$와 $\mathscr{B}_l$에 의해 생성된 위상공간 $(\mathbb{R}, \mathfrak{I}_{\mathscr{S}})$와 $(\mathbb{R}, \mathfrak{I}_{\mathscr{B}_l})$에 대하여 다음 물음에

답하라.

(1) 단집합 $\{x\}$가 $(\mathbb{R},\mathfrak{T}_{\mathscr{S}})$에서 열린집합일 때, $x\in\mathbb{R}$를 모두 찾아라.

(2) $A=\left(-\dfrac{3}{2},\ 1\right]$일 때, A가 $(\mathbb{R},\mathfrak{T}_{\mathscr{S}})$에서 열린집합인지 판별하라.

(3) 두 위상공간 $(\mathbb{R},\mathfrak{T}_{\mathscr{S}})$와 $(\mathbb{R},\mathfrak{T}_{\mathscr{B}_l})$을 이용하여 만든 곱공간

$$(\mathbb{R}^2,\mathfrak{T}_p) := (\mathbb{R},\mathfrak{T}_{\mathscr{S}})\times(\mathbb{R},\mathfrak{T}_{\mathscr{B}_l})$$

에 대하여, 다음 물음에 답하라.

(i) $B=[-2,\ 1]\times(0,\ 1)$일 때, B가 $(\mathbb{R}^2,\mathfrak{T}_p)$에서 열린집합인지 판별하라.

(ii) $C=\{(x,\ y)\in\mathbb{R}^2 \mid y<-x\}\cup\{(n,z)\in\mathbb{R}^2 \mid n=-2,\ 3\}$일 때, C가 $(\mathbb{R}^2,\mathfrak{T}_p)$에서 열린집합인지 판별하라.

(4) $Y=\{-2\}\cup\left\{-2+\dfrac{1}{n}\ \middle|\ n\in\mathbb{N}\right\}\subset\mathbb{R}$일 때, 다음 물음에 답하라.

(i) Y가 $(\mathbb{R},\mathfrak{T}_{\mathscr{S}})$의 부분공간일 때, Y가 이산위상공간인지 판별하라.

(ii) Y가 $(\mathbb{R},\mathfrak{T}_{\mathscr{B}_l})$의 부분공간일 때, Y가 이산위상공간인지 판별하라.

9. 실수의 집합 $\mathbb{R}$상에서 정의된 기저 $\mathscr{B}$에 의해 생성된 위상을 $\mathfrak{T}$라 할 때, 다음 물음에 답하라.

$$\mathscr{B} = \{[a,b)\subset\mathbb{R} \mid a\in\mathbb{Q},\ b\in\mathbb{Q}^c,\ a<b\}$$

(1) 위상공간 $(\mathbb{R},\mathfrak{T})$와 하극한위상공간 $\mathbb{R}_l$이 서로 비교가능인지 판별하라.

(2) 위상공간 $(\mathbb{R},\mathfrak{T})$와 보통위상공간 $\mathbb{R}_u$가 서로 비교가능인지 판별하라.

(3) $Y=\mathbb{Q}$일 때, $(\mathbb{R},\mathfrak{T})$의 부분공간 $(Y,\mathfrak{T}_1)$과 $\mathbb{R}_l$의 부분공간 $(Y,\mathfrak{T}_2)$가 서로 비교가능인지 판별하라.

(4) $Y=\mathbb{Q}^c$일 때, $(\mathbb{R},\mathfrak{T})$의 부분공간 $(Y,\mathfrak{T}_1)$과 $\mathbb{R}_l$의 부분공간 $(Y,\mathfrak{T}_2)$가 서로 비교가능인지 판별하라.

10. 실수의 집합 $\mathbb{R}$상에서 정의된 기저 $\mathscr{B}$에 의해 생성된 위상을 $\mathfrak{T}$라 할 때, 다음 물음에 답하라.

$$\mathscr{B} = \{(a,b]\subset\mathbb{R} \mid a\in\mathbb{Q},\ b\in\mathbb{R},\ a<b\}$$

(1) 위상공간 $(\mathbb{R},\mathfrak{T})$와 상극한위상공간 $\mathbb{R}_p$가 서로 비교가능인지 판별하라.

(2) 위상공간 $(\mathbb{R},\mathfrak{T})$와 하극한위상공간 $\mathbb{R}_l$이 서로 비교가능인지 판별하라.

(3) $Y=\mathbb{Q}$일 때, $(\mathbb{R},\mathfrak{T})$의 부분공간 $(Y,\mathfrak{T}_1)$과 $\mathbb{R}_p$의 부분공간 $(Y,\mathfrak{T}_2)$가 서로 비교가능인지 판별하라.

(4) $Y=\mathbb{Q}^c$일 때, $(\mathbb{R},\mathfrak{I})$의 부분공간 $(Y,\mathfrak{I}_1)$과 $\mathbb{R}_p$의 부분공간 $(Y,\mathfrak{I}_2)$가 서로 비교가능인지 판별하라.

▶ 1.6 · 거리위상

주어진 집합 X에 위상을 주는 가장 간단하고 중요한 방법 중 하나는 거리함수를 이용하는 것이다. 거리함수는 직관적이고 시각적으로 이해하기 쉽기 때문에 위상을 정의하기 위해 많이 이용된다.

임의로 주어진 위상공간을 거리함수를 주어 만들 수 있는가라는 질문과 관련된 **거리화 가능공간**(metrizable topological space)이란 개념은 위상에서 중요하게 다루어지는 것 중의 하나이다. 이 절에서는 이에 대해 자세히 알아보는 기회를 가진다.

정의 1.6.1 임의의 집합 X에 대하여 **거리함수**(metric)

$$d: X \times X \to \mathbb{R}$$

는 다음 세 가지 성질을 만족하는 함수이다.

(1) 임의의 두 원소 $x, y \in X$에 대하여, $d(x,y) \geq 0$이고 $d(x,y) = 0$일 필요충분조건은 $x = y$이다.

(2) 임의의 두 원소 $x, y \in X$에 대하여, $d(x,y) = d(y,x)$이다(**대칭성**).

(3) 임의의 세 원소 $x, y, z \in X$에 대하여,

$$d(x,z) \leq d(x,y) + d(y,z)$$

이다(**삼각부등식**).

정의 1.6.2 d가 집합 X의 거리함수이고 $\varepsilon > 0$일 때,

$$B_d(x,\varepsilon) = \{y \in X \mid d(x,y) < \varepsilon\}$$

을 x를 **중심**(center)으로 가지고 **반지름**(radius)이 ε인 **열린공**(open ball)이라 한다. 혼란의 여지가 없는 경우에는 $B_d(x,\varepsilon)$을 단순히 $B(x,\varepsilon)$으로 쓰기도 한다.

보조정리 1.6.3 d가 집합 X의 거리함수일 때,

$$\mathscr{B}_d := \{B_d(x,\varepsilon) \mid x \in X,\ \varepsilon > 0\}$$

는 X상의 한 위상의 기저이다.

증명 (1) 임의의 원소 $x \in X$에 대하여, $x \in B(x,1)$을 만족한다. 따라서 $x \in B(x,1)$을 만족하는 $B(x,1) \in \mathscr{B}_d$가 존재한다.

(2) 임의의 두 원소 $B(x,\varepsilon_1)$, $B(y,\varepsilon_2)$와 $z \in B(x,\varepsilon_1) \bigcap B(y,\varepsilon_2)$에 대하여,

$$\delta_1 := \varepsilon_1 - d(x,z) > 0,\ \ \delta_2 := \varepsilon_2 - d(y,z) > 0$$

라 하자. 이때, $\delta := \min\{\delta_1, \delta_2\}$라 놓으면

$$z \in B(z,\delta) \subset B(x,\varepsilon_1) \bigcap B(y,\varepsilon_2)$$

이다. 실제로, $w \in B(z,\delta)$에 대하여

$$d(x,w) \le d(x,z) + d(z,w) < d(x,z) + \delta \le d(x,z) + \delta_1 = \varepsilon_1,$$
$$d(y,w) \le d(y,z) + d(z,w) < d(y,z) + \delta \le d(y,z) + \delta_2 = \varepsilon_2$$

이다.

위의 (1), (2)에 의해 $\mathscr{B}_d$는 한 위상의 기저이다. □

정의 1.6.4 d가 집합 X의 거리함수일 때,

$$\mathscr{B}_d := \{B_d(x,\varepsilon) \mid x \in X,\ \varepsilon > 0\}$$

는 X상의 위상의 기저이고 $\mathscr{B}_d$에 의해 생성된 위상 $\mathfrak{I}_{\mathscr{B}_d}$을 **거리위상**(metric topology)이라 한다. 이때, 거리위상 $\mathfrak{I}_{\mathscr{B}_d}$를 간단히 $\mathfrak{I}_d$로 나타내고 위상공간 $(X, \mathfrak{I}_d)$를 종종 (X,d)로 쓰기도 한다.

다음 보조정리는 거리위상공간을 생성하기 위해 임의의 양의 실수를 반지름으로 갖는 모든 열린공들로 구성된 기저를 이용하는 대신, 반지름이 일정하게 고정된 적당한 숫자(예를 들어, 1)보다 작은 열린공들의 모임을 기저로 택하여 생성해도 충분하다는 것을 말

해준다.

보조정리 1.6.5 d가 집합 X의 거리함수일 때,

$$\mathscr{B}_d' := \{B_d(x,\varepsilon) \mid x \in X,\ 0 < \varepsilon < 1\}$$

은 X상의 한 위상의 기저이고 $\mathscr{B}'_d$에 의해 생성된 위상 $\mathfrak{T}_{\mathscr{B}_d'}$은 $\mathfrak{T}_{\mathscr{B}_d}$와 같다.

증명 (1) $\mathscr{B}_d' \subset \mathscr{B}_d$이므로 $\mathfrak{T}_{\mathscr{B}_d'} \subset \mathfrak{T}_{\mathscr{B}_d}$이다.

(2) 반대로, 임의의 원소 $B(x,\varepsilon) \in \mathscr{B}_d$와 임의의 원소 $y \in B(x,\varepsilon)$에 대하여, $\delta := \min\left\{\varepsilon - d(x,y), \dfrac{1}{2}\right\}$라 놓으면 $d(x,y) < \varepsilon$이므로 $0 < \delta \leq \dfrac{1}{2} < 1$이고

$$B(y,\delta) \subset B(x,\varepsilon)$$

이다. 실제로, $w \in B(y,\delta)$이면

$$d(w,x) \leq d(w,y) + d(y,x) < \delta + d(y,x) \leq \varepsilon - d(y,x) + d(y,x) = \varepsilon$$

이다. 따라서 $B(y,\delta) \in \mathscr{B}_d'$이므로 $\mathfrak{T}_{\mathscr{B}_d} \subset \mathfrak{T}_{\mathscr{B}_d'}$이다.

위의 (1), (2)에 의해 $\mathfrak{T}_{\mathscr{B}_d'} = \mathfrak{T}_{\mathscr{B}_d}$이다. □

정의 1.6.6 위상공간 $(X,\mathfrak{T}_X)$에 대하여,

$$\mathfrak{T}_X = \mathfrak{T}_d$$

를 만족하는 거리함수 d가 존재할 때, $(X,\mathfrak{T}_X)$를 **거리화가능공간**(metrizable space)이라 한다.

예제 1.6.7

거리화가능공간의 대표적인 예로는 이산위상공간을 들 수 있다. 실제로

$$d : X \times X \to \mathbb{R},\ \ d(x,y) = \begin{cases} 1, & x \neq y, \\ 0, & x = y \end{cases}$$

로 정의된 함수는 거리함수가 됨을 쉽게 증명할 수 있고, 이와 같은 d를 **이산거리**(discrete distance)라 부른다. 또한,

$$B_d(x,\varepsilon) = \{y \in X \mid d(x,y) < \varepsilon\} = \{x\},\ \ 0 < \varepsilon \leqq 1$$

이므로 모든 단집합(singleton)은 이산거리로 생성된 거리위상공간에서 열린집합이 된다. 따라서 d로 생성된 거리위상공간은 이산위상이 된다. 이산거리는 $B_d(x,\varepsilon) = X,\ \varepsilon > 1$인 성질도 만족한다.

하지만, 원소가 2개 이상으로 이루어진 비이산위상공간(indiscrete topological space)은 거리화가능하지 않다. 이것은 모든 거리위상공간은 하우스도르프공간(Hausdorff space)이 되어야 하지만 원소가 2개의 이상을 갖는 비이산위상공간은 하우스도르프공간이 될 수 없기 때문이다(더 자세한 내용은 2.4절 참고). □

다음 보조정리는 같은 집합에서 정의된 두 거리위상공간의 세밀성을 보일 때 종종 유용하게 이용된다.

보조정리 1.6.8 두 개의 거리위상공간 $(X, \mathfrak{I}_d)$, $(X, \mathfrak{I}_{d'})$에 대하여 다음 두 명제가 서로 동치이다.

(1) $\mathfrak{I}_d \subset \mathfrak{I}_{d'}$

(2) 임의의 점 $x \in X$와 임의의 $B_d(x,\varepsilon)$, $\varepsilon > 0$에 대하여, $B_{d'}(x,\delta) \subset B_d(x,\varepsilon)$을 만족하는 $\delta > 0$가 존재한다.

증명 (1) ⇒ (2) 두 위상의 세밀성에 관한 성질에 의해, 이 방향은 자명하다.

(2) ⇒ (1) 증명을 위해, 임의의 $x \in X$와 $B_d(x,\varepsilon)$, $\varepsilon > 0$에 대하여 x와 다른 원소 $y \in B_d(x,\varepsilon)$를 택하자. 그런 다음,

$$\varepsilon' = \frac{1}{2}\min\{d(x,y), \varepsilon - d(x,y)\} > 0\ \ (\text{또는 } \varepsilon' = \varepsilon - d(x,y) > 0)$$

라 놓으면 $B_d(y,\varepsilon') \subset B_d(x,\varepsilon)$이 성립함을 보일 수 있다. 실제로 $z \in B_d(y,\varepsilon')$라면

$$\begin{aligned} d(z,x) &\leqq d(z,y) + d(y,x) < \varepsilon' + d(x,y) \\ &\leqq \frac{1}{2}(\varepsilon - d(x,y)) + d(x,y) \leqq \varepsilon - d(x,y) + d(x,y) \\ &= \varepsilon \end{aligned}$$

이다. 따라서 $z \in B_d(x,\varepsilon)$이 성립한다.

한편, 가정에 의해

$$B_{d'}(y,\delta) \subset B_d(y,\varepsilon')$$

을 만족하는 $\delta > 0$가 존재하므로

$$B_{d'}(y,\delta) \subset B_d(x,\varepsilon') \subset B_d(x,\varepsilon)$$

이 성립된다. 따라서 $\mathfrak{I}_{d'}$이 $\mathfrak{I}_d$보다 세밀함이 증명된다. □

거리위상공간 $(X,\mathfrak{I}_d)$의 임의의 두 점 사이의 거리를 거리함수 d를 이용하여 계산할 수 있다. 따라서 임의의 부분집합 A에 대하여 다음 정의가 성립한다.

정의 1.6.9 A가 거리위상공간 $(X,\mathfrak{I}_d)$의 임의의 부분집합이라 하자.

(1) 임의의 두 원소 $a_1, a_2 \in A$에 대하여 $d(a_1,a_2) < M$을 만족하는 양의 상수 M이 존재할 때, A가 **유계**(bounded)라 한다. 여기서 M를 $(X,\mathfrak{I}_d)$에서 A의 **상계**(upper bound)라 부른다.

(2) A가 공집합이 아닌 유계의 집합일 때,

$$\mathrm{diam}_d(A) = \sup\{d(a_1,a_2) \mid a_1, a_2 \in A\}$$

를 **A의 직경**(diameter)이라 한다. 거리함수 d를 명확하게 표시하지 않아도 혼란이 없는 경우에는 $\mathrm{diam}_d(A)$를 간단히 $\mathrm{diam}(A)$로 나타낸다.

다음 정리가 성립한다. 아래 정리에서 정의된 거리함수와 같이 거리함수의 값이 적당한 고정된 양의 상수보다 항상 같거나 작은 거리함수를 **고른거리함수**(uniform metric)라 부른다.

정리 1.6.10 $(X,\mathfrak{I}_d)$가 거리위상공간일 때, 새로운 함수

$$\bar{d}: X \times X \to \mathbb{R},\quad \bar{d}(x,y) = \min\{d(x,y), 1\}$$

가 다음 성질을 만족한다.

(1) $\bar{d}$는 $0 \leq \bar{d} \leq 1$을 만족하는 X의 거리함수가 된다.

(2) $0 \leqq \text{diam}_{\overline{d}}(X) \leqq 1$이다.

(3) d와 $\overline{d}$에 의해 생성된 위상은 서로 같다.

[정리 1.6.10]의 거리함수 $\overline{d}$를 d가 유도하는 **표준유계거리함수**(standard bounded metric)라 한다.

증명 (1) $\overline{d}$가 X의 거리함수임을 보이기 위해, 다음과 같이 세 가지 조건 (i), (ii), (iii)이 성립함을 보인다.

(i) $\overline{d}$의 정의에 의해 $0 \leqq \overline{d} \leqq 1$인 것은 자명하고, 만약 $x = y$이면

$$\overline{d}(x,y) = \min\{d(x,y),1\} = \min\{0,1\} = 0$$

이다. 반대로 $\overline{d}(x,y) = 0$일 때, $d(x,y) \geqq 1$이 성립할 수 없으므로 $d(x,y) = 0$이 된다. 따라서 d는 거리함수이므로 $x = y$이 된다.

(ii) $\overline{d}(x,y) = \overline{d}(y,x)$임을 자명하다.

(iii) 마지막으로 $\overline{d}$가 삼각부등식을 만족함을 보이기 위해, 임의의 세 원소 $x,y,z \in X$에 대하여 먼저 $d(x,y) \geqq 1$이거나 $d(y,z) \geqq 1$라 가정하면

$$\overline{d}(x,y) + \overline{d}(y,z) \geqq 1$$

이 성립한다. 한편, 항상 $\overline{d}(x,z) \leqq 1$이 성립하므로

$$\overline{d}(x,z) \leqq \overline{d}(x,y) + \overline{d}(y,z)$$

이 된다. 또한, $d(x,y) < 1$이고 $d(y,z) < 1$이 성립하면

$$\overline{d}(x,z) \leqq d(x,z) \leqq d(x,y) + d(y,z) = \overline{d}(x,y) + \overline{d}(y,z)$$

이다.

(2) 임의의 두 원소 $x,y \in X$에 대하여, $0 \leqq \overline{d}(x,y) \leqq 1$이므로

$$0 \leqq \text{diam}_{\overline{d}}(X) = \sup\{\overline{d}(x,y) \mid x,y \in X\} \leqq 1$$

이 성립한다.

(3) $\mathscr{B}_{\overline{d}} = \left\{B_{\overline{d}}(x,\varepsilon) \mid x \in X,\ \varepsilon > 0\right\}$이고 $\mathscr{B}_{\overline{d}}{}' = \left\{B_{\overline{d}}(x,\varepsilon) \mid x \in X,\ 0 < \varepsilon < 1\right\}$ 일 때, $\overline{d}$의 정의에 의해

$$\mathscr{B}_{\bar{d}}' = \{B_d(x,\varepsilon) \mid x \in X,\ 0 < \varepsilon < 1\} =: \mathscr{B}_d'$$

이다. 따라서 [보조정리 1.6.5]에 의해,

$$\mathfrak{I}_{\mathscr{B}_{\bar{d}}} = \mathfrak{I}_{\mathscr{B}_{\bar{d}}'} = \mathfrak{I}_{\mathscr{B}_{d}'} = \mathfrak{I}_{\mathscr{B}_{d}}$$

이 성립한다. □

일반적인 거리위상공간에서 고른거리함수를 만드는 또 다른 방법이 있다.

정리 1.6.11 $(X,\mathfrak{I}_d)$가 거리위상공간일 때, 새로운 함수

$$d' : X \times X \to \mathbb{R},\ d'(x,y) = \frac{d(x,y)}{d(x,y)+1}$$

가 다음 성질을 만족한다.

(1) d'는 $0 \leqq d' < 1$을 만족하는 X의 거리함수가 된다.

(2) $0 \leqq \mathrm{diam}_{d'}(X) \leqq 1$이다.

(3) d와 d'에 의해 생성된 위상은 서로 같다.

증명 (1) d'의 정의에 의해 다른 조건들은 거의 자명하므로, d'이 거리함수임을 보이기 위해 삼각부등식이 성립하는 것만을 보이면 충분하다. 실제로, 임의의 세 원소 $x,y,z \in X$에 대하여

$$d'(x,z) \leqq d'(x,y) + d'(y,z)$$

이 성립함을 보이기 위해,

$$A = d(x,y) \geqq 0,\ B = d(y,z) \geqq 0,\ C = d(x,z) \geqq 0$$

라 놓으면 위의 d'에 관한 삼각부등식은

$$\frac{C}{C+1} \leqq \frac{A}{A+1} + \frac{B}{B+1}$$

이 된다. 한편, d가 거리함수이므로 $A+B \geqq C$가 성립한다. 따라서

$$\frac{A}{A+1} + \frac{B}{B+1} - \frac{C}{C+1} = \frac{(A+B-C)+2AB+ABC}{(A+1)(B+1)(C+1)} \geqq 0$$

을 이용하여 위의 삼각부등식이 성립함을 알 수 있다. 또는, 함수

$$f(x) = \frac{x}{x+1},\ x > 0$$

가 증가함수임을 이용하여 위의 삼각부등식이 성립함을 다음과 같이 보일 수 있다.

$$\begin{aligned}\frac{C}{C+1} &\leq \frac{A+B}{A+B+1} = \frac{A}{A+B+1} + \frac{B}{A+B+1} \\ &\leq \frac{A}{A+1} + \frac{B}{B+1}\end{aligned}$$

(2) 임의의 두 원소 $x, y \in X$에 대하여, $0 \leqq d'(x,y) < 1$이므로

$$0 \leqq \mathrm{diam}_{d'}(X) = \sup\{\bar{d}(x,y) \mid x, y \in X\} \leqq 1$$

이 성립한다.

(3) [보조정리 1.6.8]에 의해 $(X, \mathfrak{I}_d)$가 $(X, \mathfrak{I}_{d'})$보다 세밀함을 보이기 위해, 임의의 $x \in X$와 $B_{d'}(x, \varepsilon)$에 대하여

$$B_d(x, \varepsilon) \subset B_{d'}(x, \varepsilon)$$

이 성립함을 증명한다. 실제로, $d' \leqq d$이므로 만약 $y \in B_d(x, \varepsilon)$이면

$$d'(x,y) = \frac{d(x,y)}{d(x,y)+1} \leqq d(x,y) < \varepsilon$$

이다. 따라서 $y \in B_{d'}(x, \varepsilon)$이다.

반대로, 위와 같이 [보조정리 1.6.8]에 의해 $(X, \mathfrak{I}_{d'})$가 $(X, \mathfrak{I}_d)$보다 세밀함을 보이기 위해, 임의의 $x \in X$와 $B_d(x, \varepsilon), 0 < \varepsilon < \frac{1}{2}$에 대하여

$$B_{d'}(x, \delta) \subset B_d(x, \varepsilon)$$

을 만족하는 $\delta > 0$가 존재함을 증명하면 된다. 실제로 $\delta = \frac{\varepsilon}{2}$일 때, 위의 포함관계 $B_{d'}(x, \delta) \subset B_d(x, \varepsilon)$가 성립한다. 이를 증명하기 위해,

$$y \in B_{d'}(x, \frac{\varepsilon}{2})$$

라 가정하면 $\frac{d(x,y)}{d(x,y)+1} = d'(x,y) < \frac{\varepsilon}{2}$이므로

$$d(x,y) < \frac{\varepsilon/2}{1-\varepsilon/2} < \frac{\varepsilon}{2} \cdot \frac{4}{3} = \frac{2\varepsilon}{3} < \varepsilon$$

이 성립함을 알 수 있다. 즉, $y \in B_d(x,\varepsilon)$이다. □

다음은 실수상의 n-차원 벡터공간 $\mathbb{R}^n$에서 정의된 세 가지 중요한 형태의 거리함수를 소개한다. 사실, 이 거리함수들은 그 형태는 다르지만 $\mathbb{R}^n$에 똑같은 위상을 생성한다.

앞으로, 임의의 벡터 $\mathbf{x} = (x_1, x_2, \ldots, x_n)$, $\mathbf{y} = (y_1, y_2, \ldots, y_n) \in \mathbb{R}^n$에 대하여 $\mathbf{x}$의 노름(norm) $\|\mathbf{x}\|$와 기본내적(standard inner product) $\langle \cdot, \cdot \rangle$를 각각 다음과 같이 정의한다.

$$\|\mathbf{x}\| = \sqrt{x_1^2 + x_2^2 + \cdots + x_n^2},$$

$$\langle \mathbf{x}, \mathbf{y} \rangle = \sum_{i=1}^{n} x_i y_i$$

정의 1.6.12 임의의 두 벡터 $\mathbf{x} = (x_1, x_2, \ldots, x_n)$, $\mathbf{y} = (y_1, y_2, \ldots, y_n) \in \mathbb{R}^n$에 대하여, $\mathbb{R}^n$상의 **유클리드거리함수**(Euclidean metric) d_E, **정방거리함수**(square metric) ρ, **택시거리함수**(taxicab metric) η를 각각 다음과 같이 정의한다.

$$d_E(\mathbf{x}, \mathbf{y}) = \|\mathbf{x} - \mathbf{y}\| = \sqrt{(x_1 - y_1)^2 + (x_2 - y_2)^2 + \cdots + (x_n - y_n)^2},$$
$$\rho(\mathbf{x}, \mathbf{y}) = \max\{|x_1 - y_1|, |x_2 - y_2|, \ldots, |x_n - y_n|\},$$
$$\eta(\mathbf{x}, \mathbf{y}) = |x_1 - y_1| + |x_2 - y_2| + \cdots + |x_n - y_n|$$

다음 [그림 1.6.1]은 위의 세 거리함수의 열린공의 모양을 보여주며, d_E, ρ, η가 거리함수임을 보이는 것은 그리 어려운 일이 아니다.

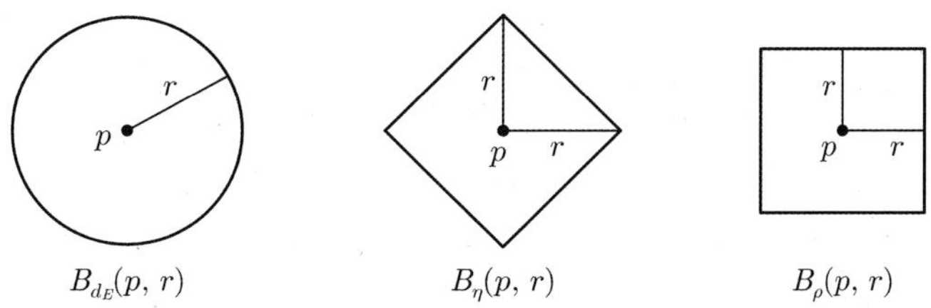

[그림 1.6.1]

보조정리 1.6.13 d_E, ρ, η는 $\mathbb{R}^n$상의 거리함수이다.

증명 다른 조건들은 거의 자명하므로, d_E, ρ, η가 거리함수임을 보이기 위해 삼각부등식이 성립하는 것만을 보인다. 증명을 위해, 임의의 세 원소 $\mathbf{x},\mathbf{y},\mathbf{z}\in\mathbb{R}^n$을

$$\mathbf{x}=(x_1,x_2,\ldots,x_n),\ \mathbf{y}=(y_1,y_2,\ldots,y_n),\ \mathbf{z}=(z_1,z_2,\ldots,z_n)$$

로 나타낸다.

(1) **코시-슈바르츠 부등식**(Cauchy-Schwarz inequality)

$$|\langle\mathbf{x},\mathbf{y}\rangle|\leqq\|\mathbf{x}\|\cdot\|\mathbf{y}\|$$

이 성립하므로

$$\begin{aligned}(\|\mathbf{x}\|+\|\mathbf{y}\|)^2-\|\mathbf{x}+\mathbf{y}\|^2&=(\|\mathbf{x}\|+\|\mathbf{y}\|)^2-\langle\mathbf{x}+\mathbf{y},\mathbf{x}+\mathbf{y}\rangle\\&=\|\mathbf{x}\|^2+2\|\mathbf{x}\|\|\mathbf{y}\|+\|\mathbf{y}\|^2-(\|\mathbf{x}\|^2+2\langle\mathbf{x},\mathbf{y}\rangle+\|\mathbf{y}\|^2)\\&=2(\|\mathbf{x}\|\|\mathbf{y}\|-\langle\mathbf{x},\mathbf{y}\rangle)\\&\geqq 0\end{aligned}$$

이다. 따라서 d_E가 다음과 같은 삼각부등식을 만족한다.

$$\begin{aligned}d_E(\mathbf{x},\mathbf{z})&=\|\mathbf{x}-\mathbf{z}\|=\|(\mathbf{x}-\mathbf{y})+(\mathbf{y}-\mathbf{z})\|\\&\leqq\|\mathbf{x}-\mathbf{y}\|+\|\mathbf{y}-\mathbf{z}\|=d_E(\mathbf{x},\mathbf{y})+d_E(\mathbf{y},\mathbf{z})\end{aligned}$$

(2) 정방거리함수 ρ가 삼각부등식을 만족함을 보인다. 실제로 각각의 $i=1,2,\ldots,n$에 대하여

$$|x_i-z_i|\leqq|x_i-y_i|+|y_i-z_i|$$

이 성립하므로

$$|x_i-z_i|\leqq\rho(\mathbf{x},\mathbf{y})+\rho(\mathbf{y},\mathbf{z})$$

이 된다. 따라서 $\rho(\mathbf{x},\mathbf{z})\leqq\rho(\mathbf{x},\mathbf{y})+\rho(\mathbf{y},\mathbf{z})$가 성립한다.

(3) 마지막으로 택시거리함수 η가 삼각부등식을 만족함을 다음과 같이 보일 수 있다.

$$\eta(\mathbf{x},\mathbf{z})=\sum_{i=1}^n|x_i-z_i|\leqq\sum_{i=1}^n(|x_i-y_i|+|y_i-z_i|)=\sum_{i=1}^n|x_i-y_i|+\sum_{i=1}^n|y_i-z_i|$$

$$= \eta(\mathbf{x},\mathbf{y}) + \eta(\mathbf{y},\mathbf{z}) \qquad \square$$

세 개의 거리함수 d_E, ρ, η가 $\mathbb{R}^n$에 똑같은 위상을 생성함을 보이기 위해, 먼저 다음 보조정리를 증명한다.

보조정리 1.6.14 임의의 두 원소 $\mathbf{x},\mathbf{y} \in \mathbb{R}^n$에 대하여, 다음 부등식이 성립한다.

(1) $\rho(\mathbf{x},\mathbf{y}) \leqq d_E(\mathbf{x},\mathbf{y}) \leqq \sqrt{n}\,\rho(\mathbf{x},\mathbf{y})$

(2) $d_E(\mathbf{x},\mathbf{y}) \leqq \eta(\mathbf{x},\mathbf{y}) \leqq \sqrt{n}\,d_E(\mathbf{x},\mathbf{y})$

증명 증명을 위해, 앞에서와 같이 임의의 두 원소 $\mathbf{x},\mathbf{y} \in \mathbb{R}^n$를

$$\mathbf{x} = (x_1, x_2, \ldots, x_n),\ \mathbf{y} = (y_1, y_2, \ldots, y_n)$$

로 나타낸다.

(1) 일반성을 잃지 않고

$$\rho(\mathbf{x},\mathbf{y}) = \max\{|x_1 - y_1|, |x_2 - y_2|, \ldots, |x_n - y_n|\} = |x_1 - y_1|$$

이라 가정해도 된다. 이때,

$$\begin{aligned}\rho(\mathbf{x},\mathbf{y}) = |x_1 - y_1| &\leqq \sqrt{\sum_{i=1}^{n}(x_i - y_i)^2} \\ &= d_E(\mathbf{x},\mathbf{y}) \\ &\leqq \sqrt{n(x_1 - y_1)^2} = \sqrt{n}\,|x_1 - y_1| \\ &= \sqrt{n}\,\rho(\mathbf{x},\mathbf{y})\end{aligned}$$

이 성립한다.

(2) 예를 들어, $a^2 + b^2 \leqq (a+b)^2$, $a, b \geq 0$이므로 $d_E(\mathbf{x},\mathbf{y}) \leqq \eta(\mathbf{x},\mathbf{y})$임은 자명하다. 따라서 $\eta(\mathbf{x},\mathbf{y}) \leqq \sqrt{n}\,d_E(\mathbf{x},\mathbf{y})$만 보이면 된다. 실제로 코시-슈바르츠 부등식을 적용하여

$$\begin{aligned}\eta(\mathbf{x},\mathbf{y}) &= \sum_{i=1}^{n}|x_i - y_i| = \sum_{i=1}^{n} 1 \cdot |x_i - y_i| \\ &= \langle (1,1,\ldots,1), (|x_1 - y_1|, |x_2 - y_2|, \ldots, |x_n - y_n|) \rangle \\ &\leqq \|(1,1,\ldots,1)\| \cdot \|(|x_1 - y_1|, |x_2 - y_2|, \ldots, |x_n - y_n|)\| \\ &= \sqrt{n}\,d_E(\mathbf{x},\mathbf{y})\end{aligned}$$

가 성립함을 보일 수 있다. □

거리함수 d_E, ρ, η에 의해 생성된 위상에 대해, 다음 정리가 성립한다.

정리 1.6.15 세 개의 거리함수 d_E, ρ, η에 의해 생성된 위상은 서로 같다. 다시 말해서,

$$(\mathbb{R}^n, \mathfrak{I}_{d_E}) = (\mathbb{R}^n, \mathfrak{I}_\rho) = (\mathbb{R}^n, \mathfrak{I}_\eta)$$

가 성립한다.

증명 $(\mathbb{R}^n, \mathfrak{I}_{d_E}) = (\mathbb{R}^n, \mathfrak{I}_\eta)$의 증명은 $(\mathbb{R}^n, \mathfrak{I}_{d_E}) = (\mathbb{R}^n, \mathfrak{I}_\rho)$의 증명과 비슷하므로 [보조정리 1.6.8]을 이용하여 $(\mathbb{R}^n, \mathfrak{I}_{d_E}) = (\mathbb{R}^n, \mathfrak{I}_\rho)$가 성립함만을 보인다.

이를 위해, 먼저 임의의 $\mathbf{x} \in \mathbb{R}^n$과 $\varepsilon > 0$에 대하여

$$B_{d_E}(\mathbf{x}, \varepsilon) \subset B_\rho(\mathbf{x}, \varepsilon)$$

이 성립함을 보인다. 실제로, 만약 $\mathbf{y} \in B_{d_E}(\mathbf{x}, \varepsilon)$라면 $d_E(\mathbf{x}, \mathbf{y}) < \varepsilon$이므로 [보조정리 1.6.14 (1)]에 의해

$$\rho(\mathbf{x}, \mathbf{y}) \leqq d_E(\mathbf{x}, \mathbf{y}) < \varepsilon$$

이다. 따라서 $\mathbf{y} \in B_\rho(\mathbf{x}, \varepsilon)$이고 $B_{d_E}(\mathbf{x}, \varepsilon) \subset B_\rho(\mathbf{x}, \varepsilon)$이 성립한다.

비슷한 방법으로, 임의의 $\mathbf{x} \in \mathbb{R}^n$과 $\varepsilon > 0$에 대하여

$$B_\rho\left(\mathbf{x}, \frac{\varepsilon}{\sqrt{n}}\right) \subset B_{d_E}(\mathbf{x}, \varepsilon)$$

이 성립함을 보일 수 있다([그림 1.6.2]). 실제로, 만약 $\mathbf{y} \in B_\rho\left(\mathbf{x}, \frac{\varepsilon}{\sqrt{n}}\right)$라면 $\rho(\mathbf{x}, \mathbf{y}) < \frac{\varepsilon}{\sqrt{n}}$이므로 다시 [보조정리 1.6.14 (1)]을 이용하여

$$d_E(\mathbf{x}, \mathbf{y}) \leqq \sqrt{n}\,\rho(\mathbf{x}, \mathbf{y}) < \varepsilon$$

이다. 따라서 $\mathbf{y} \in B_{d_E}(\mathbf{x}, \varepsilon)$이고 $B_\rho\left(\mathbf{x}, \frac{\varepsilon}{\sqrt{n}}\right) \subset B_{d_E}(\mathbf{x}, \varepsilon)$이 성립함을 알 수 있다.

□

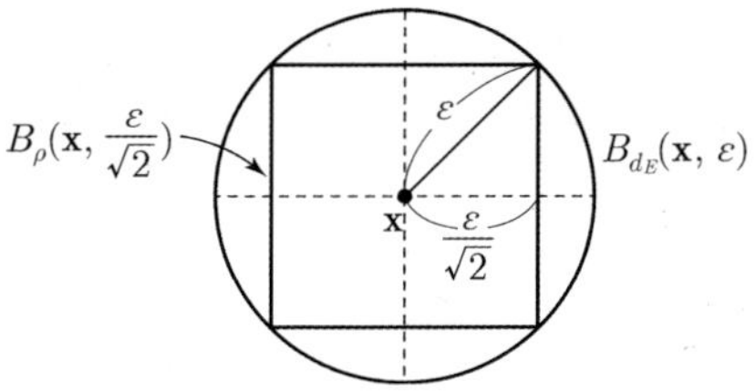

[그림 1.6.2] $n=2$인 경우

따름정리 1.6.16 곱위상공간 $(\mathbb{R}^n, \mathfrak{I}_p)$와 거리함수 d_E, ρ, η에 의해 생성된 위상은 서로 같다. 다시 말해서,

$$(\mathbb{R}^n, \mathfrak{I}_p) = (\mathbb{R}^n, \mathfrak{I}_{d_E}) = (\mathbb{R}^n, \mathfrak{I}_\rho) = (\mathbb{R}^n, \mathfrak{I}_\eta)$$

이 성립한다.

증명 $\mathbb{R}^n$의 곱위상공간의 기저 $\mathscr{B}_p$는 다음과 같이 주어진다.

$$\mathscr{B}_p = \{B = (a_1, b_1) \times (a_2, b_2) \times \cdots \times (a_n, b_n) \mid a_i, b_i \in \mathbb{R}, a_i < b_i\}$$

따라서 임의의 $\mathbf{x} = (x_1, x_2, \ldots, x_n) \in \mathbb{R}^n$와 $\mathbf{x} \in B = (a_1, b_1) \times \cdots \times (a_n, b_n) \in \mathscr{B}_p$에 대하여 $\varepsilon_i = \frac{1}{2}\min\{|x_i - a_i|, |x_i - b_i|\}$, $i = 1, 2, \ldots, n$이고

$$\varepsilon = \min\{\varepsilon_i \mid i = 1, 2, \ldots, n\}$$

일 때,

$$B_\rho(\mathbf{x}, \varepsilon) \subset B$$

가 성립한다. 즉, $\mathfrak{I}_\rho$가 $\mathfrak{I}_p$보다 세밀하다. 반대로, 임의의 $\mathbf{x} \in \mathbb{R}^n$과 $B_\rho(\mathbf{x}, \varepsilon)$에 대하여, $B = B_\rho(\mathbf{x}, \varepsilon) \in \mathscr{B}_p$라 놓으면 당연히

$$B \subset B_\rho(\mathbf{x}, \varepsilon)$$

이 성립한다. 즉, $\mathfrak{I}_p$가 $\mathfrak{I}_\rho$보다 세밀하게 되어 $\mathfrak{I}_p = \mathfrak{I}_\rho$가 성립한다. □

1.6 연습문제

1. 함수

$$d:\mathbb{R}^2\times\mathbb{R}^2 \to \mathbb{R},\ (\mathbf{x},\mathbf{y}) \mapsto d(\mathbf{x},\mathbf{y}) = \max\{3|x_1-y_1|, 5|x_2-y_2|\}$$

를 고려하자. 단, 여기서 $\mathbf{x}=(x_1,x_2)$이고 $\mathbf{y}=(y_1,y_2)$이다. 이때, 다음 물음에 답하라.

(1) 함수 d가 다음 부등식을 만족함을 보여 d가 거리함수임을 확인하라.

$$d(\mathbf{x},\mathbf{z}) \le d(\mathbf{x},\mathbf{y}) + d(\mathbf{y},\mathbf{z}), \quad \mathbf{x},\mathbf{y},\mathbf{z}\in\mathbb{R}^2$$

(2) 거리함수 d를 이용하여 열린공

$$B_d(\mathbf{x},\varepsilon) = \{\mathbf{y}\in\mathbb{R}^2 \mid d(\mathbf{x},\mathbf{y})<\varepsilon\}, \quad \varepsilon>0$$

을 만들 때, $B_d((0,0),1)$를 구체적으로 묘사하라.

(3) 기저 $\mathscr{B} = \{B_d(\mathbf{x},\varepsilon) \mid \mathbf{x}\in\mathbb{R}^2, \varepsilon>0\}$를 이용하여 위상공간 $(\mathbb{R}^2,\mathfrak{I}_{\mathscr{B}})$를 만들 때, $A=\mathbb{R}\times(-1,1)$가 열린집합인지 판별하라.

2. 2차원 평면 $\mathbb{R}^2$상에 다음과 같이 정의된 위상 $\mathfrak{I}$를 정의하자.

$$\mathfrak{I} = \{U\subset\mathbb{R}^2 \mid \{(0,0)\}\cap U=\varnothing \text{ 또는 } (-1,1)\times(-1,1)\subset U\}$$

이때, 다음 물음에 답하라.

(1) 위상공간 $(\mathbb{R}^2,\mathfrak{I})$가 거리화가능공간인지 판별하라.

(2) $Y=\mathbb{R}^2-\{(0,0)\}$일 때, $(\mathbb{R}^2,\mathfrak{I})$의 부분위상공간 Y가 거리화가능공간인지 판별하라.

3. 다음과 같이 정의된 함수

$$d:\mathbb{R}^2\times\mathbb{R}^2 \to \mathbb{R},\ (\mathbf{x},\mathbf{y}) \mapsto d(\mathbf{x},\mathbf{y}) = \begin{cases} \min\{1,|x_2-y_2|\}, & x_1=y_1, \\ 1, & x_1\ne y_1 \end{cases}$$

을 고려하자. 단, 여기서 $\mathbf{x}=(x_1,x_2)$이고 $\mathbf{y}=(y_1,y_2)$이다. 이때, 다음 물음에 답하라.

(1) 함수 d가 거리함수임을 보여라.

(2) 거리위상공간 $(\mathbb{R}^2,d)$에서, $\{0\}\times(-1,1)$이 열린집합인지 판별하라.

(3) 거리위상공간 $(\mathbb{R}^2,d)$에서, $(-1,1)\times(-1,1)$이 열린집합인지 판별하라.

(4) 거리위상공간 $(\mathbb{R}^2,d)$와 [예제 1.3.4]의 순서위상공간 $(\mathbb{R}^2,\mathfrak{I}_o)$가 서로 비교가능한지 판별하라.

4. 다음과 같이 정의된 함수 $d:\mathbb{R}\times\mathbb{R}\to\mathbb{R}$가 $\mathbb{R}$상에서 거리함수임을 보여라.

$$d(x,y)=\left|\frac{x}{1+|x|}-\frac{y}{1+|y|}\right|$$

5. 다음과 같이 정의된 함수 $d:(0,1)\times(0,1)\to\mathbb{R}$가 $(0,1)\subset\mathbb{R}$상에서 거리함수임을 보여라.

$$d(x,y)=\left|\frac{1}{x}-\frac{1}{y}\right|$$

6. A가 거리위상공간 (X,d)의 유한 부분집합일 때, A는 닫힌집합임을 보여라.

7. 다음과 같이 정의된 두 함수

$$d_1:\mathbb{R}^2\times\mathbb{R}^2\to\mathbb{R}^2,\ d_1(\mathbf{x},\mathbf{y})=\max\left\{\frac{1}{3}(|x_1-y_1|+|x_2-y_2|),|x_2-y_2|\right\}$$

$$d_2:\mathbb{R}^2\times\mathbb{R}^2\to\mathbb{R},\ d_2(\mathbf{x},\mathbf{y})=2|x_1-y_1|+|x_2-y_2|$$

를 고려하자. 단, 여기서 $\mathbf{x}=(x_1,x_2)$이고 $\mathbf{y}=(y_1,y_2)$이다. 이때, 다음 물음에 답하라.

(1) $i=1,2$에 대하여 d_i가 $\mathbb{R}^2$상에서 거리함수임을 보여라.

(2) $i=1,2$에 대하여 거리함수 d_i를 이용하여 만든 열린공 $B_{d_i}((0,0),\varepsilon)$을 구체적으로 묘사하라.

(3) 두 위상공간 $(\mathbb{R}^2,d_1)$과 $(\mathbb{R}^2,d_2)$를 서로 비교하라.

8. 2차원 평면 $\mathbb{R}^2$상에 다음과 같은 함수 d를 정의하자.

$$d:\mathbb{R}^2\times\mathbb{R}^2\to\mathbb{R},\ d(\mathbf{x},\mathbf{y})=\begin{cases}0, & \mathbf{x}=\mathbf{y},\\ \max\{\|\mathbf{x}\|,\|\mathbf{y}\|\}, & \mathbf{x}\neq\mathbf{y}\end{cases}$$

단, 여기서 $\mathbf{x}=(x_1,x_2)$이고 $\|\mathbf{x}\|=\sqrt{x_1^2+x_2^2}$이다. 이때, 다음 물음에 답하라.

(1) d가 거리함수임을 보여라.

(2) 다음 각각의 경우에 대하여 ε-열린공 $B_d(\mathbf{x},\varepsilon)$을 구체적으로 묘사하라.

(i) $B_d((0,0),\varepsilon),\ \varepsilon>0$

(ii) $B_d(\mathbf{x},\varepsilon),\ 0<\varepsilon<\|\mathbf{x}\|$

(iii) $B_d(\mathbf{x},\varepsilon),\ \varepsilon=\|\mathbf{x}\|$

(iv) $B_d(\mathbf{x},\varepsilon),\ \varepsilon>\|\mathbf{x}\|>0$

(3) $A=(0,1)\times(0,1)$가 거리위상공간 $(\mathbb{R}^2,d)$에서 열린집합인지 판별하라.

(4) $B=(-2,3)\times[-1,5]$가 거리위상공간 $(\mathbb{R}^2,d)$에서 열린집합인지 판별하라.

(5) 유클리드 위상공간 $\mathbb{R}_u^2$와 거리위상공간 $(\mathbb{R}^2, d)$가 비교가능인지 판별하라.

(6) $\mathbb{R}^2$상에 다음과 같이 정의된 위상 $\mathfrak{I}$를 가진 위상공간 $(\mathbb{R}^2, \mathfrak{I})$와 거리위상공간 $(\mathbb{R}^2, d)$가 비교가능인지 판별하라.

$$\mathfrak{I} = \left\{ U \subset \mathbb{R}^2 \mid \{(0,0)\} \bigcap U = \varnothing \text{ 또는 } (-1,1) \times (-1,1) \subset U \right\}$$

(7) $Y = \mathbb{R}^2 - \{(0,0)\}$일 때, 거리위상공간 $(\mathbb{R}^2, d)$의 부분공간 $(Y, \mathfrak{I}_Y)$와 이산위상공간 $(Y, \mathfrak{I}_{\text{dis}})$를 서로 비교하라.

9. 2차원 평면 $\mathbb{R}^2$상에 다음과 같은 함수 d를 정의하자.

$$d : \mathbb{R}^2 \times \mathbb{R}^2 \to \mathbb{R}, \ d(\mathbf{x}, \mathbf{y}) = \begin{cases} 0, & \mathbf{x} = \mathbf{y}, \\ \|\mathbf{x}\| + \|\mathbf{y}\|, & \mathbf{x} \neq \mathbf{y} \end{cases}$$

단, 여기서 $\mathbf{x} = (x_1, x_2)$일 때, $\|\mathbf{x}\| = \sqrt{x_1^2 + x_2^2}$이다. 이때, 다음 물음에 답하라.

(1) 함수 d가 거리함수임을 보여라.

(2) 다음 각각의 경우에 대하여 ε-열린공 $B_d(\mathbf{x}, \varepsilon)$을 구체적으로 묘사하라.

(i) $B_d((0, 0), \varepsilon)$, $\varepsilon > 0$

(ii) $B_d(\mathbf{x}, \varepsilon)$, $0 < \varepsilon \leq \|\mathbf{x}\|$

(iii) $B_d(\mathbf{x}, \varepsilon)$, $2\|\mathbf{x}\| \geq \varepsilon > \|\mathbf{x}\| > 0$

(iv) $B_d(\mathbf{x}, \varepsilon)$, $\varepsilon > 2\|\mathbf{x}\| > 0$

(3) $A = (0, 1] \times (0, 1] \cup \{(0, 0)\}$가 거리위상공간 $(\mathbb{R}^2, d)$에서 열린집합인지 판별하라.

(4) $B = [-1, 1] \times [-1, 1]$가 거리위상공간 $(\mathbb{R}^2, d)$에서 열린집합인지 판별하라.

(5) $(Y := \mathbb{R}^2 - \{(0, 0)\}, \mathfrak{I}_Y)$가 거리위상공간 $(\mathbb{R}^2, d)$의 부분공간일 때, $(Y, \mathfrak{I}_Y)$가 이산위상공간인지 판별하라.

10. 2차원 평면 $\mathbb{R}^2$상에 다음과 같은 함수 d를 정의하자.

$$d : \mathbb{R}^2 \times \mathbb{R}^2 \to \mathbb{R}, \ d(\mathbf{x}, \mathbf{y}) = \begin{cases} \|\mathbf{x} - \mathbf{y}\|, & \|\mathbf{x}\| = \|\mathbf{y}\|, \\ \|\mathbf{x}\| + \|\mathbf{y}\|, & \|\mathbf{x}\| \neq \|\mathbf{y}\| \end{cases}$$

단, 여기서 $\mathbf{x} = (x_1, x_2)$일 때, $\|\mathbf{x}\| = \sqrt{x_1^2 + x_2^2}$이다. 이때, 다음 물음에 답하라.

(1) 함수 d가 거리함수임을 보여라.

(2) 다음 각각의 경우에 대하여 ε-열린공 $B_d(\mathbf{x}, \varepsilon)$을 구체적으로 묘사하라.

(i) $B_d((0, 0), \varepsilon)$, $\varepsilon > 0$

(ii) $B_d(\mathbf{x}, \varepsilon)$, $0 < \varepsilon \leq \|\mathbf{x}\|$

(iii) $B_d(\mathbf{x}, \varepsilon)$, $2\|\mathbf{x}\| > \varepsilon > \|\mathbf{x}\| > 0$

(iv) $B_d(\mathbf{x}, \varepsilon)$, $\varepsilon = 2\|\mathbf{x}\| > 0$

(v) $B_d(\mathbf{x}, \varepsilon)$, $\varepsilon > 2\|\mathbf{x}\| > 0$

(3) $A = (-1, 1) \times (-1, 1)$가 거리위상공간 $(\mathbb{R}^2, d)$에서 열린집합인지 판별하라.

(4) 임의의 자연수 $n \geq 2$에 대하여, $g = d^{1/n}$이 $\mathbb{R}^2$상에서 거리함수임을 보여라.

11. 집합 X상에서 정의된 두 거리함수 d_1과 d_2가 적당한 양의 상수 C_1과 C_2에 대하여, 다음 부등식을 만족한다고 하자.

$$C_1 d_1 \leq d_2 \leq C_2 d_1$$

그러면, d_1과 d_2가 서로 **동치거리함수**(equivalent metric)라 말하고 보통 $d_1 \sim d_2$로 나타낸다. 이때, 두 거리위상공간 (X, d_1)과 (X, d_2)는 서로 같음을 보여라.

12. $X = (0, 1) \subset \mathbb{R}$상에서 다음과 같이 정의된 거리함수 d와 유클리드거리함수 d_E에 대하여, 다음 물음에 답하라.

$$d(x, y) = \left| \frac{1}{x} - \frac{1}{y} \right|, \ d_E(x, y) = |x - y|, \ x, y \in X$$

(1) 임의의 $x \in X$와 임의의 $\varepsilon > 0$에 대하여,

$$B_{d_E}(x, \delta) \subset B_d(x, \varepsilon)$$

을 만족하는 $\delta > 0$를 다음과 같이 택할 수 있음을 보여라.

$$\delta = \min\left\{ \frac{x}{2}, \frac{x^2}{2}\varepsilon \right\} > 0$$

(2) 임의의 $x \in X$와 임의의 $\varepsilon > 0$에 대하여,

$$B_d(x, \delta) \subset B_{d_E}(x, \varepsilon)$$

을 만족하는 $\delta > 0$를 $\delta = \varepsilon$으로 택할 수 있음을 보여라.

(3) 두 위상공간 (X, d)와 (X, d_E)가 서로 같음을 보여라.

13. 실수의 집합 $\mathbb{R}$상에서 다음과 같이 정의된 거리함수 d와 유클리드거리함수 d_E에 대하여, 다음 물음에 답하라.

$$d(x, y) = \left| \frac{x}{1 + |x|} - \frac{y}{1 + |y|} \right|, \ d_E(x, y) = |x - y|, \ x, y \in \mathbb{R}$$

(1) 임의의 $x(\neq 0) \in \mathbb{R}$와 임의의 $\varepsilon > 0$에 대하여,

$$B_{d_E}(x, \delta) \subset B_d(x, \varepsilon)$$

을 만족하는 $\delta > 0$를 다음과 같이 택할 수 있음을 보여라.

$$\delta = \min\left\{\varepsilon, \frac{|x|}{2}\right\} > 0$$

(2) $x = 0 \in \mathbb{R}$와 임의의 $\varepsilon > 0$에 대하여,

$$B_{d_E}(x, \delta) \subset B_d(x, \varepsilon)$$

을 만족하는 $\delta > 0$를 $\delta = \varepsilon$으로 택할 수 있음을 보여라.

(3) 임의의 양의 실수 $x \in \mathbb{R}$와 임의의 $\varepsilon > 0$에 대하여,

$$B_d(x, \delta) \subset B_{d_E}(x, \varepsilon)$$

을 만족하는 $\delta > 0$를 다음과 같이 택할 수 있음을 보여라.

$$\delta = \min\left\{\frac{2\varepsilon}{(1+x)(2+3x)}, \frac{x}{(1+x)(2+3x)}\right\} > 0$$

(4) 두 위상공간 (X, d)와 (X, d_E)가 서로 같음을 보여라.

14. $X = C([0,1]) = \{f : [0,1] \to \mathbb{R} \mid f$가 연속함수$\}$일 때, X상에서 다음과 같이 정의된 두 함수

$$\rho_1(f, g) = \int_0^1 |f(x) - g(x)|dx, \quad \rho_2(f, g) = \max_{x \in [0,1]}|f(x) - g(x)|$$

에 대하여, 다음 물음에 답하라.

(1) ρ_1과 ρ_2가 X상에서 거리함수임을 보여라.

(2) 임의의 $f, g \in X$에 대하여, 다음 부등식을 보여라.

$$\rho_1(f, g) \leq \rho_2(f, g)$$

(3) X상의 두 거리위상 $\mathfrak{I}_{\rho_1}$과 $\mathfrak{I}_{\rho_2}$를 다음 과정을 통해 비교하라.

(i) 임의의 $f \in X$와 $B_{\rho_1}(f, \varepsilon)$에 대하여, 다음 부등식을 증명하라.

$$B_{\rho_2}(f, \varepsilon) \subset B_{\rho_1}(f, \varepsilon)$$

(ii) 임의의 $\varepsilon > 0$에 대하여 다음 부등식을 만족하는 $0 < \delta < 2\varepsilon$가 존재하지 않음을 보여라.

$$B_{\rho_1}(0, \delta) \subset B_{\rho_2}(0, \varepsilon)$$

단, 여기서 0은 함숫값 0를 갖는 상수함수를 나타낸다. 따라서 $\mathfrak{I}_{\rho_2}$가 $\mathfrak{I}_{\rho_1}$보다 완벽하게 세밀하다.

(힌트: 귀류법을 이용하기 위해, 위의 부등식을 만족하는 $0 < \delta < 2\varepsilon$가 존재한다고 가정하자. 이때, $g : [0,1] \to \mathbb{R}$를 다음과 같이 정의된 함수라 하자.

$$g(x)=\begin{cases} 0, & 0 \le x \le \frac{1}{2}-\frac{\delta}{4\varepsilon}, \\ \frac{8\varepsilon^2}{\delta}(x-\frac{1}{2})+2\varepsilon, & \frac{1}{2}-\frac{\delta}{4\varepsilon}< x \le \frac{1}{2}, \\ -\frac{8\varepsilon^2}{\delta}(x-\frac{1}{2})+2\varepsilon, & \frac{1}{2}< x \le \frac{1}{2}+\frac{\delta}{4\varepsilon}, \\ 0, & \frac{1}{2}+\frac{\delta}{4\varepsilon}< x \le 1 \end{cases}$$

그러면 $\rho_1(0,g)=\int_0^1 |g(x)|dx=\frac{\delta}{2\varepsilon}2\varepsilon\frac{1}{2}=\frac{\delta}{2}<\delta$이므로 $g\in B_{\rho_1}(0,\delta)$이다. 하지만 $\rho_2(0,g)=2\varepsilon$이다. 그런데, $g\notin B_{\rho_2}(0,\varepsilon)$이므로 모순이다.)

15. $d_1, d_2, \cdots, d_k, k \ge 2$가 집합 X상의 거리함수일 때, 다음과 같이 정의된 함수 d를 고려하자.

$$d: X\times X \to \mathbb{R},\ \ d(x,y)=\sum_{i=1}^{k} t_i d_i(x,y),\ \ (x,y)\in X\times X$$

단, 여기서 $t_i \ge 0, 1 \le i \le k$이고 $\sum_{i=1}^{k} t_i \ne 0$이다. 이때, 다음 물음에 답하라.

(1) d가 X상의 거리함수임을 보여라.

(2) $t^* = \min\{t_i \mid 1 \le i \le k\}$이고 $t^* > 0$일 때, X상의 새로운 거리함수

$$\tilde{d}: X\times X \to \mathbb{R},\ \ \tilde{d}(x,y)=\sum_{i=1}^{k} d_i(x,y),\ \ (x,y)\in X\times X$$

에 대하여 두 거리위상공간 (X,d)와 $(X,\tilde{d})$가 서로 일치함을 보여라.

16. 2차원 평면 $\mathbb{R}^2$상에서 다음과 같이 정의된 함수 d를 고려하자.

$$d: \mathbb{R}^2\times\mathbb{R}^2 \to \mathbb{R},\ \ d(\mathbf{x},\mathbf{y})=\begin{cases} 0, & \mathbf{x}=\mathbf{y}, \\ \max\{\|\mathbf{x}\|,\|\mathbf{y}\|\}+\|\mathbf{x}\|+\|\mathbf{y}\|, & \mathbf{x}\ne\mathbf{y} \end{cases}$$

단, 여기서 $\mathbf{x}=(x_1,x_2)$일 때, $\|\mathbf{x}\|=\sqrt{x_1^2+x_2^2}$이다. 이때, 다음 물음에 답하라.

(1) d가 X상의 거리함수임을 보여라.

(2) 다음 각각의 경우에 대하여, ε-열린공 $B_d(\mathbf{x},\varepsilon)$을 구체적으로 묘사하라.

(i) $\mathbf{x}=(0,0)$, $\varepsilon>0$

(ii) $0<\varepsilon<2\|\mathbf{x}\|$

(iii) $0<2\|\mathbf{x}\|<\varepsilon\le 3\|\mathbf{x}\|$

(iv) $\varepsilon>3\|\mathbf{x}\|>0$

(3) $A=(0,1]\times[1,0)\cup\{(0,0)\}$일 때, A가 거리위상공간 $(\mathbb{R}^2,d)$에서 열린집합인지

판별하라.

17. 실수의 집합 $\mathbb{R}$에 대하여, $\mathbb{R}\times\mathbb{R}$상에서 다음과 같이 정의된 두 함수 d_1과 d_2를 고려하자.

$$d_1(x,y)=\begin{cases}0, & x=y,\\ |x-y|+1, & x\neq y\end{cases}\qquad d_2(x,y)=\begin{cases}0, & x=y,\\ 2022, & x\neq y\end{cases}$$

이때, 다음 물음에 답하라.

(1) d_1과 d_2가 $\mathbb{R}$상에서 거리함수임을 보여라.

(2) 다음 각각의 경우에 대하여, 거리함수 d_1에 관한 ε-열린공 $B_{d_1}(x,\varepsilon)$를 구체적으로 묘사하라.

(i) $0<\varepsilon\leq 1$　　　　(ii) $\varepsilon>1$

(3) 두 거리위상공간 $(\mathbb{R},d_1)$과 $(\mathbb{R},d_2)$의 세밀성을 비교하라.

18. (X,d)가 거리위상공간일 때, 다음과 같이 정의된 함수 d_1에 대하여 물음에 답하라.

$$d_1 : X\times X\to\mathbb{R},\quad d_1(x,y)=\frac{5d(x,y)}{2d(x,y)+3}$$

(1) d_1이 X상에서 거리함수임을 보여라.

(2) 다음 각각의 경우에 대하여, 거리함수 d_1에 관한 ε-열린공 $B_{d_1}(x,\varepsilon)$를 구체적으로 묘사하라.

(i) $0<\varepsilon<\dfrac{5}{2}$　　　　(ii) $\varepsilon\geq\dfrac{5}{2}$

(3) 두 거리위상공간 (X,d)와 (X,d_1)의 세밀성을 비교하라.

19. 다음과 같이 정의된 함수 $d:\mathbb{R}^2\times\mathbb{R}^2\to\mathbb{R}$가 2차원 평면 $\mathbb{R}^2$상에서 거리함수인지 판별하라.

$$d((x_1,x_2),(y_1,y_2))=\min\{2|x_1-y_1|+3|x_2-y_2|,3|x_1-y_1|+2|x_2-y_2|\}$$

(힌트: 세 점 $A=(0,0), B=(1,0), C=(1,2)$일 때,
$d(A,B)=2, d(B,C)=4, d(A,C)=7$이므로
$d(A,B)+d(B,C)=6<d(A,C)=7$이다.)

제2장

열린집합과 닫힌집합

제1장에서는 위상공간의 정의와 다양한 예를 자세히 살펴보았다. 제2장에서는 이 같은 기본적인 지식을 바탕으로 위상공간과 밀접히 관련된 개념인 폐집합, 폐포, 극한점 등에 관해 알아본다.

2.1 닫힌집합

정의 2.1.1 주어진 위상공간 $(X,\mathfrak{I}_X)$의 부분집합 A의 여집합 $A^c := X - A$가 열린집합일 때, A를 **닫힌집합**(closed set)이라 한다.

예제 2.1.2

(1) $X = \{a,b,c\}$이고 X에 주어진 위상

$$\mathfrak{I}_X = \{\varnothing, X, \{a\}, \{b\}, \{a,b\}, \{b,c\}\}$$

일 때, X의 닫힌집합은

$$X, \varnothing, \{b,c\}, \{a,c\}, \{c\}, \{a\}$$

뿐임을 열린집합의 여집합을 각각 택하여 알 수 있다.

(2) 실수의 보통위상공간 $\mathbb{R}_u$에서 반닫힌구간(half-closed interval) $[a,b)$는 열린집합도 아니고 닫힌집합도 아니다. 다시 말해서, 위상공간에서 열린집합도 아니고 닫힌집합도 아닌 부분집합이 많이 존재한다.

(3) 이산위상공간에서는 정의에 의해 모든 부분집합이 열린집합임으로 모든 부분집합이 닫힌집합이기도 하다. □

닫힌집합에 대하여 다음 보조정리가 성립한다. 닫힌집합과 위상의 정의에 의해 그 증명은 자명하므로 자세한 증명을 생략한다.

보조정리 2.1.3 위상공간 $(X,\mathfrak{I}_X)$에 대하여 다음이 성립한다.

(1) $\varnothing, X$는 닫힌집합이다.

(2) 임의의 $\alpha \in J$에 대하여 $A_\alpha \subset X$가 닫힌집합일 때, $\bigcap_{\alpha \in J} A_\alpha$도 닫힌집합이다.

(3) 임의의 $i = 1,2,\ldots,n$에 대하여 $A_i \subset X$가 닫힌집합일 때, $\bigcup_{i=1}^{n} A_i$도 닫힌집합이다.

[보조정리 2.1.3 (3)]은 첨자의 집합이 유한인 경우에만 항상 성립하고 무한집합인 경우에는 일반적으로 성립하지 않는다. 예를 들어, 모든 자연수 $i \in \mathbb{N}$에 대하여 $A_i = \left[0, 1 - \frac{1}{i}\right]$은 보통위상공간 $\mathbb{R}_u$의 닫힌집합이지만

$$\bigcup_{i \in \mathbb{N}} A_i = \bigcup_{i \in \mathbb{N}} \left[0, 1 - \frac{1}{i}\right] = [0, 1)$$

은 닫힌집합이 아니다.

부분위상공간의 정의에 의해, 부분공간의 닫힌 부분집합은 전체 위상공간의 닫힌집합과 부분위상공간의 교집합으로 주어진다. 실제로 다음 보조정리가 성립한다.

보조정리 2.1.4 Y가 위상공간 $(X, \mathfrak{I}_X)$의 부분공간이고 A가 Y의 부분집합일 때, A가 Y의 닫힌 부분집합일 필요충분조건은

$$A = Y \bigcap B$$

를 만족하는 X의 닫힌 부분집합 B가 존재하는 것이다.

증명 X의 닫힌 부분집합 B를 이용하여 A가 $A = Y \bigcap B$로 표현되어 있다고 가정하자([그림 2.1.1]). 가정에 의해 B의 여집합 $X - B$는 X에서 열린집합이므로 $(X - B) \bigcap Y$는 Y에서 열린집합이다. 한편,

$$(X - B) \bigcap Y = Y - A$$

이므로 A는 Y에서 닫힌집합이 되어야 한다.

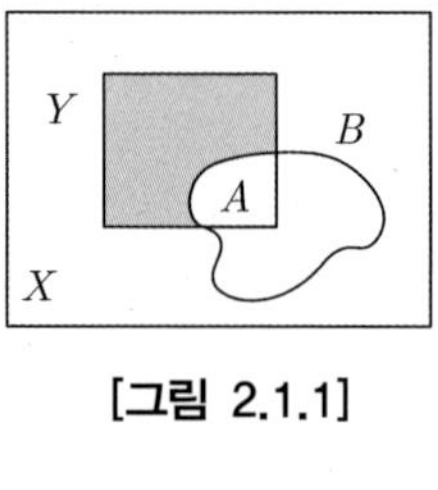

[그림 2.1.1]

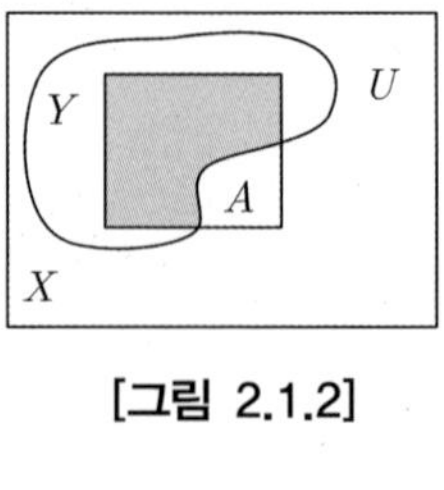

[그림 2.1.2]

반대로, A가 Y에서 닫힌집합이라면 그 여집합 $Y - A$가 Y에서 열린집합이 된다. 따라서 $Y - A = Y \bigcap U$를 만족하는 X의 열린집합 U가 존재한다([그림 2.1.2]).

하지만,

$$A = (X - U) \bigcap Y$$

이므로 $B = X - U$라 하면 $A = Y \bigcap B$를 만족하는 X의 닫힌 부분집합 B가 존재하게 된다. □

2.1 연습문제

1. $X = \{a, b, c, d, e\}$일 때, X에 다음과 같은 위상 $\mathfrak{I}$를 주자.

$$\mathfrak{I} = \{\varnothing, X, \{a, b\}, \{c, d\}, \{a, b, c, d\}, \{c, d, e\}\}$$

이때, 위상공간 $(X, \mathfrak{I})$의 닫힌집합을 모두 구하라.

2. 다음 물음에 답하라.

(1) 여유한위상공간 $(\mathbb{R}, \mathfrak{I}_f)$의 닫힌집합을 모두 찾아라.

(2) 여가산위상공간 $(\mathbb{R}, \mathfrak{I}_c)$의 닫힌집합을 모두 찾아라.

3. 다음 물음에 답하라.

(1) $A = \left\{ \frac{1}{n} \;\middle|\; n \in \mathbb{N} \right\}$가 $\mathbb{R}_u$에서 닫힌집합인지 판별하라.

(2) $A = \left\{ \frac{1}{n} \;\middle|\; n \in \mathbb{N} \right\}$가 $\mathbb{R}_l$에서 닫힌집합인지 판별하라.

(3) $B = \{0\} \bigcup \left\{ \frac{1}{n} \;\middle|\; n \in \mathbb{N} \right\}$가 $\mathbb{R}_u$에서 닫힌집합인지 판별하라.

(4) $B = \{0\} \bigcup \left\{ \frac{1}{n} \;\middle|\; n \in \mathbb{N} \right\}$가 $\mathbb{R}_l$에서 닫힌집합인지 판별하라.

(5) $B = \{0\} \bigcup \left\{ \frac{1}{n} \;\middle|\; n \in \mathbb{N} \right\}$가 $\mathbb{R}_K$에서 닫힌집합인지 판별하라.

4. 실수의 집합 $\mathbb{R}$의 부분집합들의 모임

$$\mathscr{B} = \{(a, \infty) \mid a \in \mathbb{R}\}$$

에 대하여, 다음 물음에 답하라.

(1) $\mathscr{B}$가 $\mathbb{R}$상에서 기저가 됨을 보여라.

(2) $A = (-\infty, \sqrt{2}]$가 위상공간 $(\mathbb{R}, \mathfrak{I}_{\mathscr{B}})$에서 닫힌집합인지 판별하라.

(3) 정수의 집합 $\mathbb{Z}$가 위상공간 $(\mathbb{R}, \mathfrak{I}_{\mathscr{B}})$에서 닫힌집합인지 판별하라.

(4) $\mathbb{Q}$가 위상공간 $(\mathbb{R}, \mathfrak{I}_{\mathscr{B}})$의 부분공간일 때, $B = (-\infty, \sqrt{2}] \bigcap \mathbb{Q}$가 $\mathbb{Q}$상에서 닫힌집합인지 판별하라.

5. 다음 물음에 답하라.

(1) $A \subset Y \subset X$일 때, A가 Y에서 닫힌집합이고 Y가 X에서 닫힌집합이면 A가 X에서 닫힌집합임을 보여라.

(2) $A \subset X$이고 $B \subset Y$일 때, A가 X에서 닫힌집합이고 B가 Y에서 닫힌집합이면 $A \times B$가 $X \times Y$에서 닫힌집합임을 보여라.

6. 거리위상공간 (X, d)와 X의 부분집합 A에 대하여, 다음 물음에 답하라.

(1) $A = \{a_1, a_2, \ldots, a_n\} \subset X$일 때, 임의의 $x \in X - A$에 대하여

$$m = \min\{d(x, a_i) \mid 1 \le i \le n\}$$

라 하자. 이때, $m > 0$임을 보여라.

(2) A가 X의 유한 부분집합일 때, A가 (X, d)상에서 닫힌집합임을 보여라.

(3) A가 X의 임의의 부분집합일 때, A가 (X, d)상에서 항상 닫힌집합인지 판별하라.

2.2 폐포와 내부

정의 2.2.1 위상공간 $(X,\mathfrak{I}_X)$의 부분집합 A에 대하여, 다음 정의가 성립한다.

(1) **A의 내부**(interior) A° (또는 $\text{int}_X(A)$)는 A에 포함된 열린집합 중에서 가장 큰 열린집합으로 정의된다. 즉,

$$A^\circ = \bigcup\{U \mid U\text{는 } U \subset A\text{를 만족하는 } X\text{의 열린집합}\}$$

(2) **A의 폐포**(closure) $\overline{A}$(또는 $\text{cl}_X(A)$)는 A를 포함하는 닫힌집합 중에서 가장 작은 닫힌집합으로 정의된다. 즉,

$$\overline{A} = \bigcap\{F \mid F\text{는 } A \subset F\text{을 만족하는 } X\text{의 닫힌집합}\}$$

(3) **A의 외부**(exterior) A^e는 A의 여집합의 내부인 $(A^c)^\circ$로 정의된다.

(4) **A의 경계**(boundary) ∂A는 $X-(A^\circ \cup A^e)$로 정의된다.

A의 내부와 폐포는 정의에 의해 각각 열린집합이고 닫힌집합이다. 또한, A의 경계 ∂A는 $\overline{A}-A^\circ$과 같다.

다음 사실은 정의에 의해 자명하다.

보조정리 2.2.2 위상공간 $(X,\mathfrak{I}_X)$의 부분집합 A에 대하여, 다음이 성립한다.

(1) $A^\circ \subset A \subset \overline{A}$

(2) $A^\circ = A$일 필요충분조건은 A가 열린집합인 것이다.

(3) $\overline{A} = A$일 필요충분조건은 A가 닫힌집합인 것이다.

예제 2.2.3

(1) 실수의 보통위상공간 $\mathbb{R}_u$의 부분집합 $A=[0,1]$의 내부, 외부, 폐포, 경계는 각각

$$A^\circ = (0,1),\ A^e = (-\infty,0)\cup(1,\infty),\ \overline{A} = [0,1],\ \partial A = \{0,1\}$$

이 됨을 쉽게 보일 수 있다. 비슷한 예로, 부분집합 $B=[0,1)$를 택하면 B의 내부, 외부, 폐포, 경계는 각각

$$B^\circ=(0,1),\ B^e=(-\infty,0)\bigcup(1,\infty),\ \overline{B}=[0,1],\ \partial B=\{0,1\}$$

이다.

(2) $X=\{a,b,c,d,e\}$에 위상

$$\mathfrak{I}_X=\{X,\varnothing,\{a\},\{c,d\},\{a,c,d\},\{b,c,d,e\}\}$$

가 주어진 위상공간 $(X,\mathfrak{I}_X)$의 부분집합

$$A=\{b\},\ B=\{a,c\},\ C=\{b,d\},\ D=\{a,b\}$$

에 대하여, $\overline{A},\overline{B},\overline{C},D^\circ$를 구하면

$$\overline{A}=\{b,e\},\ \overline{B}=X,\ \overline{C}=\{b,c,d,e\},\ D^\circ=\{a\}$$

이다. 실제로 위상공간 $(X,\mathfrak{I}_X)$의 모든 닫힌집합은

$$\varnothing,\ X,\ \{b,c,d,e\},\ \{a,b,e\},\ \{b,e\},\ \{a\}$$

뿐이므로 폐포와 내부의 정의를 A,B,C,D에 적용하여 폐포와 내부를 어렵지 않게 계산할 수 있다.

(3) 실수의 집합 $\mathbb{R}$의 여유한위상공간 $\mathbb{R}_f$에서 자연수의 집합 $\mathbb{N}$의 내부 $\mathbb{N}^\circ=\varnothing$이고 폐포 $\overline{\mathbb{N}}=\mathbb{R}$이다. 실제로 임의의 자연수 n의 열린근방 U는

$$U=\mathbb{R}-F,\ F\text{는 유한집합}$$

의 형태이므로 자연수의 집합 $\mathbb{N}$은 U를 부분집합으로 포함할 수 없다. 따라서 $\mathbb{N}^\circ=\varnothing$이 된다. 또한, 여유한위상공간 $\mathbb{R}_f$의 임의의 닫힌집합은 유한집합이거나 전체집합 $\mathbb{R}$뿐이므로 $\mathbb{N}$를 포함하는 닫힌집합은 $\mathbb{R}$뿐이다. 따라서 $\overline{\mathbb{N}}=\mathbb{R}$이다. □

다음 보조정리는 폐포를 계산할 때, 아주 유용하게 이용된다.

보조정리 2.2.4 위상공간 $(X,\mathfrak{I}_X)$의 부분집합 A와 $x\in X$에 대하여, 다음이 성립한다.

(1) $x\in\overline{A}$일 필요충분조건은 x를 포함하는 임의의 열린집합 U_x에 대하여

$$U_x\cap A\neq\varnothing$$

이 성립하는 것이다.

(2) 위상 $\mathfrak{I}_X$가 기저 $\mathscr{B}$에 의해 생성될 때, $x\in\overline{A}$일 필요충분조건은 x를 포함하는 임의의 기저원소 $B_x\in\mathscr{B}$에 대하여

$$B_x\cap A\neq\varnothing$$

이 성립하는 것이다.

증명 위상 $\mathfrak{I}_X$가 기저 $\mathscr{B}$에 의해 생성될 때, 임의의 열린집합은 적당한 기저원소들의 합집합으로 표현할 수 있으므로 (1)만 증명하면 충분하다. 앞으로, x를 포함하는 열린집합을 x**의 열린근방**(open neighborhood)으로 표현한다.

(1)을 증명하기 위해 그 대우를 증명하는 것이 더 편리하다. 즉, $x\not\in\overline{A}$일 필요충분조건은 $U_x\cap A=\varnothing$를 만족하는 x의 열린근방 U_x가 존재함을 보인다. 실제로, 만약 $x\not\in\overline{A}$이면 x는 열린집합 $(\overline{A})^c$에 포함된다. 따라서 $U_x=(\overline{A})^c$라 놓으면 U_x는 x의 열린근방이고

$$U_x\subset(\overline{A})^c\subset A^c$$

이므로 당연히 $U_x\cap A=\varnothing$이 성립한다. 반대로 $U_x\cap A=\varnothing$을 만족하는 x의 열린근방 U_x가 존재할 때, $X-U_x$는 A를 포함하는 닫힌집합이다. 따라서 $X-U_x$는 $\overline{A}$를 포함하고 $U_x\cap\overline{A}=\varnothing$이므로 $x\not\in\overline{A}$가 성립한다. □

따름정리 2.2.5 위상공간 $(X,\mathfrak{I}_X)$의 두 부분집합 A와 B가 $A\subset B$이면 $\overline{A}\subset\overline{B}$가 성립한다.

증명 증명을 위해, 만약 $x\in\overline{A}$라면 [보조정리 2.2.4]에 의해 x의 임의의 열린근방 U_x에 대하여 $U_x\cap A\neq\varnothing$이 성립한다. 하지만 가정에 의해 $A\subset B$이므로 $U_x\cap B$

$\neq \varnothing$ 이 성립함을 알 수 있다. 따라서 $x \in \overline{B}$이다. □

예제 2.2.6

실수의 보통위상공간 $\mathbb{R}_u$의 부분집합 $A = \mathbb{Q}, B = \mathbb{N}, C = \mathbb{Q}^c$의 폐포가 각각 $\overline{A} = \mathbb{R}$, $\overline{B} = \mathbb{N}$, $\overline{C} = \mathbb{R}$임을 [보조정리 2.2.4]를 이용하여 쉽게 보일 수 있다. □

보조정리 2.2.7 위상공간 $(X, \mathfrak{I}_X)$의 부분공간 Y와 Y의 부분집합 A에 대하여, 다음이 성립한다.

$$\mathrm{cl}_Y(A) = \mathrm{cl}_X(A) \cap Y$$

증명 ($\subseteq$) 가정에 의해 $A \subset \mathrm{cl}_X(A) \cap Y$이고 부분공간의 정의에 의해 $\mathrm{cl}_X(A) \cap Y$는 Y에서 닫힌집합이다. 따라서 폐포의 정의에 의해,

$$\mathrm{cl}_Y(A) \subset \mathrm{cl}_X(A) \cap Y$$

가 성립한다.

($\supseteq$) $\mathrm{cl}_Y(A)$가 부분공간 Y에서 닫힌집합이므로 $\mathrm{cl}_Y(A) = C \cap Y$를 만족하는 X의 닫힌집합 C가 존재한다. 따라서 $A \subset C$이고

$$\mathrm{cl}_X(A) \subset \mathrm{cl}_X(C) = C$$

이므로 $\mathrm{cl}_X(A) \cap Y \subset C \cap Y = \mathrm{cl}_Y(A)$가 성립한다. □

예제 2.2.8

실수의 보통위상공간 $\mathbb{R}_u$의 부분공간 $Y = (0,1]$과 그 부분집합 $A = \left(0, \frac{1}{2}\right)$에 대하여, A의 Y에서의 폐포 $\mathrm{cl}_Y(A)$는 $\mathrm{cl}_{\mathbb{R}_u}(A) = \left[0, \frac{1}{2}\right]$과 A의 교집합으로 다음과 같이 나타낼 수 있다.

$$\mathrm{cl}_Y(A) = \mathrm{cl}_{\mathbb{R}_u}(A) \cap Y = \left[0, \frac{1}{2}\right] \cap (0,1] = \left(0, \frac{1}{2}\right]$$ □

다음 정리는 곱공간에서의 폐포 계산을 각 성분의 위상공간에서 폐포를 계산하여 구할

수 있음을 말해준다.

정리 2.2.9 두 위상공간 $(X,\mathfrak{I}_X)$, $(Y,\mathfrak{I}_Y)$와 부분집합 $A\subset X, B\subset Y$에 대하여, 곱위상공간 $(X\times Y,\mathfrak{I}_p)$에서 다음이 성립한다.

$$\overline{A\times B}=\overline{A}\times\overline{B}$$

증명 $(\subseteq)$ 만약 $(a,b)\in\overline{A\times B}$라면, (a,b)의 임의의 열린근방 $U\times V$에 대하여 $(U\times V)\bigcap(A\times B)\neq\varnothing$이 성립한다. 이때, U는 a의 임의의 열린근방이고 V는 b의 임의의 열린근방이다. 또한

$$(U\times V)\bigcap(A\times B)=(U\bigcap A)\times(V\bigcap B)\neq\varnothing$$

이므로 $U\bigcap A\neq\varnothing$, $V\bigcap B\neq\varnothing$이 성립한다. 따라서 $a\in\overline{A}$이고 $b\in\overline{B}$임을 알 수 있다. 즉, $(a,b)\in\overline{A}\times\overline{B}$이다.

$(\supseteq)$ 이 방향의 증명도 위와 비슷하다. □

정리 2.2.10 위상공간 $(X,\mathfrak{I}_X)$에 대하여, 다음이 성립한다.

(1) 임의의 두 집합 $A,B\subset X$에 대하여, $A\subset B$이면 $A^\circ\subset B^\circ$

(2) 임의의 두 집합 $A,B\subset X$에 대하여, $(A\bigcup B)^\circ\supset A^\circ\bigcup B^\circ$

(3) 임의의 두 집합 $A,B\subset X$에 대하여, $(A\bigcap B)^\circ=A^\circ\bigcap B^\circ$

(4) 임의의 $\alpha\in J$와 $A_\alpha\subset X$에 대하여,

$$\left(\bigcap_{\alpha\in J}A_\alpha\right)^\circ\subset\bigcap_{\alpha\in J}A_\alpha^\circ$$

증명 (1) $x\in A^\circ$이면 $x\in U_x\subset A^\circ\subset A$을 만족하는 열린집합 U_x가 존재한다. $A\subset B$이므로 $U_x\subset B$이 성립한다. 따라서 $x\in B^\circ$이다. 즉, $A^\circ\subset B^\circ$이다.

(2) $A\subset(A\bigcup B)$이고 $B\subset(A\bigcup B)$이므로 위의 (1)에 의해

$$A^\circ\subset(A\bigcup B)^\circ,\ B^\circ\subset(A\bigcup B)^\circ$$

이 성립한다. 따라서 $A^\circ\bigcup B^\circ\subset(A\bigcup B)^\circ$이다.

(3) 먼저, $A\bigcap B \subset A$이고 $A\bigcap B \subset B$이므로 위의 (1)에 의해

$$(A\bigcap B)^\circ \subset A^\circ,\ (A\bigcap B)^\circ \subset B^\circ$$

이 성립한다. 따라서 $(A\bigcap B)^\circ \subset A^\circ \bigcap B^\circ$ 이다.
반대로, 만약 $x \in A^\circ \bigcap B^\circ$ 이면 $x \in U_x \subset A^\circ \subset A$와 $x \in V_x \subset B^\circ \subset B$를 만족하는 열린집합 U_x와 V_x가 존재한다. 이때, $W_x = U_x \bigcap V_x$라 놓으면 W_x는 x의 열린근방이고 $x \in W_x \subset A\bigcap B$을 만족한다. 따라서 x는 $(A\bigcap B)^\circ$의 원소이다. 즉, $A^\circ \bigcap B^\circ \subset (A\bigcap B)^\circ$ 이 성립한다.

(4) 각각의 $\alpha \in J$에 대하여, $\bigcap_{\alpha \in J} A_\alpha \subset A_\alpha$이므로 위의 (1)에 의해

$$\left(\bigcap_{\alpha \in J} A_\alpha\right)^\circ \subset A_\alpha^\circ$$

이다. 따라서 $\left(\bigcap_{\alpha \in J} A_\alpha\right)^\circ \subset \bigcap_{\alpha \in J} A_\alpha^\circ$ 이 성립한다. □

[정리 2.2.10 (2), (4)]의 등식은 일반적으로 성립하지 않는다. 예를 들어, 실수의 보통 위상공간 $\mathbb{R}_u$에서

$$\mathbb{Q}^\circ \bigcup (\mathbb{Q}^c)^\circ = \varnothing \neq (\mathbb{Q} \bigcup \mathbb{Q}^c)^\circ = \mathbb{R},\ \text{또는}$$
$$[a, b]^\circ \cup [b, c]^\circ = (a, b) \cup (b, c) \neq ([a, b] \cup [b, c])^\circ = (a, c),\ a < b < c$$

이다. 또한, 임의의 자연수 $n \in \mathbb{N}$에 대하여 $A_n = \left(-\frac{1}{n}, \frac{1}{n}\right)$이라 놓으면

$$\bigcap_{n \in \mathbb{N}} A_n^\circ = \{0\} \neq \left(\bigcap_{n \in \mathbb{N}} A_n\right)^\circ = \{0\}^\circ = \varnothing$$

이다.

폐포에 관한 다음 정리가 성립한다.

정리 2.2.11 위상공간 $(X,\mathfrak{I}_X)$에 대하여, 다음이 성립한다.

(1) 임의의 두 집합 $A,B\subset X$에 대하여, $A\subset B$이면 $\overline{A}\subset\overline{B}$

(2) 임의의 두 집합 $A,B\subset X$에 대하여, $\overline{A\bigcup B}=\overline{A}\bigcup\overline{B}$

(3) 임의의 두 집합 $A,B\subset X$에 대하여, $\overline{A\bigcap B}\subset\overline{A}\bigcap\overline{B}$

(4) 임의의 $\alpha\in J$와 $A_\alpha\subset X$에 대하여,

$$\overline{\bigcup_{\alpha\in J}A_\alpha}\supset\bigcup_{\alpha\in J}\overline{A_\alpha}$$

(5) 임의의 집합 $A\subset X$에 대하여,

$$\overline{A^c}=(A^\circ)^c,$$
$$A^e=(A^c)^\circ=(\overline{A})^c$$

증명 (1)~(4)의 증명은 [보조정리 2.2.4]를 이용하여 [정리 2.2.10]과 비슷하게 할 수 있다. 따라서 (1)~(4)의 자세한 증명은 생략하고 (5)의 증명만 한다.

(5) ($\subseteq$) $A^\circ\subset A$이므로 $A^c\subset(A^\circ)^c$이다. 따라서 (1)에 의해 $\overline{A^c}\subset\overline{(A^\circ)^c}$가 성립한다. 한편, $(A^\circ)^c$는 닫힌집합이므로 $(A^\circ)^c=\overline{(A^\circ)^c}$이다. 따라서 $\overline{A^c}\subset(A^\circ)^c$이다.

($\supseteq$) $x\notin\overline{A^c}$라면 $U_x\bigcap A^c=\varnothing$을 만족하는 x의 열린근방 U_x가 존재한다. 따라서 $x\in U_x\subset A$가 성립한다. 즉, $x\in A^\circ$이고 이것은 $x\notin(A^\circ)^c$과 동치이다. 결론적으로 $(A^\circ)^c\subset\overline{A^c}$이다.

또한 A 대신에 A^c를 $\overline{A^c}=(A^\circ)^c$에 대입하면 $\overline{A}=((A^c)^\circ)^c$를 얻는다. 따라서 $A^e=(A^c)^\circ=(\overline{A})^c$이다. □

앞에서와 같이, [정리 2.2.11 (3), (4)]의 등식은 일반적으로 성립하지 않는다. 예를 들어, 실수의 보통위상공간 $\mathbb{R}_u$에서

$$\overline{\mathbb{Q}}\bigcap(\overline{\mathbb{Q}^c})=\mathbb{R}\neq\overline{\mathbb{Q}\bigcap\mathbb{Q}^c}=\varnothing$$

이다. 또한, 임의의 유리수 $r\in\mathbb{Q}$에 대하여 $A_r=\{r\}$이라 놓으면

$$\bigcup_{r\in\mathbb{Q}}\overline{A_r}=\mathbb{Q}\neq\overline{\bigcup_{r\in\mathbb{Q}}A_r}=\overline{\mathbb{Q}}=\mathbb{R}$$

이다.

2.2 연습문제

1. $X=\{a,b,c,d,e\}$일 때, X에 다음과 같은 위상 $\mathfrak{I}$를 주자.

$$\mathfrak{I}=\{\varnothing, X, \{a,b\}, \{c,d\}, \{a,b,c,d\}, \{c,d,e\}\}$$

이때, 위상공간 $(X,\mathfrak{I})$에서 $\{a\}$의 폐포와 내부를 구하라.

2. 실수의 집합 $\mathbb{R}$에 다음과 같은 위상 $\mathfrak{I}$를 주자.

$$\mathfrak{I}=\{U\subset \mathbb{R} \mid 0\in U\}\bigcup\{\varnothing\}$$

이때, 다음 물음에 답하라.

(1) 위상공간 $(\mathbb{R},\mathfrak{I})$에서 $\{0\}$의 폐포, 내부, 경계를 구하라.

(2) $q\neq 0$일 때, 위상공간 $(\mathbb{R},\mathfrak{I})$에서 $\{q\}$의 폐포, 내부, 경계를 구하라.

(3) $A\subset\mathbb{R}$가 0을 포함하는 임의의 집합일 때, A의 폐포, 내부, 경계를 구하라.

(4) $A\subset\mathbb{R}$가 0을 포함하지 않는 임의의 집합일 때, A의 폐포, 내부, 경계를 구하라. 특히, $A=\mathbb{R}-\{0\}$일 때, A의 폐포, 내부, 경계를 구하라.

3. 실수의 집합 $\mathbb{R}$상에 다음과 위상을 고려하자.

$$\mathfrak{I}=\left\{U\subset\mathbb{R} \mid \{-1,0,1\}\bigcap U=\varnothing \text{ 또는 } U^c \text{ 유한집합}\right\}$$

이때, 다음 물음에 답하라.

(1) $A=(0,1)$의 내부 A°와 폐포 $\overline{A}$를 구하라.

(2) $B=[-1.1]$의 내부 B°와 폐포 $\overline{B}$를 구하라.

(3) $C=(2,3)$의 내부 C°와 폐포 $\overline{C}$를 구하라.

4. A가 다음과 같을 때, 다음 물음에 답하라.

$$A=\left\{(x,y)\in\mathbb{R}^2 \;\middle|\; \frac{x^2}{3^2}+\frac{y^2}{5^2}\leq 1\right\}$$

(1) $\mathbb{R}_l\times\mathbb{R}_l$에서 A의 폐포, 내부, 경계를 구하라.

(2) $\mathbb{R}_u\times\mathbb{R}_l$에서 A의 폐포, 내부, 경계를 구하라.

5. K-위상공간 $\mathbb{R}_K$과 하극한위상공간 $\mathbb{R}_l$에서 다음 집합들의 폐포, 내부, 경계를 구하라.

(1) $A=(0,1)$

(2) $B=(0,1]$

(3) $C=[0,1)$

(4) $D=[0,1]$

6. $X=\{n\in\mathbb{N} \mid n \geq 2\}$일 때, 임의의 자연수 $n\in X$에 대하여

$$B_n = \{k\in X \mid k\text{는 } n\text{의 약수}\}$$

라 놓자. 그러면 $\mathscr{B}=\{B_n \mid n\in X\}$가 X상에서 기저가 된다. 이때, 임의의 자연수 $n\in X$에 대하여 단집합 $\{n\}$의 폐포, 내부, 경계를 구하라.

7. $I=[0,1]$일 때, $I\times I$에 사전식순서를 주어 만든 순서위상공간 $(I\times I, \mathfrak{I}_o)$에서 다음 집합의 폐포를 계산하라.

(1) $A=\left\{\left(\dfrac{1}{n},0\right) \,\middle|\, n\in\mathbb{N}\right\}$ (2) $B=\left\{\left(0,\dfrac{1}{n}\right) \,\middle|\, n\in\mathbb{N}\right\}$

(3) $C=\left\{\left(1-\dfrac{1}{n},\dfrac{1}{3}\right) \,\middle|\, n\in\mathbb{N}\right\}$ (4) $D=\left\{\left(\dfrac{1}{3},1-\dfrac{1}{n}\right) \,\middle|\, n\in\mathbb{N}\right\}$

(5) $E=\left\{\left(x,\dfrac{1}{3}\right) \,\middle|\, 0<x<1\right\}$ (6) $F=\left\{\left(\dfrac{1}{3},y\right) \,\middle|\, 0<y<1\right\}$

8. 실수의 집합 $\mathbb{R}$상에 다음 두 위상을 주자.

$$\mathfrak{I}_1=\{\varnothing, \mathbb{R}, \mathbb{Q}, \mathbb{Q}^c\},\ \mathfrak{I}_2=\{\varnothing, \mathbb{R}, \mathbb{Z}[\sqrt{2}], \mathbb{R}-\mathbb{Z}[\sqrt{2}]\}$$

단, 여기서 $\mathbb{Z}[\sqrt{2}]=\{a+b\sqrt{2} \mid a, b\in\mathbb{Z}\}$이다. 이때, $(\mathbb{R},\mathfrak{I}_1)$과 $(\mathbb{R},\mathfrak{I}_2)$을 이용하여 만든 곱공간 $(\mathbb{R}^2,\mathfrak{I}_p)$에서 다음과 같이 주어진 집합 A의 폐포를 계산하라.

$$A=\left([0,2)-\left\{\frac{1}{n}\,\middle|\, n\in\mathbb{N}\right\}\right)\times(0,1]$$

9. U가 $(X,\mathfrak{I}_X)$의 열린집합일 때, $U=(\overline{U})^\circ$이 성립하지 않는 예를 찾아라. 예를 들어, 여유한위상공간 $\mathbb{R}_f$에서 $U=\mathbb{R}-\{0\}$일 때, $U=(\overline{U})^\circ$이 성립하는가?

10. A와 B가 위상공간 $(X,\mathfrak{I}_X)$의 부분집합일 때, 다음 물음에 답하라.

(1) $(A-B)^\circ \subset A^\circ - B^\circ$임을 보여라. 예를 들어, $A=[0,2]$, $B=[1,2) \subset \mathbb{R}_u$일 때, $(A-B)^\circ \neq A^\circ - B^\circ$인가?

(2) $\overline{A-B} \supset \overline{A}-\overline{B}$임을 보여라. 예를 들어, $A=(0,2)$, $B=(1,2) \subset \mathbb{R}_u$일 때, $\overline{A-B} \neq \overline{A}-\overline{B}$인가?

(3) 항상 다음 등식이 성립하는지 판별하라.

$$\overline{(\overline{A})^\circ}=\overline{A}$$

(힌트: 예를 들어, $A=\{0\}\subset \mathbb{R}_u$를 고려하라.)

11. 위상공간 $(X, \mathfrak{I}_X)$의 부분집합 A에 대하여, 다음 등식이 성립함을 보여라.

$$\partial A = \overline{A} - A^{\circ}$$

12. 위상공간 $(X, \mathfrak{I}_X)$와 $A \subset X$에 대하여, 다음 문제에 답하라.

(1) $\partial A \subset A$일 필요충분조건이 A가 닫힌집합임을 보여라.

(2) $\partial A \cap A = \varnothing$일 필요충분조건이 A가 열린집합임을 보여라.

(3) $\partial A = \varnothing$일 필요충분조건이 A가 열린집합이고 동시에 닫힌집합임을 보여라.

(힌트: $A^{\circ} \subset A \subset \overline{A}$이고 $\partial A = \overline{A} - A^{\circ}$임을 이용하라.)

13. 위상공간 $(X, \mathfrak{I}_X)$와 열린집합 $A, B \subset X$에 대하여, $\overline{A} = \overline{B} = X$이면 $\overline{A \cap B} = X$임을 보여라.

(힌트: 만약 $x \in X - \overline{A \cap B}$라면 $U_x \cap (A \cap B) = \varnothing$를 만족하는 x의 열린근방 U_x가 존재한다. 한편 $\overline{A} = X$이므로 $U_x \cap A \neq \varnothing$이고, $U_x \cap A$는 열린집합이다. 따라서 $\overline{B} = X$이므로 $(U_x \cap A) \cap B \neq \varnothing$이 되어 모순이다.)

14. 위상공간 $(X, \mathfrak{I}_X)$에 대하여, 임의의 $A \subset X$가 $\overline{A} = X$일 때 $A = X$가 성립하면, $\mathfrak{I}_X$가 이산위상임을 보여라.

(힌트: 임의의 $x \in X$에 대하여, $A = X - \{x\}$라 하자. 그러면 $A \neq X$이므로 $\overline{A} \neq X$이다. 한편 $A = X - \{x\} \subset \overline{A} \subset X$이고 $\overline{A} \neq X$이므로 $\overline{A} = X - \{x\}$이다. 따라서 $\{x\}$가 열린집합이다.)

2.3 극한점과 도집합

정의 2.3.1 위상공간 $(X,\mathfrak{I}_X)$의 부분집합 A와 $x\in X$에 대하여, 다음과 같은 정의가 성립한다.

(1) x의 임의의 열린근방 U_x에 대하여

$$U_x\bigcap(A-\{x\})=(U_x-\{x\})\bigcap A=U_x\bigcap A-\{x\}\neq\varnothing$$

일 때, x를 A의 **극한점**(limit point) 또는 **집적점**(accumulation point 또는 cluster point)이라 한다.

(2) A의 극한점들의 모임을 A의 **도집합**(또는 **유도집합**, derived set)이라 부르고 A'으로 나타낸다.

예제 2.3.2

(1) 이산위상공간 $(X,\mathfrak{I}_{\text{dis}})$에서 X의 도집합 X'은 공집합이다. 실제로 X의 임의의 원소 x에 대하여 단집합 $U_x=\{x\}$는 x의 열린근방이므로

$$(U_x-\{x\})\bigcap X=\varnothing$$

이다. 따라서 임의의 원소 $x\in X$는 X의 극한점이 될 수 없다.

(2) 실수의 보통위상공간 $\mathbb{R}_u$의 부분집합 $A=(0,1]$의 도집합 A'는 $[0,1]$을 보일 수 있다. 이를 보이기 위해 다음 세 가지 경우를 고려한다.

(i) $x<0$인 경우: 이 경우에는, $U_x=(x-1,0)$라 놓으면 U_x는 x의 열린근방이고 $U_x\bigcap A-\{x\}=\varnothing$이다. 따라서 $x\notin A'$이다.

(ii) $0\leq x\leq 1$인 경우: 이 경우에는 x를 포함하는 임의의 열린구간 (a,b)를 U_x라 놓으면, $a<x<b$이므로 $(U_x-\{x\})\bigcap A\neq\varnothing$이다. 따라서 $x\in A'$이다.

(iii) $x>1$인 경우: 이 경우에는 $U_x=(1,x+1)$라 놓으면 U_x는 x의 열린근방이고 $(U_x-\{x\})\bigcap A=\varnothing$이 된다. 따라서 x는 A'의 원소가 아니다.

위의 (i), (ii), (iii)에 의해 A의 도집합 $A'=[0,1]$이다.

(3) 실수의 보통위상공간 $\mathbb{R}_u$의 두 부분집합

$$A=\left\{\frac{1}{n}\,\middle|\,n\in\mathbb{N}\right\}\bigcup\{0\},\quad B=\left\{\frac{1}{n}\,\middle|\,n\in\mathbb{N}\right\}$$

의 도집합은 모두 $A'=B'=\{0\}$이다.

(4) 실수의 보통위상공간 $\mathbb{R}_u$의 유리수 집합 $\mathbb{Q}$와 무리수 집합 $\mathbb{Q}^c$의 도집합은 정의에 의해 모두 $\mathbb{R}$이다.

(5) $X=\{a,b,c,d,e\}$에 위상

$$\mathfrak{I}_X=\{X,\varnothing,\{a\},\{c,d\},\{a,c,d\},\{b,c,d,e\}\}$$

가 주어진 위상공간 $(X,\mathfrak{I}_X)$의 부분집합 $A=\{a,b,c\}$의 도집합은

$$A'=\{b,d,e\}$$

이고 $(A')^c\not\in\mathfrak{I}_X$이므로 A'은 닫힌집합이 아니다. 실제로, $\{a\}$는 a의 열린근방이고

$$(\{a\}-\{a\})\bigcap A=\varnothing$$

이므로 A의 도집합의 원소가 아니다. 비슷한 방법으로, c도 A의 도집합의 원소가 아님을 보일 수 있다. 한편, b,d,e가 A'의 원소임을 임의의 열린근방에 대해 모두 확인하여 보일 수 있다. □

다음 정리는 폐포와 도집합 사이의 아주 중요한 관계를 말해준다.

정리 2.3.3 위상공간 $(X,\mathfrak{I}_X)$의 부분집합 A에 대하여, 다음 등식이 성립한다.

$$\overline{A}=A\bigcup A'$$

증명 $(\supseteq)$ 정의의 의해 $A\subset\overline{A}$이므로 $A'\subset\overline{A}$인 것만 증명하면 된다. 실제로, $x\in A'$이면 정의의 의해 x의 임의의 열린근방 U_x에 대하여

$$U_x\bigcap(A-\{x\})\neq\varnothing$$

이다. 따라서 당연히 $U_x\bigcap A\neq\varnothing$이다. [보조정리 2.2.4 (1)]에 의해 이것은 $x\in\overline{A}$임을 의미한다.

($\supseteq$) 반대로 $x \in \overline{A}$일 때, $x \in A$라면 증명이 완료된 것이므로 $x \notin A$라 가정하자. 한편, x는 A의 폐포의 원소이므로 x의 임의의 열린근방 U_x에 대하여 $U_x \bigcap A \neq \varnothing$이다. 하지만 $x \notin A$이므로 이 식은

$$U_x \bigcap (A - \{x\}) = U_x \bigcap A \neq \varnothing$$

을 의미한다. 따라서 x는 A의 도집합의 원소이다. □

다음 따름정리의 증명은 [정리 2.3.3]에 의해 자명하다.

따름정리 2.3.4 위상공간 $(X, \mathfrak{I}_X)$의 부분집합 A에 대하여, A가 닫힌집합일 필요충분조건은 $A' \subset A$인 것이다.

증명 ($\Rightarrow$) 가정에 의해 $\overline{A} = A$이므로, [정리 2.3.3]에 의해

$$A = \overline{A} = A \bigcup A'$$

이 성립한다. 따라서 $A' \subset A$이다.

($\Leftarrow$) 반대로, $A' \subset A$라면 $\overline{A} = A \bigcup A' = A$이므로 A는 닫힌집합이다. □

[정리 2.2.10], [정리 2.2.11]과 같이 도집합에 관해 다음 성질이 성립한다.

정리 2.3.5 위상공간 $(X, \mathfrak{I}_X)$에 대하여, 다음이 성립한다.

(1) 임의의 두 집합 $A, B \subset X$에 대하여, $A \subset B$이면 $A' \subset B'$

(2) 임의의 두 집합 $A, B \subset X$에 대하여, $(A \bigcup B)' = A' \bigcup B'$

(3) 임의의 두 집합 $A, B \subset X$에 대하여, $(A \bigcap B)' \subset A' \bigcap B'$

(4) 임의의 $\alpha \in J$와 $A_\alpha \subset X$에 대하여,

$$\left(\bigcup_{\alpha \in J} A_\alpha\right)' \supset \bigcup_{\alpha \in J} A_\alpha{}'$$

증명 이 정리의 (1), (3), (4)의 증명은 [정리 2.2.11]과 비슷하다. 따라서 여기서는 (2)의 증명만 한다. 실제로, $A \subset (A \bigcup B)$이고 $B \subset (A \bigcup B)$이므로 위의 (1)에 의해

$$A' \subset (A \bigcup B)', \ B' \subset (A \bigcup B)'$$

이 성립한다. 따라서 $A' \bigcup B' \subset (A \bigcup B)'$이다.

반대로, 만약 $x \notin A' \bigcup B'$이라면 $x \notin A'$이고 $x \notin B'$이다. 따라서

$$(U_x - \{x\}) \bigcap A = \varnothing, \ (V_x - \{x\}) \bigcap B = \varnothing$$

을 만족하는 x의 열린근방 U_x와 V_x가 존재한다. 이때, $W_x = U_x \bigcap V_x$라 하면 W_x는 x의 열린근방이고

$$\begin{aligned}(A \bigcup B) \bigcap (W_x - \{x\}) &= (A \bigcap (W_x - \{x\}) \bigcup (B \bigcap (W_x - \{x\}) \\ &\subset (A \bigcap (U_x - \{x\}) \bigcup (B \bigcap (V_x - \{x\}) = \varnothing\end{aligned}$$

이 성립한다. 따라서 $x \notin (A \bigcup B)'$이고 이것은 $(A \bigcup B)' \subset A' \bigcup B'$을 의미한다.

□

2.3 연습문제

1. $X = \{a, b, c, d, e\}$일 때, X에 다음과 같은 위상 $\mathfrak{I}$를 주자.

$$\mathfrak{I} = \{\varnothing, X, \{a, b\}, \{c, d\}, \{a, b, c, d\}, \{c, d, e\}\}$$

이때, 위상공간 $(X, \mathfrak{I})$에서 $\{a\}$의 도집합 $\{a\}'$을 구하라.

2. 실수의 집합 $\mathbb{R}$에 다음과 같은 위상 $\mathfrak{I}$가 주어져 있다.

$$\mathfrak{I} = \{\mathbb{R}, \varnothing, [0, 1]\}$$

이때, 다음 물음에 답하라.

(1) $A = \left\{\frac{1}{2}, 1\right\}$일 때, A의 도집합 A'을 구하라.

(2) $B = \{2\}$일 때, B의 폐포 $\overline{B}$를 구하라.

(3) $C = [0, 1]$일 때, C의 도집합 C'을 구하라.

3. 집합 X에 다음과 같은 위상 $\mathfrak{I}$가 주어져 있다.

$$\mathfrak{I} = \{X, \varnothing\}$$

이때, 다음 물음에 답하라.

(1) $A=\{x\}\subset X$일 때, A의 도집합 A'을 구하라.

(2) $B=\{x,y\}\subset X$일 때, B의 도집합 B'을 구하라

4. A가 다음과 같을 때, 다음 물음에 답하라.

$$A=\left\{(x,y)\in\mathbb{R}^2 \;\middle|\; \frac{x^2}{3^2}+\frac{y^2}{5^2}\le 1\right\}$$

(1) $\mathbb{R}_l\times\mathbb{R}_l$에서 A의 도집합을 구하라.

(2) $\mathbb{R}_u\times\mathbb{R}_l$에서 A의 도집합을 구하라.

5. $\mathbb{R}_u$에서 $A=\{\sin n \mid n\in\mathbb{Z}\}$의 도집합을 구하라.

6. 실수 전체의 집합 $\mathbb{R}$에 대하여, 기저 $\mathscr{B}$를 다음 두 조건을 만족하는 $\mathbb{R}$의 부분집합들의 모임으로 정의하자.

(i) 임의의 정수 n에 대하여, $\{n\}$이 $\mathscr{B}$의 원소이다.

(ii) 임의의 정수 n과 음이 아닌 모든 정수 k에 대하여, 열린구간

$$(n-3^{-k},n)$$

이 $\mathscr{B}$의 원소이다.

이때, $(\mathbb{R},\mathfrak{I}_{\mathscr{B}})$에 대하여 다음 물음에 답하라.

(1) 집합 $A=\left\{\frac{1}{2}\right\}$의 도집합과 내부를 구하라.

(2) 집합 $B=\left(0,\frac{1}{2}\right)$의 도집합과 내부를 구하라.

7. 2차원 평면 $\mathbb{R}^2$상에서 정의된 거리함수

$$d:\mathbb{R}^2\times\mathbb{R}^2\to\mathbb{R},\; d(\mathbf{x},\mathbf{y})=\begin{cases}0, & \mathbf{x}=\mathbf{y},\\ \max\{\|\mathbf{x}\|,\|\mathbf{y}\|\}, & \mathbf{x}\neq\mathbf{y}\end{cases}$$

를 이용하여 만든 거리위상공간 $(\mathbb{R}^2,d)$에 대하여, 다음 물음에 답하라. 단, 여기서 $\mathbf{x}=(x_1,x_2)$일 때, $\|\mathbf{x}\|=\sqrt{x_1^2+x_2^2}$이다.

(1) $A=\{(0,0)\}$일 때, A의 도집합과 내부를 구하라.

(2) $B=(-1,1)\times[-1,1)$일 때, B의 도집합과 내부를 구하라.

(3) $C=[-3,3]\times\left[-\frac{1}{2},5\right]$일 때, C의 도집합과 내부를 구하라.

8. 2차원 평면 $\mathbb{R}^2$상에서 정의된 거리함수

$$d:\mathbb{R}^2\times\mathbb{R}^2\to\mathbb{R},\ d(\mathbf{x},\mathbf{y})=\begin{cases}0, & \mathbf{x}=\mathbf{y},\\ \|\mathbf{x}\|+\|\mathbf{y}\|, & \mathbf{x}\neq\mathbf{y}\end{cases}$$

를 이용하여 만든 거리위상공간 $(\mathbb{R}^2, d)$에 대하여, 다음 물음에 답하라. 단, 여기서 $\mathbf{x}=(x_1,\ x_2)$일 때, $\|\mathbf{x}\|=\sqrt{x_1^2+x_2^2}$이다.

(1) $A=(0,1]\times(0,1]\cup\{(0,0)\}$일 때, A의 폐포 $\overline{A}$, 내부 A°, 도집합 A', 경계 ∂A를 구하라.

(2) $B=[-1,1]\times[-1,1]$일 때, B의 폐포 $\overline{B}$, 내부 B°, 도집합 B', 경계 ∂A를 구하라.

(3) $C=\{(0,0)\}\cup\left\{\left(\dfrac{(-1)^n}{n},0\right)\ \middle|\ \in\mathbb{N}\right\}$일 때, C의 폐포 $\overline{C}$, 내부 C°, 도집합 C', 경계 ∂C를 구하라.

9. 2차원 평면 $\mathbb{R}^2$상에서 정의된 거리함수

$$d:\mathbb{R}^2\times\mathbb{R}^2\to\mathbb{R},\ d(\mathbf{x},\mathbf{y})=\begin{cases}\|\mathbf{x}-\mathbf{y}\|, & \|\mathbf{x}\|=\|\mathbf{y}\|,\\ \|\mathbf{x}\|+\|\mathbf{y}\|, & \|\mathbf{x}\|\neq\|\mathbf{y}\|\end{cases}$$

를 이용하여 만든 거리위상공간 $(\mathbb{R}^2, d)$에 대하여, 다음 물음에 답하라. 단, 여기서 $\mathbf{x}=(x_1,\ x_2)$일 때, $\|\mathbf{x}\|=\sqrt{x_1^2+x_2^2}$이다.

(1) $A=\left\{(x_1,x_2)\in\mathbb{R}^2\ \middle|\ \dfrac{x_1^2}{3^2}+\dfrac{x_2^2}{5^2}\le 1\right\}$일 때, A의 폐포 $\overline{A}$, 내부 A°, 도집합 A', 경계 ∂A를 구하라.

(2) $B=\left\{(x_1,x_2)\in\mathbb{R}^2\ \middle|\ \dfrac{x_1^2}{5^2}+\dfrac{x_2^2}{3^2}\le 1\right\}$일 때, B의 폐포 $\overline{B}$, 내부 B°, 도집합 B', 경계 ∂B를 구하라.

(3) $C=\{(x_1,x_2)\in\mathbb{R}^2\mid |x_1|+|x_2|\le 1\}$일 때, C의 폐포 $\overline{C}$, 내부 C°, 도집합 C', 경계 ∂C를 구하라.

(4) $D=\{(x_1,x_2)\in\mathbb{R}^2\mid 3|x_1|+2|x_2|\le 1\}$일 때, D의 폐포 $\overline{D}$, 내부 D°, 도집합 D', 경계 ∂D를 구하라.

(5) $E=\{(x_1,x_2)\in\mathbb{R}^2\mid |x_1|+|x_2|\le 1\}\cup\{(0,x_2)\mid |x_2|\ge 1\}\cup\{(x_1,0)\mid |x_1|\ge 1\}$ 일 때, E의 폐포 $\overline{E}$, 내부 E°, 도집합 E', 경계 ∂E를 구하라.

10. 실수의 집합 $\mathbb{R}$의 멱집합 $2^{\mathbb{R}}$의 부분집합

$$\mathscr{S}=\{(a,\ b),\ \{0\}\cup K\mid a<b,\ a,\ b\in\mathbb{R}\}$$

를 고려하자. 단, 여기서

$$K = \left\{ \frac{1}{n} \;\middle|\; n \in \mathbb{N} \right\}$$

를 나타낸다. 부분기저 $\mathscr{S}$에 의해 생성된 위상공간 $(\mathbb{R}, \mathfrak{T}_{\mathscr{S}})$에서 다음을 구하라.

(1) K의 내부 K°

(2) K의 도집합 K'

(3) K의 폐포 $\overline{K}$

(4) K의 경계 ∂K

11. 실수의 집합 $\mathbb{R}$상에서 다음과 같이 정의된 세 기저

$$\mathscr{B}_1 = \{(a, b) \subset \mathbb{R} \mid a, b \in \mathbb{Q},\ a < b\},$$

$$\mathscr{B}_2 = \{[a, b) \subset \mathbb{R} \mid a \in \mathbb{Q}; b \in \mathbb{Q}^c,\ a < b\},$$

$$\mathscr{B}_3 = \{[a, b) \subset \mathbb{R} \mid a \in \mathbb{Q}^c, b \in \mathbb{Q},\ a < b\}$$

에 의해 생성된 위상을 각각 $\mathfrak{T}_1, \mathfrak{T}_2, \mathfrak{T}_3$라 하자. 이때, 다음 물음에 답하라.

(1) $A = [\sqrt{2}, \sqrt{3})$일 때, $\overline{A}, A', A^{\circ}, \partial A$를 구하라.

(2) $B = (0, \sqrt{2})$일 때, $\overline{B}, B', B^{\circ}, \partial B$를 구하라.

(3) $(\mathbb{R}, \mathfrak{T}_1)$이 보통위상공간 $\mathbb{R}_u$와 같음을 보여라.

(4) $\mathfrak{T} = \mathfrak{T}_2 \cap \mathfrak{T}_3$라 할 때, $\mathfrak{T} = \mathfrak{T}_1$임을 보여라.

12. A와 B가 각각 위상공간 $(X, \mathfrak{T}_X)$와 $(Y, \mathfrak{T}_Y)$의 부분집합일 때, 곱위상공간 $(X \times Y, \mathfrak{T}_p)$에서 다음 물음에 답하라.

(1) $(A \times B)^{\circ} = A^{\circ} \times B^{\circ}$임을 보여라.

(2) $(A \times B)' \neq A' \times B'$인 예를 찾아라.

(3) $A \times B - \{(x, y)\} = ((A - \{x\}) \times B) \cup (A \times (B - \{y\}))$임을 보여라.

(4) $(A \times B)' = (A' \times \overline{B}) \cup (\overline{A} \times B')$임을 보여라.

(5) $\partial(A \times B) = (\partial A \times \overline{B}) \cup (\overline{A} \times \partial B)$임을 보여라.

13. 실수의 집합 $\mathbb{R}$상에서 정의된 부분기저

$$\mathscr{S} = \{\{1, 2, 3\}, \{1, 2, 4\}, \mathbb{R}\}$$

와 기저 $\mathscr{B} = \{[n, n+1) \subset \mathbb{R} \mid n \in \mathbb{N}\}$에 대하여, $\mathfrak{T}_1$과 $\mathfrak{T}_2$를 각각 $\mathscr{S}$와 $\mathscr{B}$로 생성된 위상이라 하자. 이때, 다음 물음에 답하라.

(1) 부분기저 $\mathscr{S}$에 의해 생성된 기저 $\mathscr{B}_{\mathscr{S}}$를 구하라.

(2) 위상 $\mathfrak{I}_1$을 구하라.

(3) $A=\{3,4\}$이고 $B=[-\sqrt{5}, \sqrt{5}]$일 때, 곱위상공간 $(\mathbb{R}, \mathfrak{I}_1)\times(\mathbb{R}, \mathfrak{I}_2)$에 대하여 $(A\times B)'$, $\overline{A\times B}$, $(A\times B)^\circ$, $\partial(A\times B)$를 구하라.

14. 실수의 집합 $\mathbb{R}$상에서 정의된 보통위상 $\mathfrak{I}_u$와 여가산위상 $\mathfrak{I}_c$에 대하여, 부분기저 $\mathscr{S}$와 두 집합 A, B가 다음과 같다.

$$\mathscr{S}=\mathfrak{I}_u\cup\mathfrak{I}_c,\ A=(-1,2]-\mathbb{Q}\subset\mathbb{R},\ B=(\sqrt{3}, \sqrt{5}]\subset\mathbb{R}$$

이때, 다음 물음에 답하라.

(1) 위상공간 $(\mathbb{R}, \mathfrak{I}_{\mathscr{S}})$상에서 A의 내부 A°, 폐포 $\overline{A}$, 경계 ∂A를 구하라.

(2) 곱위상공간 $(\mathbb{R}, \mathfrak{I}_c)\times(\mathbb{R}, \mathfrak{I}_u)$상에서 $A\times B$의 내부, 폐포, 경계를 구하라.

15. 정수의 집합 $\mathbb{Z}$상에서 정의된 기저

$$\mathscr{B}=\{\{2m-1,2m,\ 2m+1\},\{2n+1\}\mid m,\ n\in\mathbb{Z}\}$$

에 의해 생성된 위상 $\mathfrak{I}_{\mathscr{B}}$ 와 집합

$$A=\{(1,-1),(1,0),(1,1),(2,0),(2,2)\}\subset\mathbb{Z}\times\mathbb{Z}$$

에 대하여, 다음 물음에 답하라.

(1) 곱위상공간 $(\mathbb{Z}, \mathfrak{I}_{\mathscr{B}})\times(\mathbb{Z}, \mathfrak{I}_{\mathscr{B}})$에서 A를 포함하는 가장 작은 열린집합을 찾아라.

(2) 곱위상공간 $(\mathbb{Z}, \mathfrak{I}_{\mathscr{B}})\times(\mathbb{Z}, \mathfrak{I}_{\mathscr{B}})$에서 A의 폐포, 도집합, 내부, 경계, 외부를 찾아라.

16. 위상공간 $(X,\mathfrak{I})$와 $A\subset X$에 대하여 $\partial A=\overline{A}-A^\circ$라 정의할 때,

$$\partial A=X-(A^\circ\cup A^e)$$

임을 보여라.

(힌트: 임의의 $x\in X-(A^\circ\cup A^e)$에 대하여, $x\notin A^\circ$이고 $x\notin A^e$이다. 만약 $x\notin\overline{A}$이면 폐포의 정의에 의해 $U_x\cap A=\varnothing$을 만족하는 x의 열린근방 U_x가 존재한다. 따라서 $U_x\subset A^c$이므로 $x\in(A^c)^\circ=A^e$이다. 하지만 이것은 $x\notin A^e$라는 사실에 모순이다. 반대로 $x\in\partial A=\overline{A}-A^\circ$에 대하여 $x\in\overline{A}$이고 $x\notin A^\circ$이다. 만약 $x\in A^e=(A^c)^\circ$이라면 $U_x\subset A^c$를 만족하는 x의 열린근방 U_x가 존재한다. 따라서 $U_x\cap A=\varnothing$이므로 $x\notin\overline{A}$이다. 하지만 이것은 $x\in\overline{A}$라는 사실에 모순이다.)

17. 위상공간 $(X,\mathfrak{I})$와 X의 부분집합 A에 대하여, 만약 $x\in A-A'$이면 단집합 $\{x\}$가 부분공간 $(A,\mathfrak{I}_A)$상에서 열린집합임을 보여라.

18. $X = C([0,1]) = \{f : [0,1] \to \mathbb{R} \mid f$가 연속함수$\}$일 때, X상에서 다음과 같이 정의된 두 함수

$$\rho_1(f,g) = \int_0^1 |f(x) - g(x)|dx, \quad \rho_2(f,g) = \max_{x \in [0,1]} |f(x) - g(x)|$$

와

$$A_n = \left\{ f \in X \;\middle|\; f(0) = \frac{1}{n+1} \right\}, \quad n = 0, 1, 2, \cdots$$

에 대하여, 다음 물음에 답하라.

(1) (X, ρ_2)에 대하여, $A_n^\circ = \varnothing$ 임을 보여라.

(힌트: 귀류법을 이용하기 위해 $A_n^\circ \neq \varnothing$ 라고 가정하자. 그러면 $f \in A_n^\circ$ 에 대하여 $B_{\rho_2}(f, \varepsilon) \subset A_n$을 만족하는 $\varepsilon > 0$이 존재한다. 이때, $g(x) = f(x) + \dfrac{\varepsilon}{2}$라 하면 $\rho_2(f,g) = \dfrac{\varepsilon}{2} < \varepsilon$이므로 $g \in B_{\rho_2}(f, \varepsilon)$이다. 하지만

$$g(0) = f(0) + \frac{\varepsilon}{2} = \frac{1}{n+1} + \frac{\varepsilon}{2} \neq \frac{1}{n+1}$$

이므로 모순이다.)

(2) (X, ρ_2)에 대하여, $A_n{}' = A_n$임을 보여라.

(힌트: (i) $f \in A_n$인 경우; 임의의 $B_{\rho_2}(f, \varepsilon)$에 대하여 $g \in X$를 다음 조건을 만족하는 함수라 하자.

$$g(0) = \frac{1}{n+1}, \; g(1) \neq f(1), \; |f(x) - g(x)| \leq \frac{\varepsilon}{2} < \varepsilon$$

예를 들어, $h(x) = \dfrac{\varepsilon}{2}x$일 때, $g(x) = f(x) + h(x)$라 하자. 그러면 $\rho_2(f,g) < \varepsilon$이다. 또한

$$g \in \left(B_{\rho_2}(f, \varepsilon) - \{f\}\right) \cap A_n \neq \varnothing$$

이다. 따라서 $f \in A_n{}'$이다.

(ii) $f \not\in A_n$인 경우; 그러면 $f(0) \neq \dfrac{1}{n+1}$이므로 $f(0) > \dfrac{1}{n+1}$이라 가정해도 된다. 이때,

$$\varepsilon_0 = \frac{1}{2}\left(f(0) - \frac{1}{n+1}\right)$$

라 하자. 그러면 $\left(B_{\rho_2}(f, \varepsilon_0) - \{f\}\right) \cap A_n = \varnothing$ 이다. 실제로, 만약

$$g \in \left(B_{\rho_2}(f, \varepsilon_0) - \{f\}\right) \cap A_n \neq \varnothing$$

라면 $g(0) = \dfrac{1}{n+1}$이고

$$|g(0)-f(0)| \leq \max_{x\in[0,1]}|f(x)-g(x)| < \varepsilon_0$$

이다. 따라서 $f(0)-\varepsilon_0 < g(0) < f(0)+\varepsilon_0$가 성립한다. 한편,

$$f(0)-\varepsilon_0 = f(0)-\frac{1}{2}\left(f(0)-\frac{1}{n+1}\right)=\frac{1}{2}\left(f(0)+\frac{1}{n+1}\right)>\frac{1}{n+1}$$

이므로 $g(0)>\frac{1}{n+1}$이다. 즉 $g(0)\neq\frac{1}{n+1}$이므로 모순이다.)

(3) (X,ρ_2)에 대하여, $\overline{A_n}=A_n$임을 보여라.

(4) $A=\bigcup_{n=0}^{\infty}A_n$이고 $B=\{f\in X \mid f(0)=0\}$일 때, (X,ρ_2)에 대하여 $A^{\circ}=\varnothing$이고 $A'=A\cup B$임을 보여라.

(힌트: $f\in B$일 때, 정의에 의해 $f(0)=0$이다. 또한, 임의의 $B_{\rho_2}(f,\varepsilon)$에 대하여

$$(B_{\rho_2}(f,\varepsilon)-\{f\})\cap A\neq\varnothing$$

이다. 실제로, $\frac{1}{n+1}<\frac{\varepsilon}{2}$을 만족하는 $n\in\mathbb{N}$에 대하여

$$g(x)=f(x)+\frac{1}{n+1},\ x\in[0,1]$$

이라 하자. 그러면

$$g(0)=f(0)+\frac{1}{n+1}=\frac{1}{n+1}$$

이고 g는 f와 다른 연속함수이다. 따라서 $g\in A_n$이다. 또한

$$\rho_2(f,g)=\frac{1}{n+1}<\frac{\varepsilon}{2}<\varepsilon$$

이므로 $g\in B_{\rho_2}(f,\varepsilon)$이다. 따라서 다음이 성립한다.

$$g\in(B_{\rho_2}(f,\varepsilon)-\{f\})\cap A\neq\varnothing$$

즉 $f\in A'$이다.)

(5) (X,ρ_1)에 대하여, $A_n^{\circ}=\varnothing$임을 보여라.

(힌트: 만약 $A_n^{\circ}\neq\varnothing$이라면 $f\in A_n^{\circ}$와 $B_{\rho_1}(f,\varepsilon)\subset A_n$를 만족하는 f와 $\varepsilon>0$가 존재한다. 한편 $\mathfrak{I}_{\rho_1}\subset\mathfrak{I}_{\rho_2}$이므로

$$B_{\rho_2}(f,\delta)\subset B_{\rho_1}(f,\varepsilon)$$

을 만족하는 $\delta>0$가 존재한다. 띠라서 (X,ρ_2)에 대하여 $f\in A_n^{\circ}$이다. 하지만 이것은 위의 (1)에 모순이다.)

(6) (X,ρ_1)에 대하여, $A_n{}'=X$임을 보여라.

(힌트: 상수함수가 아닌 임의의 $f\in X$와 (X,ρ_1)에 대하여, $f\in A_n{}'$이 성립한다.

실제로, 증명을 간단히 하기 위해 $f|_{[0,\delta]}$가 상수함수 $\dfrac{1}{n+1}$이 아니라고 가정하자. 이때, 임의의 $0<\delta<1$에 대하여 $g_\delta:[0,1]\to\mathbb{R}$을 다음과 같이 정의하자.

$$g_\delta(x)=\begin{cases}\dfrac{1}{n+1}, & x=0,\\ \dfrac{1}{n+1}\left(1-\dfrac{x}{\delta}\right)+\dfrac{x}{\delta}f(x), & 0<x\le\delta\\ f(x), & \delta<x\le 1\end{cases}$$

그러면 $g_\delta\neq f$이고 연속함수이며 $g_\delta\in A_n$이다. 또한 다음이 성립한다.

$$\rho_1(f,g_\delta)=\int_0^1|f(x)-g_\delta(x)|dx=\int_0^\delta|f(x)-g_\delta(x)|dx\le A\delta\to 0,\ \delta\to 0$$

단, 여기서 A는 f와 g_δ에 의해 둘러싸인 영역의 넓이를 나타내고 f가 고정된 함수이므로 A는 δ에 의존하지 않는 상계를 가지고 있다. 이제 마지막으로 임의의 $\varepsilon>0$에 대하여 $\rho_1(f,g_\delta)<\varepsilon$를 만족하는 $0<\delta<1$를 택하자. 그러면 다음이 성립한다.

$$g_\delta\in(B_{\rho_1}(f,\varepsilon)-\{f\})\cap A_n\neq\varnothing$$

즉, (X,ρ_1)에 대하여, $f\in A_n{}'$이다.)

19. 위상공간 X와 X의 부분공간 Y에 대하여, A가 Y의 부분집합이라 하자. $A_X{}'$이 A의 X에서의 도집합이고 $A_Y{}'$이 A의 Y에서의 도집합일 때, 다음 등식이 성립함을 보여라.

$$A_Y{}'=A_X{}'\cap Y$$

20. 정수의 집합 $\mathbb{Z}$와 여유한위상공간 $(\mathbb{Z},\mathfrak{I}_f)$에 대하여, $X=\mathbb{Z}\cup\left\{\dfrac{1}{2},\sqrt{2}\right\}$라 하자. 이때, X상에서 다음과 같이 정의된 위상 $\mathfrak{I}$에 대하여 물음에 답하라.

$$\mathfrak{I}=\mathfrak{I}_f\cup\left\{U\cup\left\{\frac{1}{2},\sqrt{2}\right\}\ \middle|\ U\in\mathfrak{I}_f\right\}$$

(1) $A=\left\{\dfrac{1}{2}\right\}$일 때, A의 도집합 A', 내부 A°, 경계 ∂A, 외부 A^e를 구하라.

(2) $B=\left\{\dfrac{1}{2},\sqrt{2}\right\}$일 때, B의 도집합 B', 내부 B°, 경계 ∂B, 외부 B^e를 구하라.

(3) $C=\left\{\dfrac{1}{2},0,1\right\}$일 때, C의 도집합 C', 내부 C°, 경계 ∂C, 외부 C^e를 구하라.

(4) D가 $\mathbb{Z}$의 유한 부분집합일 때, D의 도집합 D', 내부 D°, 경계 ∂D, 외부 D^e

를 구하라.

(5) E가 $\mathbb{Z}$의 무한부분집합일 때, E의 도집합 E', 내부 E°, 경계 ∂E, 외부 E^e를 구하라.

21. 보통위상공간 $\mathbb{R}_u = (\mathbb{R}, \mathfrak{I}_u)$에 대하여, 두 함수 $f, g : \mathbb{R} \to \mathbb{R}_u$가 다음과 같다.

$$f(x) = [x], \quad g(x) = [-x]$$

$\mathbb{R}$상의 부분기저

$$\mathscr{S} = \{f^{-1}(U) \mid U \in \mathfrak{I}_u\} \cup \{g^{-1}(V) \mid V \in \mathfrak{I}_u\}$$

에 의해 생성된 위상을 $\mathfrak{I}_{\mathscr{S}}$ 라 할 때, 위상공간 $(\mathbb{R}, \mathfrak{I}_{\mathscr{S}})$에 대하여 다음 물음에 답하라. 단, 여기서 $[x]$는 x를 넘지 않는 최대정수를 나타낸다.

(1) $A = \left\{\frac{1}{2}\right\}$일 때, A의 도집합 A', 내부 A°, 경계 ∂A, 외부 A^e를 구하라.

(2) $B = \left\{\frac{1}{2}, \sqrt{2}\right\}$일 때, B의 도집합 B', 내부 B°, 경계 ∂B, 외부 B^e를 구하라.

(3) $C = \{-3, -1, 0, 1\}$일 때, C의 도집합 C', 내부 C°, 경계 ∂C, 외부 C^e를 구하라.

(4) $D = \left[\frac{1}{2}, \frac{3}{2}\right)$일 때, D의 도집합 D', 내부 D°, 경계 ∂D, 외부 D^e를 구하라.

(5) $E = [-2022, 0]$일 때, E의 도집합 E', 내부 E°, 경계 ∂E, 외부 E^e를 구하라.

22. 실수의 집합 $\mathbb{R}$상에서 다음과 같이 정의된 기저

$$\mathscr{B} = \{(-a, \sqrt{2}a) \subset \mathbb{R} \mid a \in \mathbb{R}, a > 0\}$$

에 의해 생성된 위상을 $\mathfrak{I}_{\mathscr{B}}$ 라 할 때, 위상공간 $(\mathbb{R}, \mathfrak{I}_{\mathscr{B}})$에 대하여 다음 물음에 답하라.

(1) $A = \left\{\frac{1}{2}\right\}$일 때, A의 도집합 A', 내부 A°, 경계 ∂A, 외부 A^e를 구하라.

(힌트: $A' = \left(-\infty, -\frac{1}{2\sqrt{2}}\right] \cup \left(\frac{1}{2}, \infty\right)$, $\overline{A} = \left(-\infty, -\frac{1}{2\sqrt{2}}\right] \cup \left[\frac{1}{2}, \infty\right)$,

$A^\circ = \varnothing$, $\partial A = \overline{A}$, $A^e = \left(-\frac{1}{2\sqrt{2}}, \frac{1}{2}\right)$)

(2) $B = \left\{\frac{1}{2}, \sqrt{2}\right\}$일 때, B의 도집합 B', 내부 B°, 경계 ∂B, 외부 B^e를 구하라.

(힌트: $B' = \left(-\infty, -\frac{1}{2\sqrt{2}}\right] \cup \left(\frac{1}{2}, \infty\right)$, $\overline{B} = \left(-\infty, -\frac{1}{2\sqrt{2}}\right] \cup \left[\frac{1}{2}, \infty\right)$,

$B^\circ = \varnothing$, $\partial B = \overline{B}$, $B^e = \left(-\frac{1}{2\sqrt{2}}, \frac{1}{2}\right)$)

(3) $C=\mathbb{Z}$일 때, C의 도집합 C', 내부 C°, 경계 ∂C, 외부 C^e를 구하라.

(힌트: $C'=\mathbb{R}-\{0\}$, $\overline{C}=\mathbb{R}$, $C^\circ=\varnothing$, $\partial C=\overline{C}$, $C^e=\varnothing$)

23. 실수의 집합 $\mathbb{R}$상에서 다음과 같이 정의된 기저

$$\mathscr{B}=\{(-a,\sqrt{2}\,a]\subset\mathbb{R}\mid a\in\mathbb{R},\ a>0\}$$

에 의해 생성된 위상을 $\mathfrak{I}_{\mathscr{B}}$ 라 할 때, 위상공간 $(\mathbb{R},\mathfrak{I}_{\mathscr{B}})$에 대하여 다음 물음에 답하라.

(1) $A=\left\{\frac{1}{2}\right\}$일 때, A의 도집합 A', 내부 A°, 경계 ∂A, 외부 A^e를 구하라.

(힌트: $A'=\left(-\infty,-\frac{1}{2\sqrt{2}}\right]\cup\left(\frac{1}{2},\infty\right)$, $\overline{A}=\left(-\infty,-\frac{1}{2\sqrt{2}}\right]\cup\left[\frac{1}{2},\infty\right)$,

$A^\circ=\varnothing$, $\partial A=\overline{A}$, $A^e=\left(-\frac{1}{2\sqrt{2}},\frac{1}{2}\right)$)

(2) $B=\left\{-\sqrt{2},\frac{1}{2}\right\}$일 때, B의 도집합 B', 내부 B°, 경계 ∂B, 외부 B^e를 구하라.

(힌트: $B'=\left(-\infty,-\frac{1}{2\sqrt{2}}\right]\cup\left(\frac{1}{2},\infty\right)$, $\overline{B}=\left(-\infty,-\frac{1}{2\sqrt{2}}\right]\cup\left[\frac{1}{2},\infty\right)$,

$B^\circ=\varnothing$, $\partial B=\overline{B}$, $B^e=\left(-\frac{1}{2\sqrt{2}},\frac{1}{2}\right)$)

(3) $C=\mathbb{Z}$일 때, C의 도집합 C', 내부 C°, 경계 ∂C, 외부 C^e를 구하라.

(힌트: $C'=\mathbb{R}-\{0\}$, $\overline{C}=\mathbb{R}$, $C^\circ=\varnothing$, $\partial C=\overline{C}$, $C^e=\varnothing$)

24. 실수의 집합 $\mathbb{R}$상에서 다음과 같이 정의된 기저

$$\mathscr{B}=\{(-a,\sqrt{2}\,a]\subset\mathbb{R}\mid a\in(0,2)\cup[3,4)\}\cup\{\mathbb{R}\}$$

에 의해 생성된 위상을 $\mathfrak{I}_{\mathscr{B}}$ 라 할 때, 위상공간 $(\mathbb{R},\mathfrak{I}_{\mathscr{B}})$에 대하여 다음 물음에 답하라.

(1) $A=\{0\}$일 때, A의 도집합 A', 내부 A°, 경계 ∂A, 외부 A^e를 구하라.

(힌트: $A'=\mathbb{R}-\{0\}$, $\overline{A}=\mathbb{R}$, $\partial A=\overline{A}$, $A^e=\varnothing$)

(2) $B=\{3\}$일 때, B의 도집합 B', 내부 B°, 경계 ∂B, 외부 B^e를 구하라.

(힌트: $B'=(-\infty,-2]\cup[2\sqrt{2},3)\cup(3,\infty)$, $\overline{B}=(-\infty,-2]\cup[2\sqrt{2},\infty)$,

$B^\circ=\varnothing$, $\partial B=\overline{B}$, $B^e=(-2,2\sqrt{2})$)

(3) $C=(-5,5)$일 때, C의 도집합 C', 내부 C°, 경계 ∂C, 외부 C^e를 구하라.

(힌트: $C'=\mathbb{R}$, $\overline{C}=\mathbb{R}$, $C^\circ=\left(-\frac{5\sqrt{2}}{2},5\right]$,

$\partial C=\left(-\infty,\frac{5\sqrt{2}}{2}\right]\cup[-5,\infty)$, $C^e=\varnothing$)

25. 실수 전체의 집합 $\mathbb{R}$에 대하여, 기저 $\mathscr{B}$를 다음 두 조건을 만족하는 $\mathbb{R}$의 부분집합들의 모임으로 정의하자.

(i) 임의의 정수 n에 대하여, $\{n\}$이 $\mathscr{B}$의 원소이다.

(ii) 임의의 정수 n과 음이 아닌 모든 정수 k에 대하여, 열린구간

$$(n-3^{-k}, n)$$

이 $\mathscr{B}$의 원소이다.

이때, 곱공간 $(\mathbb{R}, \mathfrak{I}_{\mathscr{B}}) \times (\mathbb{R}, \mathfrak{I}_{\mathscr{B}})$에 대하여 다음 물음에 답하라.

(1) $A=\left\{\left(\frac{1}{2}, \frac{1}{3}\right)\right\}$일 때, A의 도집합 A', 내부 A°, 경계 ∂A, 외부 A^{e}를 구하라.

(2) $B=[0,1]\times\{0\}$일 때, B의 도집합 B', 내부 B°, 경계 ∂B, 외부 B^{e}를 구하라.

(3) $C=\left(0, \frac{1}{2}\right)\times\left[-\frac{1}{2}, 1\right)$일 때, C의 도집합 C', 내부 C°, 경계 ∂C, 외부 C^{e}를 구하라.

(힌트: (1) $A'=\left(0, \frac{2}{3}\right]\times\left(0, \frac{2}{3}\right]-\left\{\left(\frac{1}{2}, \frac{1}{3}\right)\right\}$, $A^{\circ}=\varnothing$,

$\partial A=\left(0, \frac{2}{3}\right]\times\left(0, \frac{2}{3}\right]$, $A^{e}=\mathbb{R}^2-\left(0, \frac{2}{3}\right]\times\left(0, \frac{2}{3}\right]$

(2) $B'=(0,1)\times\{0\}$, $B^{\circ}=[0,1]\times\{0\}$, $\partial B=\varnothing$,

$B^{e}=\mathbb{R}^2-[0,1]\times\{0\}$

(3) $C'=\left(0, \frac{2}{3}\right]\times(-1,1)$, $C^{\circ}=\varnothing$, $\partial C=C'=\overline{C}$,

$C^{e}=\mathbb{R}^2-\left(0, \frac{2}{3}\right]\times(-1,1))$

2.4 T_0, T_1, T_2-공간

다음은 닫힌집합의 성질을 응용할 수 있는 경우를 간단히 알아본다. 나중에 이 책의 분리공리 부분에서 이에 대한 자세한 논의를 다시 다룰 예정이다.

정의 2.4.1 위상공간 $(X, \mathfrak{I}_X)$에 대하여, 다음과 같은 분리공리를 정의한다.

(1) 임의의 서로 다른 두 원소 $x, y \in X$에 대하여

$$x \in U,\ y \notin U \text{이거나 또는 } x \notin U,\ y \in U$$

를 만족하는 열린집합 $U \subset X$가 존재할 때, $(X, \mathfrak{I}_X)$가 T_0-**공리를 만족한다**고 말한다.

(2) 임의의 서로 다른 두 원소 $x, y \in X$에 대하여

$$x \in U,\ y \notin U \text{이고 } x \notin V,\ y \in V$$

를 만족하는 두 열린집합 $U, V \subset X$가 존재할 때, $(X, \mathfrak{I}_X)$가 T_1-**공리를 만족한다**고 말한다. 여기서 두 열린집합 U와 V의 교집합은 공집합일 필요가 없다.

(3) 임의의 서로 다른 두 원소 $x, y \in X$에 대하여

$$x \in U,\ y \in V$$

를 만족하는 서로 만나지 않는 두 열린집합 $U, V \subset X$가 존재할 때, $(X, \mathfrak{I}_X)$가 T_2-**공리를 만족한다**고 말한다.

T_0, T_1, T_2-공리를 만족하는 위상공간을 각각 T_0, T_1, T_2-**공간**이라 부르며, T_2-공간은 T_1-공간이고 T_1-공간은 T_0-공간이 됨을 정의를 통해 쉽게 알 수 있다. T_2-공간은 **하우스도르프공간**(Hausdorff space)이란 용어로 더 잘 알려져 있다.

예제 2.4.2

(1) 집합 $X = \{a, b, c\}$에 비이산위상 $\mathfrak{I}_{\text{in}} = \{X, \varnothing\}$을 준 위상공간 $(X, \mathfrak{I}_{\text{in}})$이 T_0-공리를 만족할 수 없음은 자명하다.

(2) 집합 $X = \{a,b,c\}$에 위상

$$\mathfrak{I}_X = \{X, \varnothing, \{a\}\}$$

를 준 위상공간 $(X, \mathfrak{I}_X)$에서는 $b \in U$, $c \notin U$이거나 $b \notin U$, $c \in U$를 만족하는 열린집합 U를 찾을 수 없다. 따라서 $(X, \mathfrak{I}_X)$는 T_0-공리를 만족하지 못한다.

(3) 집합 $X = \{a,b,c\}$에 위상

$$\mathfrak{I}_X = \{X, \varnothing, \{b\}, \{a,b\}, \{b,c\}\}$$

를 준 위상공간 $(X, \mathfrak{I}_X)$는 T_0-공리를 만족하지만 두 원소 b,c에 대하여 T_1-공리를 만족하지 못한다.

(4) 자연수의 집합 $\mathbb{N}$의 부분집합

$$A_n = \{1,2,\dots,n\},\ \ n \in \mathbb{N}$$

을 이용하여 위상

$$\mathfrak{I}_{\mathbb{N}} = \{\mathbb{N}, \varnothing\} \bigcup \{A_n \mid n \in \mathbb{N}\}$$

을 준 위상공간 $(\mathbb{N}, \mathfrak{I}_{\mathbb{N}})$은 T_0-공리를 만족하지만 T_1-공리는 만족하지 못한다. 실제로 $(\mathbb{N}, \mathfrak{I}_{\mathbb{N}})$이 T_1-공리를 만족한다면, 임의의 두 서로 다른 원소 $k,l \in \mathbb{N}$에 대하여

$$k \in U,\ l \notin U \text{이고 } k \notin V,\ l \in V$$

를 만족하는 두 열린집합 $U, V \in \mathfrak{I}_{\mathbb{N}}$를 찾을 수 있어야 한다. 하지만, 만약 $k < l$라면 V는 $A_n = \{1,2,\dots,n\}$의 형태이므로 $n \geq l$가 되어야 한다. 따라서 $k \in V$이고 이것은 V의 필수적인 조건 $k \notin V$와 모순이 된다.

(5) 거리위상공간 $(X, \mathfrak{I}_d)$는 항상 T_2-공리를 만족한다. 실제로 임의의 서로 다른 두 원소 $x,y \in X$에 대하여 $\varepsilon := d(x,y) > 0$라 놓으면

$$B_d\left(x, \frac{\varepsilon}{2}\right) \bigcap B_d\left(y, \frac{\varepsilon}{2}\right) = \varnothing$$

이 성립한다. 따라서 $U = B_d\left(x, \frac{\varepsilon}{2}\right)$와 $V = B_d\left(y, \frac{\varepsilon}{2}\right)$는 T_2-공리의 조건을 만족한다. □

보조정리 2.4.3 위상공간 $(X,\mathfrak{I}_X)$에 대하여, 다음 두 조건은 서로 동치이다.

(1) $(X,\mathfrak{I}_X)$가 T_1-공간이다.

(2) 임의의 원소 $x\in X$에 대하여, 단집합 $\{x\}$가 닫힌집합이다.

증명 (1) ⇒ (2) $y\in X$가 x와 다른 임의의 원소일 때, T_1-공간의 정의에 의해 $x\notin U_y$이고 $y\in U_y$인 y의 열린근방 U_y가 존재한다. 따라서

$$U=\bigcup_{x\neq y\in X} U_y$$

라 놓으면 U는 X의 열린집합이고 $X-\{x\}$와 같다. 즉, $\{x\}$는 닫힌집합이다.

(2) ⇒ (1) 반대로, 임의의 서로 다른 두 원소 $x,y\in X$에 대하여

$$U_x=X-\{y\},\ U_y=X-\{x\}$$

라 놓으면 U_x와 U_y는 각각 x,y의 열린근방이고 T_1-공리의 조건을 만족함을 쉽게 알 수 있다. □

따름정리 2.4.4 위상공간 $(X,\mathfrak{I}_X)$에 대하여, $(X,\mathfrak{I}_X)$가 T_1-공간일 필요충분조건은 임의의 유한집합이 항상 닫힌집합인 것이다. 따라서 X가 유한집합일 때, 모든 T_1-공간은 이산위상공간이다.

증명 $(X,\mathfrak{I}_X)$가 T_1-공간일 때, [보조정리 2.4.3]에 의해 임의의 단집합은 닫힌집합이다. 따라서 [보조정리 2.1.3 (3)]에 의해 X의 임의의 유한 부분집합도 닫힌집합이 되어야 한다. 또한, 임의의 단집합은 유한집합이므로 [보조정리 2.4.3]에 의해 그 역도 성립한다. □

위의 [따름정리 2.4.4]에 의해 모든 T_2-공간의 임의의 유한 부분집합도 역시 닫힌집합이 됨을 알 수 있다. 하지만, 그 역은 일반적으로 성립하지 않는다. 이것은 T_1-공간이면서 T_2-공간이 아닌 예가 존재함도 말해준다.

예제 2.4.5

실수의 집합 $\mathbb{R}$의 여유한위상공간 $\mathbb{R}_f$는 그 정의에 의해 임의의 유한집합이 닫힌집합이

므로 T_1-공간이다. 하지만, $\mathbb{R}_f$는 T_2-공간이 아니다. 실제로, $\mathbb{R}_f$가 T_2-공간이라면 임의의 서로 다른 두 원소 $x,y \in \mathbb{R}$에 대하여 서로 만나지 않은 x와 y의 열린근방 U_x와 U_y가 존재해야 한다. 하지만

$$\mathbb{R} = \mathbb{R} - \varnothing = \varnothing^c = \left(U_x \bigcap U_y\right)^c = (\mathbb{R} - U_x) \bigcup (\mathbb{R} - U_y)$$

이고 $(\mathbb{R} - U_x) \bigcup (\mathbb{R} - U_y)$는 유한집합이므로 모순이 된다.

비슷한 방법으로 여가산위상공간 $\mathbb{R}_c$도 T_2-공간이 아님을 보일 수 있다. □

T_2-공간에 관해 다음 사실이 성립한다.

정리 2.4.6 다음 명제가 성립한다.

(1) 모든 단순순서집합은 순서위상에 관해 T_2-공간이다.

(2) 공집합이 아닌 임의의 두 위상공간 $(X_1, \mathfrak{I}_1), (X_2, \mathfrak{I}_2)$가 T_2-공간이면 그 곱공간

$$(X_1 \times X_2, \mathfrak{I}_p)$$

도 T_2-공간이고, 그 역도 성립한다.

(3) T_2-공간 $(X, \mathfrak{I}_X)$의 부분공간 A도 T_2-공간이다.

증명 (1)과 (3)의 증명은 자명하므로 (2)만 자세히 증명한다.

(2) 임의의 서로 다른 두 원소 $(a_1, b_1), (a_2, b_2) \in X_1 \times X_2$을 택하면, $a_1 \neq a_2$이거나 $b_1 \neq b_2$이다. 따라서 일반성을 잃지 않고 $a_1 \neq a_2$라 하자. 한편, $(X_1, \mathfrak{I}_1)$는 T_2-공간이므로 서로 만나지 않는 a_1과 a_2의 열린집합 U_{a_1}과 U_{a_2}가 존재한다. 따라서 $U_{a_1} \times X_2$와 $U_{a_2} \times X_2$는 서로 만나지 않는 (a_1, b_1)과 (a_2, b_2)의 열린집합이 된다. 즉, $(X_1 \times X_2, \mathfrak{I}_p)$는 T_2-공리를 만족한다.

공집합인 위상공간은 정의에 의해 항상 T_2-공간이다. 따라서 곱공간은 두 성분 중에서 하나가 공집합이면 다른 성분이 만족하는 분리공리의 수준에 관계없이 항상 T_2-공간이다.

곱공간을 구성하는 각 성분의 위상공간이 모두 공집합이 아닌 경우에는 상황이 크게 달라진다. 실제로, 임의의 서로 다른 두 원소 $a,b \in X_1$과 적당한 원소

$c \in X_2$에 대하여, (a,c)와 (b,c)는 서로 다른 $X_1 \times X_2$의 두 원소이다. 따라서 가정에 의해, (a,c)와 (b,c)의 서로 만나지 않는 열린집합 $U_1 \times V_1, U_2 \times V_2$를 택할 수 있다. 이때, U_1과 U_2는 각각 a,b의 열린근방이다. 한편,

$$U_1 \times V_1 \bigcap U_2 \times V_2 = (U_1 \bigcap U_2) \times (V_1 \bigcap V_2) = \varnothing$$

이고 $c \in V_1 \bigcap V_2 \neq \varnothing$ 이므로 $U_1 \bigcap U_2 = \varnothing$ 이다. 따라서 위상공간 $(X_1, \mathfrak{J}_1)$는 T_2-공간이다. 비슷한 방법으로, $(X_2, \mathfrak{J}_2)$도 T_2-공간임을 보일 수 있다. □

정리 2.4.7 위상공간 $(X, \mathfrak{J}_X)$에 대하여, 다음 두 명제가 서로 동치이다.

(1) $(X, \mathfrak{J}_X)$가 T_2-공간이다.

(2) $\Delta = \{(x,x) \in X \times X \mid x \in X\}$ 라 할 때, Δ는 곱위상공간 $(X \times X, \mathfrak{J}_p)$의 닫힌 부분집합이다([그림 2.4.1]).

증명 (1) ⇒ (2) 증명을 위해, 임의의 원소 $(x,y) \in \Delta^c$을 택하면 $x \neq y$이다. 한편, $(X, \mathfrak{J}_X)$가 T_2-공간이므로 서로 만나지 않는 열린집합 $x \in U_x$와 $y \in V_y$가 존재한다. 따라서 $(U_x \times V_y) \bigcap \Delta = \varnothing$ 이다. 즉, $(x,y) \in U_x \times V_y \subset \Delta^c$이므로 Δ는 닫힌집합이다.

(2) ⇒ (1) 임의의 서로 다른 두 원소 $x, y \in X$를 택하면, $(x,y) \in \Delta^c$이다. 가정에 의해 Δ^c가 열린집합이므로 $(x,y) \in U_x \times V_y \subset \Delta^c$을 만족하는 열린집합 $U_x \times V_y$가 존재한다. 이때, $U_x \bigcap V_y = \varnothing$ 이다. 따라서 $(X, \mathfrak{J}_X)$가 T_2-공간이다. □

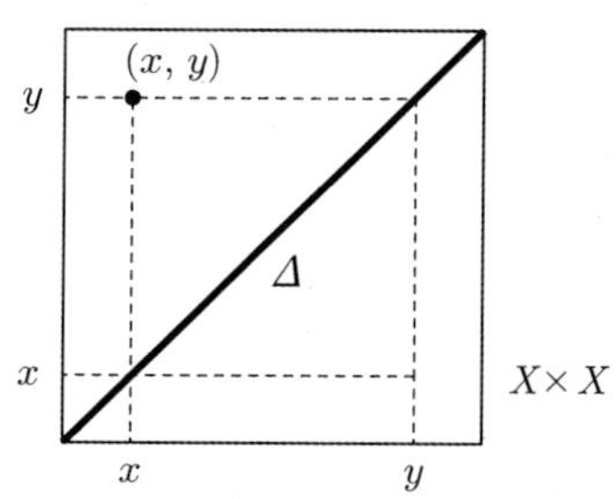

[그림 2.4.1]

T_1-공간에 관해 다음 사실이 성립한다.

정리 2.4.8 위상공간 $(X,\mathfrak{I}_X)$가 T_1-공리를 만족할 때, $x \in X$와 X의 부분집합 A에 대하여 다음 두 명제가 서로 동치이다.

(1) x가 A의 극한점이다.

(2) x의 임의의 열린근방 U_x는 A의 점을 무한히 많이 포함한다.

증명 (2) ⇒ (1) 극한점의 정의에 의해 이 방향의 증명은 자명하다.

(1) ⇒ (2) 귀류법을 이용하기 위해, x와 다른 A의 유한점 $x_1, x_2, \ldots, x_m$만을 포함하는 x의 열린근방 U_x가 존재한다고 가정하자. 이때,

$$V_x = U_x - \{x_1, x_2, \ldots, x_m\}$$

라 놓으면 V_x는 x의 열린근방이고 $V_x \cap (A - \{x\}) = \varnothing$ 이다. 따라서 x는 A의 극한점이 아니므로 모순이다. □

정의 2.4.9 위상공간 $(X,\mathfrak{I}_X)$에서 수열 $\{a_n\}_{n=1}^{\infty}$이 정의되어 있다고 가정하자. $x \in X$의 임의의 열린근방 U_x에 관해 적당한 자연수 N이 존재하여 $n \geq N$인 모든 $a_n \in U_x$일 때, **수열** $\{a_n\}_{n=1}^{\infty}$**이** x**에 수렴한다**고 말한다. 이때, x를 수열 $\{a_n\}_{n=1}^{\infty}$의 **수렴값**이라 한다. 수열이 수렴하지 않는 경우에는 **발산한다**고 말한다.

유클리드 공간에서는 수열이 수렴하면 수렴값은 항상 유일하다. 하지만 일반적인 위상공간에서는 수열이 수렴하는 경우에도 수렴값이 유일하지 않을 수 있다.

예제 2.4.10

(1) 비이산위상공간 $(X,\mathfrak{I}_{\text{in}})$에서 정의된 수열은 항상 수렴하고, X의 모든 원소가 수열의 수렴값이 된다.

(2) $X = \{a,b,c\}$에 위상

$$\mathfrak{I}_X = \{\varnothing, X, \{b\}, \{a,b\}, \{b,c\}\}$$

가 주어진 위상공간 $(X,\mathfrak{I}_X)$에서 정의된 수열 $\{a_n = b\}_{n=1}^{\infty}$는 수렴하고 그 수렴값은 a,b,c로 세 개다. □

T_2-공간에서 정의된 수열의 수렴값에 관한 다음 정리가 성립한다.

정리 2.4.11 위상공간 $(X,\mathfrak{I}_X)$가 T_2-공리를 만족할 때, 임의의 수열 $\{a_n\}_{n=1}^{\infty}$은 많아야 하나의 수렴값을 가진다. 특히, 거리위상공간에서 정의된 수열의 수렴값은 많아야 하나이다.

증명 수열이 발산한다면 수렴값이 없으므로, 수열이 수렴하는 경우에 수렴값이 유일함을 보이면 증명이 완료된다.

귀류법을 이용하기 위해, 수열 $\{a_n\}_{n=1}^{\infty}$이 수렴하고 그 수렴값이 서로 다른 두 원소 $x,y\in X$라고 가정하자. 그러면, $(X,\mathfrak{I}_X)$는 T_2-공리를 만족하므로 서로 만나지 않는 x와 y의 열린근방 $x\in U_x$, $y\in V_y$가 존재하게 된다.

한편, 수열 $\{a_n\}_{n=1}^{\infty}$이 x와 y에 수렴하므로 적당한 자연수 N_1이 존재하여 모든 $n\geq N_1$에 대해 $a_n\in U_x$이고, 또 다른 적당한 자연수 N_2가 존재하여 모든 $n\geq N_2$에 대해 $a_n\in V_y$이다. 이때, $N=\max\{N_1,N_2\}$라 놓으면 이것은 모든 $n\geq N$에 대하여 $a_n\in U_x\cap V_y$가 성립함을 의미한다. 하지만 이것은 $U_x\cap V_y=\varnothing$이라는 사실에 명백히 모순이다. □

2.4 연습문제

1. 여유한위상공간 $(\mathbb{R},\mathfrak{I}_f)$에서 수열 $\left\{1-\dfrac{1}{n}\right\}$의 수렴성을 논하라.

2. 여가산위상공간 $(\mathbb{R},\mathfrak{I}_c)$에서 수열 $\left\{1+\dfrac{1}{n}\right\}$의 수렴성을 논하라.

3. 하극한위상공간 $\mathbb{R}_l$에서 다음 수열의 수렴성을 논하라.

(1) $\left\{\dfrac{1}{n}\right\}$ (2) $\left\{-\dfrac{1}{n}\right\}$ (3) $\left\{\dfrac{(-1)^n}{n}\right\}$

4. 위상공간 X에서 다음 두 명제가 동치임을 보여라.

(1) X가 T_0-공간이다.

(2) 임의의 서로 다른 두 원소 $x,y\in X$에 대하여,

$$x\notin \mathrm{cl}_X(\{y\}) \text{ 또는 } y\notin \mathrm{cl}_X(\{x\})$$

이다.

5. A가 T_1-공간의 유한 부분집합일 때, A의 도집합을 구하라.

6. 2차원 평면 $\mathbb{R}^2$상에 다음과 같은 기저 $\mathscr{B}$을 주어 만든 위상공간 $(\mathbb{R}^2,\mathfrak{I})$를 고려하자.

$$\mathscr{B}=\{[a,b)\times(c,-a]\mid a,b,c\in\mathbb{R},\ a<b,\ c<-a\}$$

이때, 다음 물음에 답하라.

(1) 집합 $A=\{(1,0)\}$의 내부를 구하라.

(2) $A=\{(1,0)\}$일 때, $(1,0)$이 A의 도집합의 원소인지 판별하라.

(3) $A=\{(1,0)\}$이고 $B=\{(x,0)\mid x>1\}$일 때, B가 A의 도집합의 부분집합인가?

(4) $C=\{(x,-x)\mid x\in\mathbb{R}\}$일 때, C의 내부와 도집합을 계산하라.

(5) $D=\{(x,y)\mid y\le -x\}$일 때, D의 내부와 도집합을 계산하라.

(6) 위상공간 $(\mathbb{R}^2,\mathfrak{I})$가 T_0-공간임을 보여라.

(7) 위상공간 $(\mathbb{R}^2,\mathfrak{I})$가 T_1-공간이 아님을 보여라(예를 들어, $p=(0,0)$와 $q=(1,0)$를 고려해 보라).

7. $X=\{a,b,c\}$에 위상

$$\mathfrak{I}=\{\varnothing,X,\{a\},\{b\},\{a,b\},\{b,c\}\}$$

를 주어 만들어진 위상공간 $(X,\mathfrak{I})$가 거리화가능공간인지 판별하라.

8. $(X,\mathfrak{I}_X)$가 T_0-공간일 때, 서로 다른 두 원소 $x,\ y\in X$에 대하여

$$\mathrm{cl}_X(\{x\})\neq \mathrm{cl}_X(\{y\})$$

임을 보여라. 또한, 그 역도 성립함을 보여라.

9. 위상공간 $(X,\mathfrak{I}_X)$를 공집합이 아닌 서로 만나지 않는 두 열린집합의 합집합으로 나타낼 수 없을 때, 다음 물음에 답하라.

(1) $(X,\mathfrak{I}_X)$가 T_1-공간이고 X의 원소의 개수가 2 이상일 때, 임의의 원소 $x\in X$는 $X-\{x\}$의 극한점임을 보여라.

(2) $Y = \{a, b\}$상에 위상

$$\mathfrak{I}_Y = \{\varnothing, Y, \{b\}\}$$

가 주어진 위상공간 $(Y, \mathfrak{I}_Y)$가 T_1-공간인가? 위상공간 $(Y, \mathfrak{I}_Y)$를 공집합이 아닌 서로 만나지 않는 두 열린집합의 합집합으로 나타낼 수 있는가? b가 $Y - \{b\}$의 극한점인가?

10. 함수

$$f : \mathbb{R} \to \mathbb{R}_u, \ f(x) = \begin{cases} x, & x \in \mathbb{Q} \\ 0, & x \in \mathbb{R} - \mathbb{Q} \end{cases}$$

를 이용하여 실수의 집합 $\mathbb{R}$에 다음과 같은 위상

$$\mathfrak{I} = \left\{ f^{-1}(U) \mid U \in \mathbb{R}_u \right\}$$

를 정의하자. 이때, 다음 물음에 답하라. 단, 여기서 $\mathbb{R}_u$는 $\mathbb{R}$상의 보통위상공간을 나타낸다.

(1) $(\mathbb{R}, \mathfrak{I})$상에서 $\mathbb{Q}$의 내부 $\mathbb{Q}^\circ$, 도집합, $\mathbb{Q}'$ 경계 $\partial\mathbb{Q}$를 구하라.

(2) 위상공간 $(\mathbb{R}, \mathfrak{I})$가 T_0, T_1, T_2-공간인지 판별하라.

11. 위상공간 $(X, \mathfrak{I})$가 T_1-공간일 때, X의 임의의 부분집합 A의 도집합 A'이 닫힌집합임을 보여라.

(힌트: $(A')^c$가 열린집합임을 보이자. 이를 위해, 먼저 임의의 $x \in (A')^c$를 택하자. 그러면 도집합의 성질에 의해, $(U_x - \{x\}) \cap A = \varnothing$을 만족하는 x의 열린근방 U_x가 존재한다. 한편 만약 $U_x \cap A' \neq \varnothing$이라면 $y(\neq x) \in U_x \cap A'$가 존재한다. 따라서 $(X, \mathfrak{I})$가 T_1-공간이므로 $x \notin V_y$를 만족하는 y의 열린근방 V_y가 존재한다. 이제, $W_y = U_x \cap V_y$라 하면 W_y는 y의 열린근방이고 $W_y - \{y\} \subset W_y \subset U_x - \{x\}$이므로 $(W_y - \{y\}) \cap A = \varnothing$이다. 하지만 이것은 $y \notin A'$을 의미하므로 모순이다. 즉 $U_x \cap A' = \varnothing$이므로 $U_x \subset (A')^c$이다.)

12. $X = \{1, 2, 3, 4, 5, 6, 7\}$일 때, 기저

$$\mathscr{B} = \{X, \{1, 4, 5\}, \{1\}, \{4\}, \{2, 3\}, \{1, 7\}\}$$

로 생성된 위상공간 $(X, \mathfrak{I}_{\mathscr{B}})$에서 정의된 다음과 같은 수열 $\{a_n\}_{n=1}^{\infty}$의 수렴값을 모두 찾아라.

$$a_n = \begin{cases} 1, & n = \text{홀수}, \\ 4, & n = \text{짝수} \end{cases}$$

13. 실수의 집합 $\mathbb{R}$상에서 다음과 같이 정의된 기저

$$\mathscr{B} = \{(-a, \sqrt{2}a) \subset \mathbb{R} \mid a \in \mathbb{R},\ a > 0\}$$

에 의해 생성된 위상을 $\mathfrak{I}_{\mathscr{B}}$ 라 할 때, 위상공간 $(\mathbb{R}, \mathfrak{I}_{\mathscr{B}})$에 대하여 다음 물음에 답하라.

(1) $(\mathbb{R}, \mathfrak{I}_{\mathscr{B}})$가 T_0, T_1, T_2-공간인지 판별하라. (힌트: T_0-공간이 아니다.)

(2) 다음과 같이 정의된 수열 $\{a_n\}_{n=1}^{\infty}$가 수렴하는지 또는 발산하는지 판별하고, 수렴한다면 수렴값을 모두 찾아라.

$$a_n = \begin{cases} -\sqrt{2}, & n = \text{홀수}, \\ \dfrac{1}{2}, & n = \text{짝수} \end{cases}$$

(힌트: $x \geq 2$이거나 $x \leq -\sqrt{2}$를 만족하는 모든 실수 x가 수열 $\{a_n\}_{n=1}^{\infty}$의 수렴값이다.)

14. 보통위상공간 $\mathbb{R}_u = (\mathbb{R}, \mathfrak{I}_u)$에 대하여, 두 함수 $f, g : \mathbb{R} \to \mathbb{R}_u$가 다음과 같다.

$$f(x) = [x], \quad g(x) = [-x]$$

$\mathbb{R}$상의 부분기저

$$\mathscr{S} = \{f^{-1}(U) \mid U \in \mathfrak{I}_u\} \cup \{g^{-1}(V) \mid V \in \mathfrak{I}_u\}$$

에 의해 생성된 위상을 $\mathfrak{I}_{\mathscr{S}}$ 라 할 때, 위상공간 $(\mathbb{R}, \mathfrak{I}_{\mathscr{S}})$에 대하여 다음 물음에 답하라. 단, 여기서 $[x]$는 x를 넘지 않는 최대정수를 나타낸다.

(1) $(\mathbb{R}, \mathfrak{I}_{\mathscr{S}})$가 T_0, T_1, T_2-공간인지 판별하라. (힌트: T_0-공간이 아니다.)

(2) 다음과 같이 정의된 수열 $\{a_n\}_{n=1}^{\infty}$가 수렴하는지 또는 발산하는지 판별하고, 수렴한다면 수렴값을 모두 찾아라.

(i) $a_n = 1,\ n \in \mathbb{N}$

(ii) $a_n = \dfrac{1}{n},\ n \in \mathbb{N}$

(iii) $a_n = \begin{cases} \dfrac{1}{n}, & n = \text{홀수}, \\ -\dfrac{1}{n}, & n = \text{짝수} \end{cases}$

(힌트: (i) 수렴값은 1 (ii) $0 < x < 1$를 만족하는 모든 실수가 수렴값 (iii) 수렴값 없음)

제3장

연속함수

이 장에서는 두 위상공간 사이에서 정의된 함수의 연속성(continuity)의 정의와 여러 가지 예를 알아본다. 위상수학의 연속함수의 정의는 해석학의 정의를 그 동기로 하고 있으며, 직관적으로는 연속이 아니지만 정의에 의해 연속함수가 되는 많은 예들이 존재하므로 주의가 필요하다.

일대일 대응이 연속이고 그 역함수도 연속인 함수를 위상동형사상(homeomorphism)이라고 한다. 정의역의 위상적인 성질이 위상동형사상을 통해 보존되므로 정의역과 공역의 위상적인 성질이 동일함을 알 수 있다.

3.1 연속함수의 정의

두 위상공간 사이에 정의된 함수의 연속성의 정확한 정의를 주기 전에 그와 같은 정의를 하는 이유를 연속성에 관한 해석학의 정의를 이용하여 설명하면 다음과 같다.

실제로 유클리드 공간 $\mathbb{R}_u$에서 정의된 함수 $f:\mathbb{R}_u \to \mathbb{R}_u$가 $x=x_0$에서 연속이면 임의의 $\varepsilon>0$에 대하여 다음을 만족하는 양의 실수 $\delta=\delta(x_0,\varepsilon)$가 존재한다.

$$|x-x_0|<\delta \;\Rightarrow\; |f(x)-f(x_0)|<\varepsilon$$

이때, 위의 부등호를 열린구간을 이용하여 다시 표현하면

$$x\in(x_0-\delta,x_0+\delta)=U \;\Rightarrow\; f(x)\in(f(x_0)-\varepsilon,f(x_0)+\varepsilon)=V$$

이 되고 이것은

$$f(U)\subset V$$

임을 의미한다. 한편, 두 조건 $f(U)\subset V$와 $U\subset f^{-1}(V)$는 서로 동치이다. 따라서 함수의 연속성을 보일 때, 상황에 따라 이 두 조건 중에서 편리한 조건을 이용하면 된다. 실제로, 만약 $f(U)\subset V$이면

$$U\subset f^{-1}(f(U))\subset f^{-1}(V)$$

이므로 $U\subset f^{-1}(V)$가 성립한다. 반대로, 만약 $U\subset f^{-1}(V)$이면

$$f(U)\subset f(f^{-1}(V))\subset V$$

이므로 $f(U)\subset V$가 성립한다.

정의 3.1.1 두 위상공간 $(X,\mathfrak{I}_X)$, $(Y,\mathfrak{I}_Y)$와 그 사이에서 정의된 함수

$$f:(X,\mathfrak{I}_X) \to (Y,\mathfrak{I}_Y)$$

에 대하여, 다음 정의가 성립한다.

(1) 임의의 원소 $V\in\mathfrak{I}_Y$의 f의 역상 $f^{-1}(V)$가 $\mathfrak{I}_X$의 원소이면 f가 **연속**이라 한다.

(2) X의 원소 x와 $f(x)$의 임의의 열린근방 V에 대하여,

$$f(U)\subset V$$

를 만족하는 x의 열린근방 U가 존재할 때 **f가 x에서 연속**이라 한다.

만약 Y의 위상 $\mathfrak{I}_Y$가 기저 $\mathscr{B}$나 부분기저 $\mathscr{S}$에 의해 생성되는 경우에는, $f:(X,\mathfrak{I}_X) \to (Y,\mathfrak{I}_Y)$의 연속성을 보이기 위해 기저나 부분기저의 원소에 대해서만 [정의 3.1.1]을 확인해도 충분하다.

보조정리 3.1.2 두 위상공간 $(X,\mathfrak{I}_X)$, $(Y,\mathfrak{I}_Y)$와 함수 $f:(X,\mathfrak{I}_X)\to(Y,\mathfrak{I}_Y)$에 대하여, $\mathfrak{I}_Y$가 기저 $\mathscr{B}$에 의해 생성된다고 가정하자. 이때, 다음 두 명제는 서로 동치이다.

(1) f가 연속이다.

(2) 임의의 기저원소 $B\in\mathscr{B}$에 대하여, $f^{-1}(B)\in\mathfrak{I}_X$이다.

증명 (1) ⇒ (2) 가정에 의해 위상 $\mathfrak{I}_Y=\mathfrak{I}_{\mathscr{B}}$ 이므로 $B\in\mathscr{B}$도 Y에서 열린집합이다. 따라서 f가 연속이므로 정의에 의해 $f^{-1}(B)\in\mathfrak{I}_X$이다.

(2) ⇒ (1) 임의의 열린집합 $V\in\mathfrak{I}_Y$는

$$V=\bigcup_{\alpha\in J}B_\alpha,\ B_\alpha\in\mathscr{B}$$

로 표현할 수 있다. 한편,

$$f^{-1}(V)=f^{-1}(\bigcup_{\alpha\in J}B_\alpha)=\bigcup_{\alpha\in J}f^{-1}(B_\alpha)$$

이고 가정에 의해 $f^{-1}(B_\alpha)\in\mathfrak{I}_X$이다. 따라서 위상의 정의에 의해 $f^{-1}(V)\in\mathfrak{I}_X$이다. 즉, f는 연속함수이다. □

보조정리 3.1.3 두 위상공간 $(X,\mathfrak{I}_X), (Y,\mathfrak{I}_Y)$와 함수 $f:(X,\mathfrak{I}_X) \to (Y,\mathfrak{I}_Y)$에 대하여, $\mathfrak{I}_Y$가 부분기저 $\mathscr{S}$에 의해 생성된다고 가정하자. 이때, 다음 두 명제는 서로 동치이다.

(1) f가 연속이다.

(2) 임의의 부분기저원소 $S \in \mathscr{S}$에 대하여, $f^{-1}(S) \in \mathfrak{I}_X$이다.

증명 (1) ⇒ (2) 가정에 의해 위상 $\mathfrak{I}_Y = \mathfrak{I}_{\mathscr{S}}$ 이므로 $S \in \mathscr{S}$도 Y에서 기저원소이다. 따라서 [보조정리 3.1.2]와 f의 연속성에 의해, $f^{-1}(S) \in \mathfrak{I}_X$이다.

(2) ⇒ (1) 임의의 기저원소 $B \in \mathscr{B}_{\mathscr{S}}$ 는

$$B = S_1 \bigcap S_2 \bigcap \cdots \bigcap S_k,\ \ S_i \in \mathscr{S},\ \ i = 1,2,\ldots,k,\ \ k \ge 0 \text{인 정수}$$

로 표현할 수 있다. 한편,

$$f^{-1}(B) = f^{-1}\left(\bigcap_{i=1}^{k} S_i\right) = \bigcap_{i=1}^{k} f^{-1}(S_i)$$

이다. 가정에 의해 모든 $i = 1,2,\ldots,k$에 관해 $f^{-1}(S_i) \in \mathfrak{I}_X$이므로 위상의 정의를 위의 식 $f^{-1}(B)$에 적용하면 $f^{-1}(B) \in \mathfrak{I}_X$임을 알 수 있다. 따라서 [보조정리 3.1.2]에 의해 f는 연속이다. □

예제 3.1.4

(1) 실수의 집합 $\mathbb{R}$의 보통위상공간 $\mathbb{R}_u$와 하극한위상공간 $\mathbb{R}_l$ 사이에서 정의된 항등함수

$$f:\mathbb{R}_u \to \mathbb{R}_l,\ \ x \mapsto x$$

는 연속함수가 아니다. 실제로 $f^{-1}([a,b)) = [a,b) \notin \mathbb{R}_u$이므로 $\mathbb{R}_l$의 열린집합 $[a,b)$의 f의 역상 $[a,b)$가 $\mathbb{R}_u$의 열린집합이 아니다.

(2) 하지만 다음과 같이 정의된 항등함수 g가 연속함수임을 기저를 이용하여 쉽게 보일 수 있다.

$$g:\mathbb{R}_l \to \mathbb{R}_u,\ \ x \mapsto x$$

(3) 위의 (1)과 (2)를 통해, 항등함수

$$Id:(X,\mathfrak{I}_1) \to (X,\mathfrak{I}_2),\ x \mapsto x$$

가 연속이기 위한 필요충분조건은 정의역의 위상이 공역의 위상보다 더 세밀한 것(즉, $\mathfrak{I}_2 \subset \mathfrak{I}_1$)임을 알 수 있다. □

예제 3.1.5

(1) 보통위상공간 $\mathbb{R}_u$와 하극한위상공간 $\mathbb{R}_l$ 사이에서 정의된 가우스 함수

$$f:\mathbb{R}_l \to \mathbb{R}_u,\ x \mapsto [x]$$

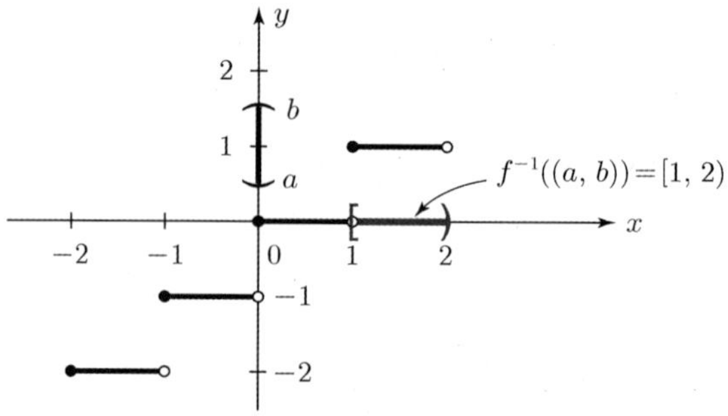

[그림 3.1.1]

는 연속함수이다. 실제로 임의의 기저 $(a,b) \in \mathbb{R}_u$에 대하여 $f^{-1}((a,b))$는 $\varnothing$이거나 $[k,l),\ k<l$이다. 따라서 $f^{-1}((a,b))$는 $\mathbb{R}_l$에서 열린집합이다([그림 3.1.1]).

(2) 하지만 다음과 같이 정의된 가우스 함수

$$g:\mathbb{R}_u \to \mathbb{R}_u,\ x \mapsto [x]$$

는 연속함수가 아니다. 실제로, 예를 들어 $g^{-1}((1/2,3/2))=[1,2) \not\in \mathbb{R}_u$이다. □

예제 3.1.6

보통위상공간 $\mathbb{R}_u$의 부분공간 $X=[0,1]\bigcup(2,3]$와 $Y=[0,2]$에 대하여, 다음과 같이 정의된 함수 $f:X\to Y$는 연속이다([그림 3.1.2]).

$$f(x)=\begin{cases} x, & x\in[0,1], \\ x-1, & x\in(2,3] \end{cases}$$

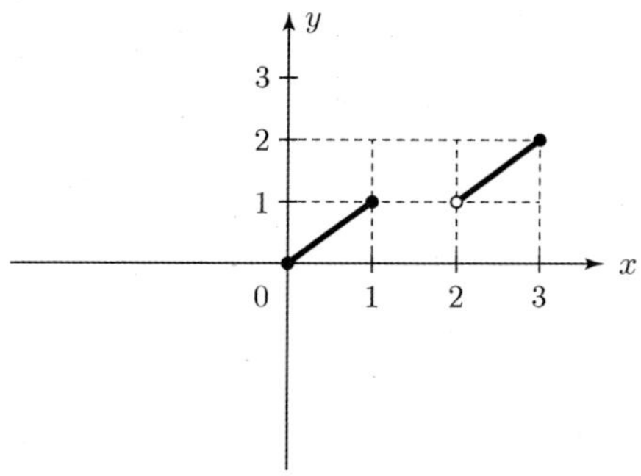

[그림 3.1.2]

[보조정리 3.1.2]에 의해 f가 연속임을 보이기 위해

$$f^{-1}([0,a)),\ 0 < a \leqq 2,\ f^{-1}((c,d)),\ 0 \leqq c < d \leqq 2,\ f^{-1}((e,2]),\ 0 \leqq e < 2$$

가 X의 열린집합임을 보이면 충분하다. 실제로 다음 (1)-(3)에 의해 각각의 경우가 모두 X의 열린집합임을 알 수 있다.

(1) $f^{-1}([0,a)) = \begin{cases} [0,a), & 0 < a \leqq 1, \\ [0,1] \cup (2,a+1), & 1 < a \leqq 2 \end{cases}$

(2) $f^{-1}((c,d)) = \begin{cases} (c,d), & 0 < d \leqq 1, \\ (c+1,d+1), & 1 \leqq c < d \leqq 2, \\ (c,1] \cup (2,d+1), & 0 \leqq c < 1 < d \leqq 2 \end{cases}$

(3) $f^{-1}((e,2]) = \begin{cases} (e,1] \cup (2,3], & 0 \leqq e < 1, \\ (e+1,3], & 1 \leqq e < 2 \end{cases}$ □

예제 3.1.7

두 집합 $X = \{1,2,3\}$와 $Y = \{a,b\}$에 다음과 같은 위상을 준 위상공간 $(X,\mathfrak{I}_X)$, $(Y,\mathfrak{I}_Y)$를 고려하자.

$$\mathfrak{I}_X = \{\varnothing, X, \{1\}, \{2,3\}\},\ \mathfrak{I}_Y = \{\varnothing, Y, \{a\}\}$$

이때, 함수

$$f:(X,\mathfrak{I}_X) \to (Y,\mathfrak{I}_Y),\ f(x) = \begin{cases} a, & x = 1, \\ b, & x = 2, \\ a, & x = 3 \end{cases}$$

는 다음 성질을 만족한다.

(1) $f^{-1}(\{a\}) = \{1,3\} \not\in \mathfrak{I}_X$이므로 f는 X에서 연속이 아니다.

(2) f는 $x=1$에서 연속이다. 실제로, $f(x)=f(1)=a$의 임의의 자명하지 않은 열린근방은 $V=\{a\}$뿐이다. 따라서 $U=\{1\}$이라 놓으면 U는 $x=1$의 열린근방이고

$$U=\{1\} \subset \{1,3\} = f^{-1}(V)$$

를 만족함을 알 수 있다.

(3) f는 $x=2$에서 연속이다. 실제로, $f(x)=f(2)=b$의 임의의 열린근방은 $V=Y$뿐이다. 따라서 $U=\{2,3\}$이라 놓으면 U는 $x=2$의 열린근방이고

$$U=\{2,3\} \subset \{1,2,3\} = f^{-1}(V)$$

를 만족함을 알 수 있다.

(4) 마지막으로 f는 $x=3$에서 연속이 아니다. 실제로, $f(x)=f(3)=a$의 자명하지 않은 열린근방으로 $V=\{a\}$라 놓을 때,

$$U \subset f^{-1}(V)$$

를 만족하는 $x=3$의 열린근방이 존재하지 않는다. □

연속함수에 관해 다음 성질이 성립한다.

정리 3.1.8 두 위상공간 $(X,\mathfrak{I}_X)$, $(Y,\mathfrak{I}_Y)$와 함수 $f:(X,\mathfrak{I}_X) \to (Y,\mathfrak{I}_Y)$에 대하여, 다음 네 명제는 서로 동치이다.

(1) f가 연속이다.

(2) 임의의 집합 $A \subset X$에 대하여, $f(\overline{A}) \subset \overline{f(A)}$이다.

(3) 임의의 닫힌집합 $B \subset Y$에 대하여, $f^{-1}(B)$가 X에서 닫힌집합이다.

(4) 임의의 원소 $x \in X$와 $f(x)$의 임의의 열린근방 V에 대하여,

$$f(U) \subset V$$

를 만족하는 x의 열린근방 U가 존재한다.

증명 위의 네 명제가 서로 동치임을 보이기 위해 다음 순서로 함의(implication)가 성립함을 증명한다.

$$(1) \Rightarrow (2) \Rightarrow (3) \Rightarrow (1), \quad (4) \Rightarrow (1), \quad (1) \Rightarrow (4)$$

(1) ⇒ (2) 임의의 원소 $x \in \overline{A}$에 대하여 $f(x) \in \overline{f(A)}$임을 증명하면 충분하다. 실제로 V가 $f(x)$의 임의의 열린근방일 때, $f^{-1}(V)$는 x의 열린근방이 된다. 한편, $x \in \overline{A}$이므로 $f^{-1}(V) \cap A \neq \varnothing$이다. 따라서

$$f(A) \cap V \neq \varnothing$$

이므로 $f(x) \in \overline{f(A)}$이다.

(2) ⇒ (3) B가 Y의 임의의 닫힌집합일 때, $A = f^{-1}(B)$라 놓자. A가 닫힌집합임을 보이기 위해 $A = \overline{A}$를 보인다. 실제로

$$f(A) = f(f^{-1}(B)) \subset B$$

이므로 $x \in \overline{A}$라면 (2)의 가정에 의해

$$f(x) \in f(\overline{A}) \subset \overline{f(A)} \subset \overline{B} = B$$

가 성립한다. 따라서 $x \in f^{-1}(B) = A$이므로 $x \in A$이다. 즉, $\overline{A} \subset A$이므로 $A = \overline{A}$가 성립한다.

(3) ⇒ (1) V가 Y의 임의의 열린집합일 때, $B = Y - V$는 Y의 닫힌집합이 된다. 한편,

$$f^{-1}(B) = f^{-1}(Y - V) = f^{-1}(Y) - f^{-1}(V) = X - f^{-1}(V)$$

이므로 (3)의 가정에 의해 $X - f^{-1}(V)$는 닫힌집합이다. 이것은 $f^{-1}(V)$가 열린집합임을 의미하므로 f는 X에서 연속이다.

(1) ⇒ (4) $x \in X$와 임의의 열린근방 V에 대하여 $U = f^{-1}(V)$라 하면, f가 연속이므로 U는 x의 열린근방이 된다. 따라서

$$f(U) \subset V$$

를 만족하는 x의 열린근방 U가 존재한다.

(4) ⇒ (1) V가 Y의 공집합이 아닌 임의의 열린집합일 때, $f^{-1}(V)$의 임의의 원소 x는 $f(x) \in V$이므로 V가 $f(x)$의 열린근방이 된다. 따라서 (4)의 가정에 의해

$$f(U) \subset V$$

를 만족하는 x의 열린근방 U가 존재한다. 즉, 임의의 원소 $x \in f^{-1}(V)$에 대하여

$x \in U \subset f^{-1}(V)$를 만족하는 x의 열린집합 U가 존재한다. 따라서 $f^{-1}(V)$가 열린집합이다. □

다음 정리는 거리함수가 거리위상공간을 이용하여 만든 곱공간에서 항상 연속함수임을 말해준다.

정리 3.1.9 거리위상공간 $(X, \mathfrak{I}_d)$를 이용하여 만든 곱공간 $(X \times X, \mathfrak{I}_p)$에 대하여, 거리함수

$$d : (X \times X, \mathfrak{I}_p) \to \mathbb{R}_u, \ (x, y) \mapsto d(x, y)$$

가 연속함수이다.

증명 [정리 3.1.8]에 의해 임의의 원소 $(x_0, y_0) \in X \times X$에서 d가 연속임을 보이면 충분하다. 이를 위해, $z_0 = d(x_0, y_0)$의 임의의 기저원소

$$V = (z_0 - \varepsilon, z_0 + \varepsilon), \ \varepsilon > 0$$

에 대하여 $\delta = \dfrac{\varepsilon}{2} > 0$라 놓으면

$$d(B_d(x_0, \delta) \times B_d(y_0, \delta)) \subset V$$

가 성립한다. 실제로, 만약 $(x, y) \in B_d(x_0, \delta) \times B_d(y_0, \delta)$이면

$$d(x, y) \leq d(x, x_0) + d(x_0, y_0) + d(y_0, y)$$

이므로

$$d(x, y) - d(x_0, y_0) \leq d(x_0, x) + d(y_0, y) < 2\delta = \varepsilon$$

이다. 한편, (x, y)와 (x_0, y_0)의 역할을 바꾸어 위의 논의를 다시 한 번 적용하면

$$d(x_0, y_0) - d(x, y) < \varepsilon$$

이 성립한다. 따라서 $|d(x, y) - d(x_0, y_0)| = |d(x, y) - z_0| < \varepsilon$이 된다. □

다음 정리는 거리위상이 곱공간에서 거리함수가 연속이 되게 하는 가장 작은 위상임을 말해준다.

정리 3.1.10 집합 X에서 정의된 거리함수 d와 위상공간 $(X,\mathfrak{I}_X)$를 이용하여 만든 곱공간 $(X\times X,\mathfrak{I}_p)$에 대하여, 거리함수

$$d:(X\times X,\mathfrak{I}_p)\to \mathbb{R}_u$$

가 연속이면 거리위상 $\mathfrak{I}_d$가

$$\mathfrak{I}_d\subset\mathfrak{I}_X$$

를 만족한다.

증명 증명을 위해, 임의의 $a\in X$에 대하여 다음과 같은 합성함수 f를 고려하자.

$$f:(X,\mathfrak{I}_X)\to(X,\mathfrak{I}_X)\times\{a\}\to\mathbb{R}_u,\ x\mapsto(x,a)\mapsto d(x,a)$$

그러면, f는 연속함수이다. 따라서 임의의 $\varepsilon>0$에 대하여

$$f^{-1}((0-\varepsilon,0+\varepsilon))=\{x\in X\mid d(x,a)<\varepsilon\}=B_d(a,\varepsilon)$$

이 위상공간 $(X,\mathfrak{I}_X)$에서 열린집합이 된다. 이것은 거리위상공간 $(X,\mathfrak{I}_d)$의 임의의 기저원소가 $(X,\mathfrak{I}_X)$에서 열린집합임을 의미하므로

$$\mathfrak{I}_d\subset\mathfrak{I}_X$$

가 성립한다. □

3.1 연습문제

1. 집합 $X=\{1,2,3\}$에 위상

$$\mathfrak{I}=\{\varnothing,X,\{1\},\{2\},\{1,2\},\{2,3\}\}$$

를 준 위상공간 $(X,\mathfrak{I})$와 실수의 집합 $\mathbb{R}$ 사이에 정의된 함수

$$f:\mathbb{R}\to(X,\mathfrak{I}),\ f(x)=\begin{cases}1, & x\geq 0,\\ 2, & x<0\end{cases}$$

가 연속이 되게 하는 $\mathbb{R}$상의 최소의 위상을 찾아라.

2. 집합 $X=\{1,2,3\}$와 보통위상공간 $\mathbb{R}_u$ 사이에 정의된 함수

$$f:\mathbb{R}_u \to X,\ f(x)=\begin{cases}1, & x<0,\\ 2, & x=0,\\ 3, & x>0\end{cases}$$

가 연속이 되게 하는 X상의 최대의 위상을 찾아라.

3. $X=\{1,2,3,4,5\}$이고 $Y=\{a,b,c,d\}$일 때, Y에 다음과 같은 위상

$$\mathfrak{I}_Y=\{\varnothing, Y, \{a,b\}, \{c,d\}\}$$

를 준 위상공간 $(Y,\mathfrak{I}_Y)$에 대하여 다음 두 함수 f와 g가 모두 연속이 되게 하는 X의 최소의 위상을 찾기 위해 다음 물음에 답하라.

$$f:X\to Y,\ f(1)=a,\ f(2)=a,\ f(3)=b,\ f(4)=b,\ f(5)=d$$
$$g:X\to Y,\ g(1)=c,\ g(2)=b,\ g(3)=d,\ g(4)=a,\ g(5)=c$$

(1) $\mathscr{S}=\{f^{-1}(U), g^{-1}(U) \mid U\in\mathfrak{I}_Y\}$가 X상에서 부분기저가 됨을 보여라.

(2) 부분기저 $\mathscr{S}$로 생성된 기저 $\mathscr{B}_{\mathscr{S}}$ 를 구하라.

(3) 기저 $\mathscr{B}_{\mathscr{S}}$ 에 의해 생성된 X상의 위상 $\mathfrak{I}_{\mathscr{S}}$ 가 함수 f와 g 모두가 연속이 되게 하는 최소의 위상임을 보여라.

4. $f:\mathbb{R}_l\to\mathbb{R}_u$가 연속함수일 때, 모든 유리수 $r\in\mathbb{Q}$에서 $f(r)=0$이면 f가 항등적으로 0임을 보여라.

5. 위상공간 X에 대하여, 모든 함수 $f:X\to\mathbb{R}_l$이 연속이면 X가 이산위상공간임을 보여라.

6. 다음 물음에 답하라.

(1) X가 무한집합일 때, 여유한위상공간 $(X,\mathfrak{I}_f)$에 대하여 $f:X\to\mathbb{R}_u$가 연속함수이면 f는 상수함수임을 보여라.

(2) X가 무한집합일 때, 여유한위상공간 $(X,\mathfrak{I}_f)$에 대하여 $f:X\to\mathbb{R}_l$이 연속함수이면 f는 상수함수인지 판별하라.

(3) 함수 $f:\mathbb{R}_u\to\mathbb{R}_l$가 연속함수이면 f가 상수함수인지 판별하라.

7. 다음과 같이 주어진 함수 $f:\mathbb{R}_l\to\mathbb{R}_l$가 연속함수인지 판별하라.

$$f(x)=\begin{cases}x^2+1, & x\ge 1,\\ x+2, & x<1\end{cases}$$

8. 위상공간 $(X, \mathfrak{T}_X)$의 부분공간 A에 대하여, 다음과 같이 정의된 함수

$$\chi_A : (X, \mathfrak{T}_X) \to \mathbb{R}_u, \ \chi_A(x) = \begin{cases} 1, & x \in A, \\ 0, & x \notin A \end{cases}$$

가 연속이 될 필요충분조건을 A를 이용하여 찾아라.

9. 다음 명제가 사실인지 거짓인지 판별하라.

"함수 $f:(X, \mathfrak{T}_X) \to (Y, \mathfrak{T}_Y)$와 $(X, \mathfrak{T}_X)$의 부분공간 A에 대하여, 축소함수 $f|_A$가 연속함수이면 f는 A의 모든 점에서 항상 연속이다."

10. 집합 $X = \{1,2,3\}$에 다음과 같이 두 개의 위상 $\mathfrak{T}_1, \mathfrak{T}_2$가 주어져 있다:

$$\mathfrak{T}_1 = \{\varnothing, X, \{1\}\}, \ \mathfrak{T}_2 = \{\varnothing, X, \{2,3\}\}$$

위상공간 $(X, \mathfrak{T}_1)$과 $(X, \mathfrak{T}_2)$를 이용하여 곱공간 $(X \times X, \mathfrak{T}_p)$를 만들 때, 다음과 같이 정의된 함수 $f:(X \times X, \mathfrak{T}_p) \to (X \times X, \mathfrak{T}_p)$가 연속이 되는 점을 모두 찾아라.

$$f(i,j) = \begin{cases} (1,2), & i = j, \\ (3,2), & i \neq j \end{cases}$$

11. 2차원 평면 $\mathbb{R}^2$상에 다음과 같은 기저 $\mathscr{B}$를 주어 만든 위상공간을 $(\mathbb{R}^2, \mathfrak{T})$라 하자.

$$\mathscr{B} = \{[a,b) \times (c,d] \mid a,b,c,d \in \mathbb{R}, \ a < b, \ c < d\}$$

이때, 다음 물음에 답하라.

(1) 위상공간 $(\mathbb{R}^2, \mathfrak{T})$가 T_2-공간임을 보여라.

(2) 함수

$$f:(\mathbb{R}^2, \mathfrak{T}) \to \mathbb{R}_u, \ f(x,y) = [-x+y]$$

가 불연속이 되는 점을 모두 구하라. 단, 여기서 $[t]$는 t보다 같거나 작은 정수 중에서 가장 큰 정수를 나타낸다.

12. 자연수의 집합 $\mathbb{N}$의 곱집합 $X = \mathbb{N} \times \mathbb{N}$에 다음과 같은 위상 $\mathfrak{T}_f$가 주어져 있다.

$$\mathfrak{T}_f = \{U \subseteq X \mid X - U\text{는 유한집합이거나 또는 전체집합}\}$$

함수 $f: X \to \mathbb{N}$가 $f(m,n) = m+n+5$일 때, $\mathbb{N}$에 위상

$$\mathfrak{T} = \left\{U \subseteq \mathbb{N} \;\middle|\; f^{-1}(U) \in \mathfrak{T}_f\right\}$$

를 주어 만든 위상공간 $(\mathbb{N}, \mathfrak{T})$와 이산위상공간 $(\mathbb{N}, \mathfrak{T}_{\text{dis}})$ 사이에서 정의된 함수

$$g:(\mathbb{N}, \mathfrak{T}) \to (\mathbb{N}, \mathfrak{T}_{\text{dis}}), \ g(n) = \begin{cases} 1, & 1 \le n < 5, \\ 2, & 5 \le n < 10, \\ 3, & n \ge 10 \end{cases}$$

가 $n=7,8,9$에서만 불연속이 됨을 보여라.

13. 함수 $f:\mathbb{R}_f \to \mathbb{R}_u$가 연속일 때, 모든 자연수 n에 대하여 $f(n)=0$이면 f가 항등적으로 0인지 판별하라. 단, 여기서 $\mathbb{R}_f$와 $\mathbb{R}_u$는 각각 실수의 집합 $\mathbb{R}$의 여유한위상과 보통위상을 나타낸다.

14. $X=\{1, 2, 3\}$일 때, 기저 $\mathscr{B}=\{\{1\}, \{1, 2\}, \{3\}\}$로 생성된 위상공간 $(X, \mathfrak{I}_{\mathscr{B}})$와 함수

$$f: (X, \mathfrak{I}_{\mathscr{B}}) \to (X, \mathfrak{I}_{\mathscr{B}})$$

에 대하여, 다음 물음에 답하라.

(1) f가 $x=1$과 $x=3$에서 항상 연속임을 보여라.

(2) $f(2)=1$을 만족하는 연속함수 f의 총개수를 구하라.

(3) $f(2)=2$를 만족하는 연속함수 f의 총개수를 구하라.

(4) $f(2)=3$을 만족하는 연속함수 f의 총개수를 구하라.

15. 실수의 집합 $\mathbb{R}$상에서 정의된 기저

$$\mathscr{B} = \{(a,b)\cap\mathbb{Q}, (c,d) \mid a,b,c,d\in\mathbb{R}, a<b, c<d\}$$

에 의해 생성된 위상공간 $\mathfrak{I}$에 대하여, 다음 물음에 답하라.

(1) $A=\mathbb{Q}$일 때, $A', \overline{A}, A^\circ, \partial A$를 찾아라.

(2) $B=\mathbb{Q}^c$일 때, $B', \overline{B}, B^\circ, \partial B$를 찾아라.

(3) 함수 $f:(X, \mathfrak{I}) \to \mathbb{R}_l$가 연속이고 $f(\mathbb{Q}^c)=\{1\}$일 때, f가 상수함수인지 판별하라. (힌트: 귀류법을 이용한다. 실제로, 만약 f가 상수함수가 아니라면 $f(r_0)>1$을 만족하는 $r_0\in\mathbb{Q}$가 존재한다고 가정해도 일반성을 잃지 않는다. 한편 f가 연속함수이므로 $A=f^{-1}\left(\left[1, \dfrac{f(r_0)+1}{2}\right)\right)$가 열린집합이다. 그리고 가정에 의해 $r_0 \notin A$이고 $\mathbb{Q}^c \subset A$이다. 그런데, A가 열린집합이므로 임의의 $x\in\mathbb{Q}^c$에 대하여 $x\in(c, d)\subset A$를 만족하는 $(c, d)\in\mathscr{B}$가 존재한다. 하지만 이것은 $\mathbb{Q}\subset A$를 의미한다. 즉 $\mathbb{R}\subset A$이다. 따라서 $r_0\notin A$이므로 모순이다.)

16. 함수

$$f:\mathbb{R}\to\mathbb{R},\ f(x)=\begin{cases} x, & x<0, \\ -x+1, & x\geq 0 \end{cases}$$

에 대하여, 다음 물음에 답하라.

(1) $a < b$일 때, 다음 각각의 경우에 대하여 $f^{-1}((a,b))$가 다음과 같이 주어짐을 보여라.

(i) $a \geq 1$; $f^{-1}((a,b)) = \varnothing$

(ii) $0 \leq a < 1 < b$; $f^{-1}((a,b)) = [0, 1-a)$

(iii) $a < 0 < 1 < b$; $f^{-1}((a,b)) = (a, 1-a)$

(iv) $0 \leq a < b \leq 1$; $f^{-1}((a,b)) = (1-b, 1-a)$

(v) $a < 0 < b \leq 1$; $f^{-1}((a,b)) = (a, 0) \cup (1-b, 1-a)$

(vi) $b \leq 0$; $f^{-1}((a,b)) = (a, b) \cup (1-b, 1-a)$

(2) 함수 $f : \mathbb{R}_l \to \mathbb{R}_u$가 연속인지 판별하라.

(3) 함수 $f : \mathbb{R}_l \to \mathbb{R}_l$가 연속인지 판별하라.

17. 임의의 두 위상공간 $(X, \mathfrak{I}_X)$와 $(Y, \mathfrak{I}_Y)$에 대하여, 다음 두 조건이 서로 동치임을 보여라.

(1) 임의의 함수

$$f : (X, \mathfrak{I}_X) \to (Y, \mathfrak{I}_Y)$$

가 연속이다.

(2) $\mathfrak{I}_X$가 이산위상이거나 또는 $\mathfrak{I}_Y$가 비이산위상이다.

18. 집합 $X = \{1, 2, 3, 4, 5\}$와 X상의 기저

$$\mathscr{B} = \{\{1, 2\}, \{2\}, \{3, 4, 5\}, \{2, 3, 4, 5\}, \{4\}, \{1, 2, 4\}, \{2, 4\}\}$$

에 의해 생성된 위상을 $\mathfrak{I}_{\mathscr{B}}$ 라 할 때, 다음 물음에 답하라. 단, $\mathfrak{I}_d$는 이산위상을 나타낸다.

(1) 다음과 같이 정의된 함수 $f : (X, \mathfrak{I}_{\mathscr{B}}) \to (X, \mathfrak{I}_d)$가 연속인지 판별하라.

$$f(1) = f(2) = 1,\ f(3) = f(4) = f(5) = 3$$

(2) 다음 조건을 만족하는 연속함수 h의 총개수를 구하라.

$$h : (X, \mathfrak{I}_{\mathscr{B}}) \to (X, \mathfrak{I}_d),\ h(2) = 1,\ h(4) = 3$$

(힌트: $h(\{1, 2\}) = h(\overline{\{2\}}) \subset \overline{h(\{2\})} = \overline{\{1\}} = \{1\}$이고 $h(\{3, 4, 5\}) = h(\overline{\{4\}}) \subset \overline{h(\{4\})} = \overline{\{3\}} = \{3\}$을 이용하면 h의 총개수는 하나이다.)

19. $X_1 = \{a, b, c, d, e\}$이고 $X_2 = \{1, 2, 3, 4, 5, 6\}$일 때, X_1과 X_2 각각에서 다음과 같이 정의된 기저 $\mathscr{B}_1$과 $\mathscr{B}_2$를 고려하자.

$$\mathscr{B}_1 = \{\{a\}, \{a, b, c\}, \{d, e\}\},\quad \mathscr{B}_2 = \{\{1, 2, 4\}, \{4\}, \{3, 4, 5\}, \{5\}, \{5, 6\}\}$$

이때, 함수

$$f : (X_1, \mathfrak{I}_{\mathscr{B}_1}) \to (X_2, \mathfrak{I}_{\mathscr{B}_2}),\ \ f(a) = f(b) = f(c) = 4,\ f(d) = 3,\ f(e) = k$$

가 연속이 되는 모든 $k \in \{1, 2, 3, 4, 5, 6\}$를 찾아라.

(힌트: $k = 3$)

3.2 연속함수의 예

연속함수에 관해 다음 사실이 성립한다.

정리 3.2.1 임의의 세 위상공간 $(X,\mathfrak{I}_X)$, $(Y,\mathfrak{I}_Y)$, $(Z,\mathfrak{I}_Z)$에 대하여, 다음이 성립한다.

(1) 상수함수

$$f:(X,\mathfrak{I}_X) \to (Y,\mathfrak{I}_Y),\ x \mapsto c_0$$

가 항상 연속함수이다.

(2) $(A,\mathfrak{I}_A)$가 $(X,\mathfrak{I}_X)$의 부분공간일 때, **포함함수**(inclusion map)

$$j:(A,\mathfrak{I}_A) \hookrightarrow (X,\mathfrak{I}_X)$$

가 연속함수이다.

(3) 두 개의 연속함수

$$f:(X,\mathfrak{I}_X) \to (Y,\mathfrak{I}_Y),\ g:(Y,\mathfrak{I}_Y) \to (Z,\mathfrak{I}_Z)$$

의 합성함수 $g \circ f:(X,\mathfrak{I}_X) \to (Z,\mathfrak{I}_Z)$가 연속함수이다.

(4) 임의의 연속함수 $f:(X,\mathfrak{I}_X) \to (Y,\mathfrak{I}_Y)$와 부분공간 $(A,\mathfrak{I}_A) \subset (X,\mathfrak{I}_X)$에 대하여, **축소함수**(또는 **제한함수**) $f|_A:(A,\mathfrak{I}_A) \to (Y,\mathfrak{I}_Y)$가 다시 연속함수이다.

(5) 임의의 연속함수 $f:(X,\mathfrak{I}_X) \to (Y,\mathfrak{I}_Y)$에 대하여 $(f(X),\mathfrak{I}_{f(X)})$가 $(Y,\mathfrak{I}_Y)$의 부분공간일 때,

$$f:(X,\mathfrak{I}_X) \to (f(X),\mathfrak{I}_{f(X)})$$

도 연속함수이다.

(6) 위상공간 $(X,\mathfrak{I}_X)$와 함수 $f:(X,\mathfrak{I}_X) \to (Y,\mathfrak{I}_Y)$에 대하여 다음 두 가지 (i), (ii)가 성립할 때, f는 연속함수이다.

(i) X의 열린집합 U_α, $\alpha \in J$에 대하여,

$$X = \bigcup_{\alpha \in J} U_\alpha$$

이다.

(ii) 모든 $\alpha \in J$에 대하여, $f|_{U_\alpha} : U_\alpha \to (Y, \mathfrak{I}_Y)$가 연속함수이다.

증명 (1) c_0를 포함하는 임의의 열린집합 V에 대하여, $f^{-1}(V) = X \in \mathfrak{I}_X$이다. 따라서 f는 연속이다.

(2) X의 임의의 열린집합 V에 대하여, $V \cap A = j^{-1}(V)$이므로 $j^{-1}(V)$는 부분공간 $(A, \mathfrak{I}_A)$의 열린집합이다. 따라서 j는 연속함수이다.

(3) Z의 임의의 열린집합 U에 대하여,

$$(g \circ f)^{-1}(U) = f^{-1}(g^{-1}(U))$$

이다. 한편, g가 연속이므로 $g^{-1}(U) \in \mathfrak{I}_Y$이고 f가 연속이므로 $(g \circ f)^{-1}(U) \in \mathfrak{I}_X$이다.

(4) 포함함수 j를 이용하면, $f|_A = f \circ j$이므로 (2)와 (3)에 의해 $f|_A$는 연속함수이다.

(5) $f(X)$의 임의의 열린집합 V는 Y의 열린집합 U를 이용하여

$$V = U \cap f(X)$$

로 표현할 수 있다. 한편,

$$f^{-1}(V) = f^{-1}(U \cap f(X)) = f^{-1}(U) \cap X$$

이고 f가 연속이므로 $f^{-1}(U) \in \mathfrak{I}_X$이다 따라서 $f^{-1}(V) \in \mathfrak{I}_X$이다.

(6) Y의 임의의 열린집합 V에 대하여, 각각의 $f|_{U_\alpha}$가 연속이므로

$$\begin{aligned} f^{-1}(V) &= X \cap f^{-1}(V) = (\bigcup_{\alpha \in J} U_\alpha) \cap f^{-1}(V) \\ &= \bigcup_{\alpha \in J} (U_\alpha \cap f^{-1}(V)) \\ &= \bigcup_{\alpha \in J} (f|_{U_\alpha})^{-1}(V) \in \mathfrak{I}_X \end{aligned}$$

이다. 따라서 f가 연속함수이다. □

[정리 3.2.1]의 (6)과 비슷한 맥락으로, 다음 보조정리가 성립하고 **붙임보조정리**(pasting lemma)라 한다.

보조정리 3.2.2 위상공간 $(X,\mathfrak{I}_X)$에 대하여 다음 두 항목이 성립한다고 가정하자.

(1) X가 두 닫힌집합(또는 열린집합) A, B의 합집합으로 표현된다. 즉,

$$X = A \cup B$$

(2) 부분공간 $(A,\mathfrak{I}_A)$와 $(B,\mathfrak{I}_B)$에 대하여, 두 함수

$$f:(A,\mathfrak{I}_A) \to (Y,\mathfrak{I}_Y),\ g:(B,\mathfrak{I}_B) \to (Y,\mathfrak{I}_Y)$$

가 연속함수이다.

모든 $x \in A \cap B$에 대하여 $f(x) = g(x)$일 때, 다음과 같이 정의된 함수

$$h:(X,\mathfrak{I}_X) \to (Y,\mathfrak{I}_Y),\ h(x) = \begin{cases} f(x), & x \in A, \\ g(x), & x \in B \end{cases}$$

가 연속함수이다.

증명 A와 B가 모두 열린집합인 경우의 증명은 닫힌집합의 경우와 비슷하므로 A와 B가 모두 닫힌집합인 경우에만 증명을 한다. 실제로, Y의 임의의 닫힌집합 C에 대하여,

$$h^{-1}(C) = f^{-1}(C) \cup g^{-1}(C)$$

이고 f와 g가 연속이므로 [정리 3.1.8]의 (3)과 [보조정리 2.1.3]에 의해 $f^{-1}(C)$와 $g^{-1}(C)$가 X에서 닫힌집합이다. 따라서 $h^{-1}(C)$는 X의 닫힌집합이고 다시 [정리 3.1.8]의 (3)에 의해 h는 연속함수이다. □

따름정리 3.2.3 순서위상을 가진 순서위상공간 $(Y,\mathfrak{I}_o)$와 두 연속함수

$$f:(X,\mathfrak{I}_X) \to (Y,\mathfrak{I}_o),\ g:(X,\mathfrak{I}_X) \to (Y,\mathfrak{I}_o)$$

에 대하여,

$$h(x) = \max\{f(x), g(x)\},\ k(x) = \min\{f(x), g(x)\},\ x \in X$$

로 정의된 함수 $h, k:(X,\mathfrak{I}_X) \to (Y,\mathfrak{I}_o)$는 모두 연속함수이다.

증명 k가 연속함수임을 보이는 것은 h가 연속함수임을 보이는 것과 비슷하다. 따라서

h가 연속함수임만 보인다. 실제로

$$A = \{x \in X \mid f(x) \geqq g(x)\},\ B = \{x \in B \mid f(x) \leqq g(x)\}$$

일 때, h는

$$h(x) = \max\{f(x), g(x)\} = \begin{cases} f(x),\ x \in A, \\ g(x),\ x \in B \end{cases}$$

이다. 따라서 A와 B가 닫힌집합임을 보이면 [보조정리 3.2.2]에 의해 h는 연속함수가 된다. 증명을 간단히 하기 위해 Y에는 최소원소 a_0와 최대원소 b_0가 존재하지 않는다고 가정하자. 그리고 아래 증명에서는 편의상 $(a_0, z) = \{y \in Y \mid y < z\}$이고 $(z, b_0) = \{y \in Y \mid y > z\}$인 기호를 사용한다.

A가 닫힌집합임을 보이기 위해 A의 여집합

$$A^c = \{x \in X \mid f(x) < g(x)\}$$

가 열린집합임을 보인다. 이를 위해, $A^c \neq \varnothing$이라 가정하고 $x_0 \in A^c$일 때, 다음 두 가지 경우로 나누어 생각한다.

(1) $f(x_0) < z_0 < g(x_0)$를 만족하는 $z_0 \in Y$가 존재하지 않는 경우:
이 경우에는

$$U_1 = f^{-1}((a_0, g(x_0))),\ U_2 = g^{-1}((f(x_0), b_0))$$

라 놓는다. 그러면 $x_0 \in U_1 \cap U_2$이고 $U_i \in \mathfrak{I}_X$, $i = 1, 2$이다. 그뿐만 아니라,

$$U_1 \cap U_2 \subset A^c$$

가 성립한다. 실제로 만약 $z \in U_1 \cap U_2$이면 정의에 의해

$$f(z) < g(x_0),\ f(x_0) < g(z)$$

이다. 하지만 $f(x_0) < z_0 < g(x_0)$를 만족하는 $z_0 \in Y$가 존재하지 않으므로

$$f(z) \leqq f(x_0),\ g(x_0) \leqq g(z)$$

가 성립한다. 따라서 $f(x_0) < g(x_0)$이므로 $f(z) < g(z)$이다. 즉, $z \in A^c$가 성립한다.

(2) $f(x_0) < z_0 < g(x_0)$를 만족하는 $z_0 \in Y$가 존재하는 경우:

이 경우에는

$$U_1 = f^{-1}((a_0, z_0)),\ \ U_2 = g^{-1}((z_0, b_0))$$

라 놓는다. 그러면 $x_0 \in U_1 \cap U_2$이고 $U_i \in \mathfrak{I}_X,\ i = 1,2$이다. 그뿐만 아니라,

$$U_1 \cap U_2 \subset A^c$$

가 성립한다. 실제로 만약 $z \in U_1 \cap U_2$이면 정의에 의해

$$f(z) < z_0 < g(z)$$

이다. 따라서 $f(z) < g(z)$이다. 즉, $z \in A^c$가 성립한다. □

위의 [따름정리 3.2.3]을 적용하면 다음 따름정리가 성립함을 쉽게 알 수 있다.

따름정리 3.2.4 보통위상공간 $\mathbb{R}_u$와 두 연속함수

$$f : (X, \mathfrak{I}_X) \to \mathbb{R}_u,\ \ g : (X, \mathfrak{I}_X) \to \mathbb{R}_u$$

에 대하여,

$$h(x) = \max\{f(x), g(x)\},\ \ k(x) = \min\{f(x), g(x)\},\ \ x \in X$$

로 정의된 함수 $h, k : (X, \mathfrak{I}_X) \to \mathbb{R}_u$는 모두 연속함수이다.

보통위상공간 $\mathbb{R}_u$는 유클리드 공간이기도 하다. 따라서 [따름정리 3.2.4]의 h와 k가 연속임을 보이기 위해

$$h(x) = \max\{f(x), g(x)\} = \frac{f(x) + g(x) + |f(x) - g(x)|}{2}$$

$$k(x) = \min\{f(x), g(x)\} = \frac{f(x) + g(x) - |f(x) - g(x)|}{2}$$

에 $(\varepsilon - \delta)$ 방법을 적용할 수도 있다. 그리고 이 경우에는 [따름정리 3.2.3]의 증명에서 나온 A와 B가 닫힌집합임을 보이기 위해,

$$A = \{x \in X \mid (f - g)(x) \geqq 0\} = (f - g)^{-1}([0, \infty)),$$

$$B = \{x \in X \mid (f-g)(x) \leq 0\} = (f-g)^{-1}((-\infty, 0])$$

라는 사실을 이용할 수도 있다.

정의 3.2.5 두 위상공간 $(X, \mathfrak{J}_X)$, $(Y, \mathfrak{J}_Y)$와 함수 $f:(X, \mathfrak{J}_X) \to (Y, \mathfrak{J}_Y)$에 대하여, 다음 정의가 성립한다.

(1) 임의의 $U \in \mathfrak{J}_X$에 대하여 $f(U) \in \mathfrak{J}_Y$일 때, f를 **열린사상**(open mapping)이라 한다.

(2) X의 임의의 닫힌집합 F에 대하여 $f(F)$가 닫힌집합일 때, f를 **닫힌사상**(closed mapping)이라 한다.

보조정리 3.2.6 두 위상공간 $(X, \mathfrak{J}_X)$, $(Y, \mathfrak{J}_Y)$와 함수 $f:(X, \mathfrak{J}_X) \to (Y, \mathfrak{J}_Y)$에 대하여, 다음 명제가 성립한다.

(1) f가 열린사상일 필요충분조건은 X의 임의의 부분집합 A에 대하여

$$f(A^\circ) \subset f(A)^\circ$$

인 것이다.

(2) f가 닫힌사상일 필요충분조건은 X의 임의의 부분집합 A에 대하여

$$\overline{f(A)} \subset f(\overline{A})$$

인 것이다.

증명 (1) ($\Rightarrow$) 임의의 $A \subset X$에 대하여, $A^\circ \subset A$이다. 따라서 $f(A^\circ) \subset f(A)$이다. 가정에 의해 $f(A^\circ)$이 열린집합이므로 내부의 정의에 의해 $f(A^\circ) \subset f(A)^\circ$이다.

($\Leftarrow$) 반대로 U가 X의 임의의 열린집합일 때, $U = U^\circ$이므로

$$f(U) = f(U^\circ) \subset f(U)^\circ$$

이 성립한다. 한편, $f(U)^\circ \subset f(U)$이므로 $f(U) = f(U)^\circ$이 성립해야 한다. 따라서 f는 열린사상이다.

(2) ($\Rightarrow$) 임의의 $A \subset X$에 대하여, $A \subset \overline{A}$이다. 따라서 $f(A) \subset f(\overline{A})$이다. 가정

에 의해 $f(\overline{A})$가 닫힌집합이므로 폐포의 정의에 의해 $\overline{f(A)} \subset f(\overline{A})$이다.

($\Leftarrow$) 반대로 F가 X의 임의의 닫힌집합일 때, $F=\overline{F}$이므로

$$\overline{f(F)} \subset f(\overline{F}) = f(F)$$

가 성립한다. 한편, $f(F) \subset \overline{f(F)}$이므로 $f(F) = \overline{f(F)}$가 성립해야 한다. 따라서 f는 닫힌사상이다. □

예제 3.2.7

(1) 위상동형사상은 항상 연속이고 열린사상이며 닫힌사상이다([보조정리 3.3.4]).

(2) $X=[0,1] \cup [2,3]$와 $Y=[0,2]$가 보통위상공간 $\mathbb{R}_u$의 부분공간일 때, 함수

$$f: X \to Y,\ f(x) = \begin{cases} x, & 0 \le x \le 1, \\ x-1, & 2 \le x \le 3 \end{cases}$$

는 연속함수이고 닫힌사상이지만 열린사상이 아니다. 실제로, $f([0,1]) = [0,1]$이므로 열린사상이 아니다. 또한 X가 컴팩트공간이고 f가 연속함수이므로 f는 닫힌사상이다([정리 7.2.1]).

(3) $X=\{a,b,c\}$일 때, X상에 다음과 같은 위상 $\mathfrak{I}$를 주자.

$$\mathfrak{I}_1 = \{\varnothing, X, \{a\}, \{a,b\}\}$$
$$\mathfrak{I}_2 = \{\varnothing, X, \{a\}\}$$

그런 다음, 함수 $f:(X,\mathfrak{I}_1) \to (X,\mathfrak{I}_2)$를 다음과 같이 정의하자.

$$f(a)=a,\ f(b)=a,\ f(c)=a$$

그러면 $f(\{c\}) = \{a\}$이고 $\{a\}$는 $(X,\mathfrak{I}_2)$에서 닫힌집합이 아니므로 f는 닫힌사상이 아니다. 하지만 f는 상수함수이므로 연속함수이다. 또한 $(X,\mathfrak{I}_1)$의 임의의 열린집합 U에 대하여, $f(U)$는 $\varnothing$이거나 $\{a\}$ 중에 하나이므로 f는 열린사상이다.

(4) $X=[0,1) \cup [2,3]$와 $Y=[0,2]$가 보통위상공간 $\mathbb{R}_u$의 부분공간일 때, 함수

$$f: X \to Y,\ f(x) = \begin{cases} x, & 0 \le x < 1, \\ x-1, & 2 \le x \le 3 \end{cases}$$

는 연속함수이지만 열린사상도 아니고 닫힌사상도 아니다. 실제로 $f([0,1)) = [0,1)$이므로 닫힌사상이 아니고 $f([2,3]) = [1,2]$이므로 열린사상도 아니다.

(5) 항등함수

$$f:\mathbb{R}_u \to \mathbb{R}_l,\ x \mapsto x$$

는 열린사상이고 닫힌사상이지만 연속함수는 아니다. 실제로, 하극한위상은 보통위상보다 완벽하게 세밀하므로 f는 열린사상이지만 연속함수는 아니다. 또한 보통위상공간 $\mathbb{R}_u$의 임의의 닫힌집합 C에 대하여 $\mathbb{R}-C$는 $\mathbb{R}_u$에서 열린집합이므로 $\mathbb{R}-C$는 하극한위상공간 $\mathbb{R}_l$에서도 열린집합이다. 즉 C가 $\mathbb{R}_l$에서 닫힌집합이다. 따라서 항등함수 f는 닫힌사상이다.

(6) 함수

$$f:\mathbb{R}_u \to \mathbb{R}_u,\ f(x)=\begin{cases}1, & x \geq 0,\\ -1, & x<0\end{cases}$$

는 닫힌사상이지만 연속함수도 아니고 열린사상도 아니다. 실제로, 임의의 닫힌집합 $C\subset \mathbb{R}_u$에 대하여 $f(C)$는 다음 집합 중 하나이다.

$$\varnothing,\{1\},\{-1\},\{1,-1\}$$

따라서 f는 닫힌사상이다. 또한 $f((-\infty,0))=\{-1\}$이고 $\{-1\}$는 $\mathbb{R}_u$에서 열린집합이 아니므로 f는 열린사상이 아니고, $f^{-1}((0,2))=[0,\infty)$이고 $[0,\infty)$는 $\mathbb{R}_u$에서 열린집합이 아니므로 f가 연속함수가 아니다. 닫힌사상이지만 연속함수도 아니고 열린사상도 아닌 다른 예도 존재한다. 이를 위해 $X=\{a,b,c\}$일 때, X상에 다음과 같은 위상 $\mathfrak{I}_1$과 $\mathfrak{I}_2$를 주자.

$$\mathfrak{I}_1=\{\varnothing,X,\{b\}\}$$
$$\mathfrak{I}_2=\{\varnothing,X,\{a\},\{c\},\{a,b\},\{a,c\}\}$$

그런 다음, 함수 $f:(X,\mathfrak{I}_1)\to(X,\mathfrak{I}_2)$를 다음과 같이 정의하자.

$$f(a)=b,\ f(b)=b,\ f(c)=c$$

그러면 $f^{-1}(\{c\})=\{c\}$이고 $\{c\}\not\in\mathfrak{I}_1$이므로 f는 연속함수가 아니다. 또한 $f(\{b\})=\{b\}\not\in\mathfrak{I}_2$이므로 f가 열린사상이 아니다. 하지만 $(X,\mathfrak{I}_1)$의 임의의 닫힌집합 C에 대하여, $f(C)$는 $\varnothing$이거나 $\{b,c\}$ 중에 하나이므로 f는 닫힌사상이다.

(7) $X=\{a,b,c\}$이고 $Y=\{a,b\}$일 때, X와 Y상에 각각 다음과 같은 위상 $\mathfrak{I}_1$과 $\mathfrak{I}_2$를 주자.

$$\mathfrak{I}_1 = \{\varnothing, X, \{a\}, \{b,c\}\}$$
$$\mathfrak{I}_2 = \{\varnothing, Y, \{a\}\}$$

그런 다음, 함수 $f:(X,\mathfrak{I}_1) \to (Y,\mathfrak{I}_2)$를 다음과 같이 정의하자.

$$f(a) = a,\ f(b) = b,\ f(c) = a$$

그러면 $f^{-1}(\{a\}) = \{a,c\}$이고 $\{a,c\} \notin \mathfrak{I}_1$이므로 f는 연속함수가 아니다. 또한 $f(\{a\}) = \{a\}$이고 $\{a\}$는 $\mathfrak{I}_2$에서 닫힌집합이 아니므로 f가 닫힌사상이 아니다. 하지만 $(X,\mathfrak{I}_1)$의 임의의 열린집합 U에 대하여 $f(U)$는 $\varnothing, \{a\}, Y$ 중의 하나이다. 따라서 f는 열린사상이다.

(8) 함수

$$f:\mathbb{R}_u \to \mathbb{R}_u,\ f(x) = \begin{cases} x, & x < 0, \\ x+1, & x \geq 0 \end{cases}$$

는 닫힌사상, 연속함수, 그리고 열린사상이 모두 아니다. 실제로,

$$f((-1,1)) = (-1,0) \cup [1,2)$$

이고 $(-1,0) \cup [1,2)$는 $\mathbb{R}_u$에서 열린집합이 아니므로 f는 열린사상이 아니고,

$$f([-1,1]) = [-1,0) \cup [1,2]$$

이고 $[-1,0) \cup [1,2]$는 $\mathbb{R}_u$에서 닫힌집합이 아니므로 f가 닫힌사상도 아니다. 또한 $f^{-1}((0,2)) = [0,1) \notin \mathbb{R}_u$이므로 f가 연속함수가 아니다. □

위에서 언급한 예를 표로 요약하면 다음과 같다.

연속성	닫힌사상	열린사상	예
Y	Y	Y	(1)
Y	Y	N	(2)
Y	N	Y	(3)
Y	N	N	(4)
N	Y	Y	(5)
N	Y	N	(6)
N	N	Y	(7)
N	N	N	(8)

이 절의 마지막 정리로 다음을 증명한다.

정리 3.2.8 위상공간 $(A,\mathfrak{I}_A)$, $(X,\mathfrak{I}_X)$, $(Y,\mathfrak{I}_Y)$와 곱공간 $(X\times Y,\mathfrak{I}_p)$에 대하여, 함수

$$f:(A,\mathfrak{I}_A)\to(X\times Y,\mathfrak{I}_p),\ a\mapsto(f_1(a),f_2(a))$$

가 연속함수일 필요충분조건은

$$f_1:(A,\mathfrak{I}_A)\to(X,\mathfrak{I}_X),\ f_2:(A,\mathfrak{I}_A)\to(Y,\mathfrak{I}_Y)$$

가 모두 연속인 것이다.

증명 첫 번째와 두 번째 성분으로의 사영사상

$$\pi_1:X\times Y\to X,\ (x,y)\mapsto x,$$
$$\pi_2:X\times Y\to Y,\ (x,y)\mapsto y$$

는 연속함수이고 열린사상이다. 따라서 $f_1=\pi_1\circ f$와 $f_2=\pi_2\circ f$는 연속함수이다.

반대로 임의의 열린집합 $U\times V\in\mathfrak{I}_p$에 대하여,

$$f^{-1}(U\times V)=f_1^{-1}(U)\cap f_2^{-1}(V)$$

이므로 f_1과 f_2가 연속일 때, f도 연속이다. □

3.2 연습문제

1. $\{A_\alpha \mid \alpha \in \Gamma\}$가 $X = \bigcup_{\alpha \in \Gamma} A_\alpha$를 만족하는 X의 부분집합들의 모임일 때, 함수 $f : X \to Y$를 고려하자. 각각의 $\alpha \in \Gamma$에 대하여 축소함수 $f|_{A_\alpha}$가 연속일 때, 다음 물음에 답하라.

(1) Γ가 유한집합이고 모든 $\alpha \in \Gamma$에 대하여 A_α가 닫힌집합일 때, f가 연속임을 보여라.

(2) Γ가 가산집합이고 모든 $\alpha \in \Gamma$에 대하여 A_α가 닫힌집합이지만 f가 연속이 아닌 예를 찾아라.

2. 다음과 같이 정의된 함수가 연속인지 판별하라.

(1) $f : \mathbb{R}_u^2 \to \mathbb{R}_f,\ (x,y) \mapsto xy$

(2) $f : \mathbb{R}_K \times \mathbb{R}_K \to \mathbb{R}_f,\ (x,y) \mapsto x^3 \sin x + e^y \sin y$

3. 다음과 같이 정의된 함수 $f : \mathbb{R}_u \to \mathbb{R}_u$가 연속함수임을 붙임보조정리를 이용하여 보여라.

$$f(x) = \begin{cases} x^3 + \sin\left(\dfrac{\pi x}{2}\right), & x \le 1, \\ -x+3, & x > 1 \end{cases}$$

4. 임의의 위상공간 $(X, \mathfrak{J}_X)$와 T_2-공간 $(Y, \mathfrak{J}_Y)$에 대하여, 두 개의 함수

$$f : (X, \mathfrak{J}_X) \to (Y, \mathfrak{J}_Y), \quad g : (X, \mathfrak{J}_X) \to (Y, \mathfrak{J}_Y)$$

가 연속이라 하자. 이때, 다음 물음에 답하라.

(1) $A = \{x \in X \mid f(x) = g(x)\}$일 때, A가 닫힌집합임을 보여라.
(힌트: 새로운 $h : (X, \mathfrak{J}_X) \to (Y, \mathfrak{J}_Y) \times (Y, \mathfrak{J}_Y)$를 $h(x) = (f(x), g(x))$라 할 때, h는 연속함수이다. 한편, 위상공간 $(Y, \mathfrak{J}_Y)$가 T_2-공간이므로 $\Delta = \{(y,y) \in Y \times Y \mid y \in Y\}$는 곱공간 $(Y, \mathfrak{J}_Y) \times (Y, \mathfrak{J}_Y)$에서 닫힌집합이다. 따라서 $A = h^{-1}(\Delta)$가 닫힌집합이다.)

(2) D가 $(X, \mathfrak{J}_X)$에서 조밀한 부분집합(즉, $\overline{D} = X$)이고 $f|_D = g|_D$일 때, $f = g$임을 보여라.
(힌트: $D \subset A$이고 $\overline{D} = X \subset \overline{A} = A \subset X$임을 이용하라.)

5. 함수

$$f : \mathbb{R}_u \to \mathbb{R}_u, \quad f(x) = |x|$$

가 연속이고 닫힌사상이지만 열린사상은 아님을 보여라.

(힌트: $f((-1,1)) = [0,1)$이므로 f가 열린사상이 아니다. 한편, F가 $\mathbb{R}_u$의 임의의 닫힌 부분집합일 때 다음 등식이 성립한다.

$$\begin{aligned} f(F) &= f(F \cap ((-\infty, 0] \cup [0, \infty))) = f(F \cap (-\infty, 0]) \cup f(F \cap [0, \infty)) \\ &= (-F \cap [0, \infty)) \cup (F \cap [0, \infty)) \end{aligned}$$

이때, $\pm F \cap [0, \infty)$가 $[0, \infty)$에서 닫힌 부분집합이고 또한 $[0, \infty)$가 $\mathbb{R}_u$의 닫힌 부분집합이므로 $\pm F \cap [0, \infty)$가 $\mathbb{R}_u$의 닫힌 부분집합이다. 즉, $f(F)$가 $\mathbb{R}_u$의 닫힌 부분집합이다. 따라서 f가 닫힌사상이다. 단, 여기서 $-F = \{-x \in \mathbb{R} \mid x \in F\}$이다.)

▶ 3.3 · 위상동형사상

> **정의 3.3.1** 두 개의 위상공간 $(X,\mathfrak{I}_X)$와 $(Y,\mathfrak{I}_Y)$에 대하여 전단사함수
>
> $$f:(X,\mathfrak{I}_X) \to (Y,\mathfrak{I}_Y)$$
>
> 가 연속이고 역함수 f^{-1}가 연속일 때, f를 **위상동형사상**(homeomorphism)이라 한다. 두 위상공간 사이에 위상동형사상이 존재할 때, 두 위상공간이 서로 **위상적으로 동형**(homeomorphic)이라 말한다.

예제 3.3.2

(1) 항등함수

$$f:\mathbb{R}_l \to \mathbb{R}_u,\ \ x \mapsto x$$

는 연속함수이고 전단사함수이나 f^{-1}가 연속이 아니므로 위상동형사상이 아니다. 그리고 f는 닫힌사상도 아니다. 실제로 $[a,b)$는 $\mathbb{R}_l$의 닫힌집합이지만 $f([a,b))=[a,b)$는 $\mathbb{R}_u$의 닫힌집합이 아니다.

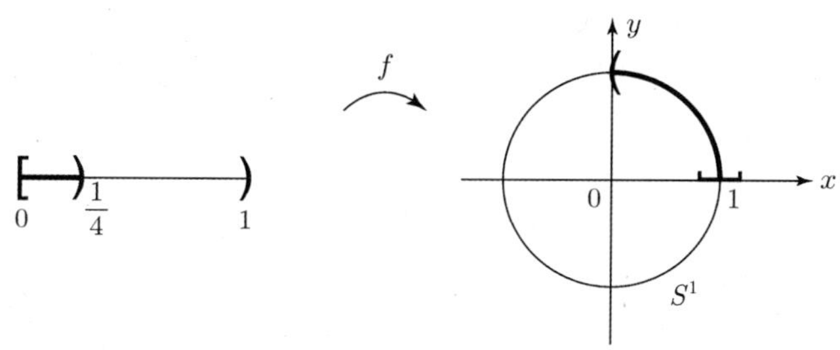

[그림 3.3.1]

(2) $[0,1)$이 보통위상공간 $\mathbb{R}_u$의 부분공간이고

$$S^1=\{(x,y)\in\mathbb{R}^2 \mid x^2+y^2=1\}$$

이 보통위상공간 $\mathbb{R}_u^2$의 부분공간일 때,

$$f:[0,1) \to S^1,\ t \mapsto (\cos(2\pi t), \sin(2\pi t))$$

로 정의된 함수 f는 위상동형사상이 아니다([그림 3.3.1]). 실제로, f는 전단사이고 연속함수이지만 f^{-1}는 연속함수가 될 수 없다. 이를 보기 위해,

$$f\left(\left[0, \frac{1}{4}\right)\right) = \{(x,y) \in S^1 \mid 0 < x \leqq 1,\ y \geqq 0\}$$

에서 $\left[0, \frac{1}{4}\right)$는 $[0,1)$의 열린 부분집합이지만

$$\{(x,y) \in S^1 \mid 0 < x \leqq 1,\ y \geqq 0\}$$

는 S^1의 열린 부분집합이 아님을 알면 된다.

위상동형사상이 연결성분의 개수를 보존한다는 성질을 이용하여 $[0,1)$과 S^1 사이에 위상동형사상이 존재할 수 없음을 보일 수 있다. 실제로 $[0,1)$과 S^1 사이에 위상동형사상 g가 존재한다면 $p = \frac{1}{2} \in [0,1)$와 $g(p)$를 각각 $[0,1)$과 S^1으로부터 제외하여 얻은 축소함수

$$g|_{\left[0,\frac{1}{2}\right) \cup \left(\frac{1}{2},1\right)} : \left[0, \frac{1}{2}\right) \cup \left(\frac{1}{2}, 1\right) \to S^1 - \{g(p)\}$$

도 위상동형사상이다. 하지만 정의역은 연결성분이 2개이고 치역은 연결성분이 1개이므로 $g|_{[0,\frac{1}{2}) \cup (\frac{1}{2},1)}$는 위상동형사상이 될 수 없다.

(3) 연결성분을 이용하는 방법을 통해, 보통위상공간 $\mathbb{R}_u$의 부분공간 $[0,1)$과 $[0,1]$도 서로 위상동형이 될 수 없음을 보일 수 있다([예제 6.4.7 (2)] 참고).

실제로, $[0,1)$과 $[0,1]$사이에 위상동형사상 f가 있다고 가정하자. 이때, 다른 경우의 증명은 비슷하므로 $f(0)=0$인 경우만 고려하면 충분하다. 그러면 f의 축소함수 $g = f|_{(0,1)}$를 통해 $(0,1)$이 $(0,1]$과 위상동형이 된다. 따라서 $g(p)=1$이라 하면 $g|_{(0,p) \cup (p,1)}$에 의해 $(0,p) \cup (p,1)$과 $(0,1)$이 위상동형이다. 하지만 $(0,p) \cup (p,1)$의 연결성분의 개수는 2개이고 $(0,1)$의 연결성분의 개수는 1개이므로 모순이 생긴다.

(4) 연결성분의 방법을 이용하여 다음 그림과 같은 **팔자**(figure eight)는 원과 위상동형이 될 수 없고, **세잎 클로버**(3-leaf clover)는 팔자와 위상동형이 될 수 없음을 보일 수 있다([그림 3.3.2]). □

[그림 3.3.2] 팔자와 세잎 클로버

예제 3.3.3

세 개의 원소로 이루진 집합 $X=\{a,b,c\}$에 다음과 같은 위상 $\mathfrak{I}_X$를 주자.

$$\mathfrak{I}_X=\{\varnothing, X, \{a\}, \{b\}, \{a,b\}\}$$

이때, $(X,\mathfrak{I}_X)$에서 자기 자신으로 가는 위상동형의 총개수는 2개이다. 실제로, 위상동형사상은 열린집합을 열린집합으로 보내는 사상이므로 위상동형사상에 의해 열린집합 $\{a,b\}$는 $\{a,b\}$로 보내져야 한다. 따라서 여기서 2가지 가능성이 생기고, 이때 나머지 원소 c는 c로 대응되어야 한다. 따라서 위상동형사상의 총개수는 2개이다. □

보조정리 3.3.4 모든 위상동형사상

$$f:(X,\mathfrak{I}_X)\to(Y,\mathfrak{I}_Y)$$

는 열린사상이고 닫힌사상이다.

증명 f가 열린사상임을 보이기 위해, 임의의 열린집합 $U\in\mathfrak{I}_X$에 대하여

$$f(U)=(f^{-1})^{-1}(U)$$

임을 이용하자. 실제로 f^{-1}가 연속이므로 $(f^{-1})^{-1}(U)=f(U)$는 열린집합이다.

f가 닫힌사상임을 보이는 것은 열린사상임을 보이는 것과 비슷하다. □

예제 3.3.5

항등함수

$$f:\mathbb{R}_u\to\mathbb{R}_l,\ x\mapsto x$$

는 전단사함수이고 열린사상이며 동시에 닫힌사상이다. 하지만 f가 위상동형사상인 것은

아니다. 따라서 [보조정리 3.3.4]의 역은 일반적으로 성립하지 않는다.

실제로, f는 연속함수가 아니므로 위상동형사상이 아니다. 하지만, $\mathbb{R}_u \subset \mathbb{R}_l$이므로 항등사상 f는 열린사상이다. 또한, C가 $\mathbb{R}_u$의 임의의 닫힌집합일 때, $\mathbb{R}-C$는 $\mathbb{R}_u$의 열린집합이다. 한편 $\mathbb{R}_l$은 $\mathbb{R}_u$보다 세밀하므로 $\mathbb{R}-C$이 $\mathbb{R}_l$에서 열린집합이다. 따라서 $f(C) = C$는 $\mathbb{R}_l$에서 닫힌집합이다. □

정의를 이용하여 다음 보조정리가 성립함을 쉽게 보일 수 있으므로 자세한 증명은 생략한다.

보조정리 3.3.6 다음 명제가 성립한다.

(1) 함수

$$f:(X,\mathfrak{I}_X) \to (Y,\mathfrak{I}_Y)$$

가 전단사이고 연속이며 열린사상(또는 닫힌사상)이면 f는 위상동형사상이다.

(2) 전단사함수

$$f:(X,\mathfrak{I}_X) \to (Y,\mathfrak{I}_Y)$$

가 임의의 $A \subset X$에 대하여 $\overline{f(A)} = f(\overline{A})$이면 f는 위상동형사상이다. 또한 그 역도 성립한다.

증명 (1)은 자명하므로 (2)만 증명한다. 가정에 의해, 임의의 $A \subset X$에 대하여 $\overline{f(A)} = f(\overline{A})$이다. 이것은 특히 $f(\overline{A}) \subset \overline{f(A)}$을 의미한다. 따라서 [정리 3.1.8]에 의해 f는 연속이다. 또한, $\overline{f(A)} \subset f(\overline{A})$가 성립하므로 [보조정리 3.2.6 (2)]에 의해 f는 닫힌사상이다. 따라서 위의 (1)에 의해 f는 위상동형사상이다. 그 역의 증명도 비슷하다. □

예제 3.3.7

함수

$$f:[0,1) \to S^1,\ t \mapsto (\cos(2\pi t), \sin(2\pi t))$$

에 대하여, $(X=[0,1),\mathfrak{I}_X)$가 보통위상공간 $\mathbb{R}_u$의 부분공간이고

$$S^1 = \{(x,y) \in \mathbb{R}^2 \mid x^2+y^2=1\}$$

에 함수 f를 이용하여 다음과 같은 위상 $\mathfrak{I}_{S^1}$을 주자.

$$\mathfrak{I}_{S^1} = \{f(U) \subset S^1 \mid U \in \mathfrak{I}_X\}$$

이때, $f:(X,\mathfrak{I}_X) \to (S^1,\mathfrak{I}_{S^1})$는 위상동형사상이다.

(i) f가 전단사임을 이용하여 $\mathfrak{I}_{S^1}$이 위상이 됨을 쉽게 확인할 수 있다.

(ii) f는 분명히 전단사이고 f^{-1}도 연속이다. 실제로, 임의의 열린집합 $U \in \mathfrak{I}_X$에 대하여 $(f^{-1})^{-1}(U) = f(U) \in \mathfrak{I}_{S^1}$이다.

(iii) f가 연속이다. 실제로, S^1의 임의의 열린집합 $f(U)$, $U \in \mathfrak{I}_X$에 대하여

$$f^{-1}(f(U)) = U \in \mathfrak{I}_X$$

이다.

(iv) [예제 3.3.2] (2)와 같은 방법으로 $(X,\mathfrak{I}_X)$과 $(S^1,\mathfrak{I}_{S^1})$의 사이에 위상동형사상이 존재하지 않음을 증명할 수 없다. 실제로 $p = \frac{1}{2} \in [0,1)$와 $f(p) = (-1,0)$을 각각 $[0,1)$과 S^1으로부터 제외하여 얻은 축소함수

$$f|_{\left[0,\frac{1}{2}\right) \cup \left(\frac{1}{2},1\right)} : \left[0,\frac{1}{2}\right) \cup \left(\frac{1}{2},1\right) \to S^1 - \{f(p)\}$$

가 위상동형사상이고 정의역과 치역의 연결성분이 모두 2개이므로 모순이 생기기 않는다. 사실 $S^1 - \{f(p)\}$를 다음과 같은 서로 만나지 않는 두 개의 열린집합 V_1과 V_2의 합집합으로 나타낼 수 있다.

$$V_1 = \{(x,y) \in S^1 \mid -1 < x \leqq 1,\ y \geqq 0\},$$
$$V_2 = \{(x,y) \in S^1 \mid y < 0\}$$

□

정의 3.3.8 두 개의 위상공간 $(X,\mathfrak{I}_X)$와 $(Y,\mathfrak{I}_Y)$에 대하여, 단사함수

$$f:(X,\mathfrak{I}_X) \to (Y,\mathfrak{I}_Y)$$

가 연속이라 하자. $(Y,\mathfrak{I}_Y)$의 부분공간 $(Z = f(X),\mathfrak{I}_Z)$에 대하여

$$f:(X,\mathfrak{I}_X) \to (Z,\mathfrak{I}_Z)$$

가 위상동형사상일 때, f를 **위상적 매장사상**(topological embedding) 또는 간단히 **매장사상**(embedding or imbedding)이라 한다.

예제 3.3.9

함수 $g:\mathbb{R}\to(0,2\pi)$가 $g(0)=\pi$를 만족하는 증가함수일 때,

$$f:\mathbb{R}_u\to\mathbb{R}_u^2,\ t\mapsto\left(2\cos\left(g(t)-\frac{\pi}{2}\right),\sin 2\left(g(t)-\frac{\pi}{2}\right)\right)$$

의 그래프는 다음 그림과 같은 모양을 가지고 있다([그림 3.3.3], [그림 3.3.4] 참고). 이때, $\mathbb{R}_u^2$의 부분공간 $Z=f(\mathbb{R})$에 대하여 다음이 성립한다.

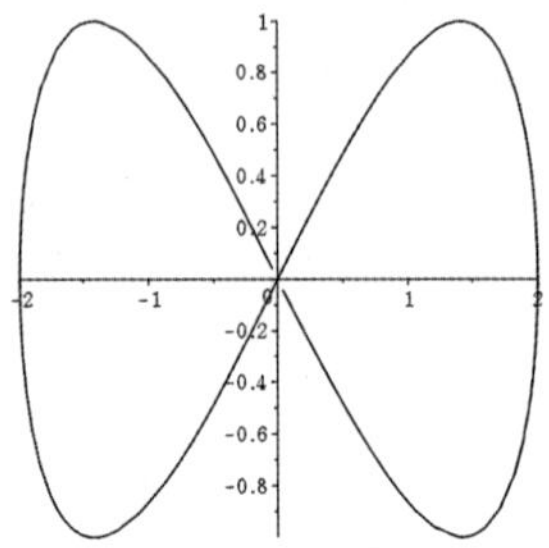

[그림 3.3.3] $g(t)=2\tan^{-1}t+\pi$일 때, $f(t)=(2\cos(2\tan^{-1}t+\frac{\pi}{2}),\sin(4\tan^{-1}t+\pi))$, $-100\le t\le 100$

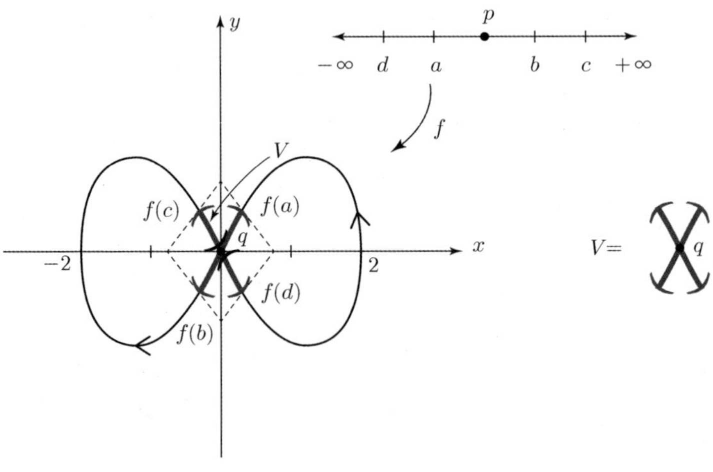

[그림 3.3.4] 함수 f의 그래프 $p=0,\ q=(0,0)$

(i) f는 단사함수이고 연속함수이다. f가 연속함수임을 보이기 위해, $p=0$과 $f(p)=(0,0)=q$에서만 확인하면 충분하다. 실제로, Z에서 q의 열린근방 V는 [그림 3.3.4]와 같고,

$$f^{-1}(V)=(-\infty,d)\cup(a,b)\cup(c,\infty)\in\mathbb{R}_u$$

이다. 따라서 f는 연속함수이다.

(ii) $f:(X,\mathfrak{I}_X)\to(Z,\mathfrak{I}_Z)$는 위상동형사상이 아니다. 실제로 f가 위상동형사상이라면 $f|_V$도 위상동형사상이다. 하지만, 위의 (i)에서 보는 바와 같이 V는 한 개의 연결성분으로 이루어져 있으나 $f^{-1}(V)$는 세 개의 연결성분으로 구성되어 있어 $f|_V$가 위상동형사상이 될 수 없다(6.4절 참고). 따라서 $f:(X,\mathfrak{I}_X)\to(Z,\mathfrak{I}_Z)$는 매장사상이 아니다. □

3.3 연습문제

1. 집합 $X=\{a,b,c,d,e\}$에 다음과 같은 위상 $\mathfrak{I}$를 줄 때, $(X,\mathfrak{I})$에서 $(X,\mathfrak{I})$로 가는 위상동형사상의 총개수를 구하라.

$$\mathfrak{I}=\{X,\varnothing,\{a\},\{c,d\},\{a,c,d\},\{b,c,d,e\}\}$$

2. $X=(0,\infty)$가 $\mathbb{R}_u$의 부분공간일 때, 함수 $f:(0,\infty)\to\mathbb{R}_u$에 대하여 다음 물음에 답하라.

$$f(x)=\sin\left(\frac{\pi x}{2}\right)$$

(1) f가 닫힌사상인지 판별하라.

(2) f가 열린사상인지 판별하라.

3. $X=(0,\infty)$가 $\mathbb{R}_u$의 부분공간일 때, 함수 $f:(0,\infty)\to\mathbb{R}_u$에 대하여 다음 물음에 답하라.

$$f(x)=\sin\left(\frac{1}{x}\right)$$

(1) f가 닫힌사상인지 판별하라. (힌트: $f\left(\left[\frac{2}{\pi},\infty\right)\right)=(0,1]$)

(2) f가 열린사상인지 판별하라. (힌트: $f\left(\left(\frac{1}{2\pi}, \frac{1}{\pi}\right)\right) = [-1, 0)$)

4. 각각의 자연수 $n \in \mathbb{N}$에 대하여

$$\mathscr{B}_n = \{(a,b) \subset \mathbb{R} \mid a,b \in \mathbb{R},\ a < b\} \bigcup \{\{n\}\}$$

일 때, $\mathscr{B}_n$이 $\mathbb{R}$의 기저가 된다. 이때, 임의의 자연수 m,n에 대하여 두 위상공간 $(\mathbb{R}, \mathfrak{I}_{\mathscr{B}_n})$과 $(\mathbb{R}, \mathfrak{I}_{\mathscr{B}_m})$ 사이의 위상동형사상을 찾아라.

5. 다음 [그림 3.3.5]와 같은 세잎 클로버와 네잎 클로버가 서로 위상동형이 아님을 보여라.

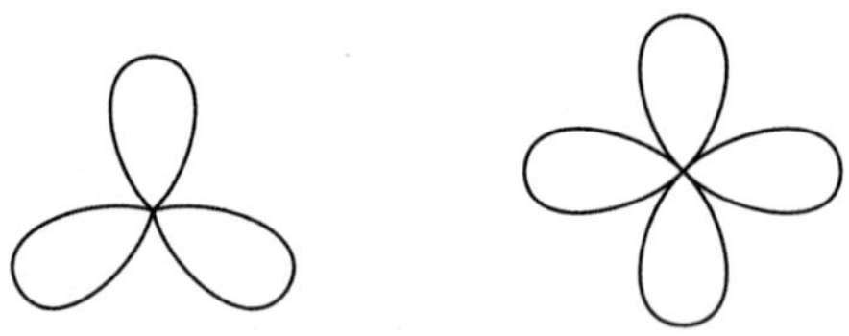

[그림 3.3.5]

6. 실수의 집합 $\mathbb{R}$상에서 정의된 위상

$$\mathfrak{I} = \{\mathbb{R}, \varnothing, (x, \infty) \mid x \in \mathbb{R}\}$$

에 대하여, 위상공간 $(\mathbb{R}, \mathfrak{I})$의 두 부분공간 X와 Y가 서로 위상동형인지 판별하라.

(1) $X = [0, \infty)$, $Y = (0, \infty)$

(2) $X = (-\infty, 0]$, $Y = (-\infty, 0)$

(3) $X = [0, 3]$, $Y = [0, 2] \cup (4, 5]$

(4) $X = [0, 3]$, $Y = [0, 2] \cup [4, 5]$

(힌트: (1)과 (2)의 경우에는 [보조정리 3.3.6 (2)]를 이용한다.)

7. 다음 두 위상공간 X와 Y가 서로 위상동형인지 판별하라.

(1) $X = \mathbb{N} \subset \mathbb{R}_u$, $Y = \left\{\frac{1}{n} \,\middle|\, n \in \mathbb{N}\right\} \bigcup \{0\} \subset \mathbb{R}_u$

(2) $X = \mathbb{R}_f$, $Y = \mathbb{R}_c$

8. 실수의 집합 $\mathbb{R}$상에서 다음과 같이 정의된 두 기저

$$\mathscr{B}_1 = \{(-a, \sqrt{2}a) \subset \mathbb{R} \mid a \in \mathbb{R},\ a > 0\},$$

$$\mathscr{B}_2 = \{(-\sqrt{3}a, \sqrt{5}a) \subset \mathbb{R} \mid a \in \mathbb{R},\ a > 0\}$$

에 의해 생성된 위상을 각각 $\mathfrak{I}_{\mathscr{B}_1}$과 $\mathfrak{I}_{\mathscr{B}_2}$라 할 때, 두 위상공간 $(\mathbb{R}, \mathfrak{I}_{\mathscr{B}_1})$과 $(\mathbb{R}, \mathfrak{I}_{\mathscr{B}_2})$가 서로 위상동형임을 보여라.

(힌트: $h(x) = \begin{cases} \sqrt{3}\,x, & x \le 0, \\ \dfrac{\sqrt{5}}{\sqrt{2}}x, & x > 0 \end{cases}$ 를 이용하라.)

9. 실수의 집합 $\mathbb{R}$상에서 다음과 같이 정의된 두 기저

$$\mathscr{B}_1 = \{(-a, \sqrt{2}\,a] \subset \mathbb{R} \mid a \in \mathbb{R},\ a > 0\},$$
$$\mathscr{B}_2 = \{[-\sqrt{3}\,a, \sqrt{5}\,a) \subset \mathbb{R} \mid a \in \mathbb{R},\ a > 0\}$$

에 의해 생성된 위상을 각각 $\mathfrak{I}_{\mathscr{B}_1}$과 $\mathfrak{I}_{\mathscr{B}_2}$라 할 때, 두 위상공간 $(\mathbb{R}, \mathfrak{I}_{\mathscr{B}_1})$과 $(\mathbb{R}, \mathfrak{I}_{\mathscr{B}_2})$가 서로 위상동형인지 판별하라.

(힌트: $h(x) = \begin{cases} -\sqrt{5}\,x, & x \le 0, \\ -\dfrac{\sqrt{3}}{\sqrt{2}}x, & x > 0 \end{cases}$ 를 이용하라.)

10. 집합 $X = \{1, 2, 3, 4, 5\}$와 X상의 기저

$$\mathscr{B} = \{\{1, 3, 5\}, \{2\}, \{3\}, \{4\}, \{3, 4, 5\}, \{5\}\}$$

에 대하여, 위상동형사상 $f : (X, \mathfrak{I}_{\mathscr{B}}) \to (X, \mathfrak{I}_{\mathscr{B}})$의 총개수를 구하라.

(힌트: $f(1) = 1$, $f(\{1, 3, 5\}) = \{1, 3, 5\}$, $f(\{2, 4\}) = \{2, 4\}$임을 이용하면 f의 총개수는 4가지)

11. $X = \{a, b, c\}$일 때, X상에서 정의된 두 위상 $\mathfrak{I}_1$과 $\mathfrak{I}_2$가 다음 두 조건 (i)과 (ii)를 만족한다.

(i) $|\mathfrak{I}_1| = |\mathfrak{I}_2| = 3$이다.

(ii) $\mathfrak{I}_1$과 $\mathfrak{I}_2$가 서로 비교불가(non-compaarable)이다.

이때, 두 위상공간 $(X, \mathfrak{I}_1)$과 $(X, \mathfrak{I}_2)$가 서로 위상동형인 예가 존재하는지 조사하라.

(힌트: 예를 들어, $\mathfrak{I}_1 = \{X, \varnothing, \{a\}\}$, $\mathfrak{I}_2 = \{X, \varnothing, \{b\}\}$, $f(a) = b, f(b) = a, f(c) = c$)

제4장

곱위상공간

이 장에서는 두 개의 성분으로 구성된 데카르트 곱집합에서 정의된 곱위상을 무한개의 성분을 가진 곱집합으로 확장한다. 무한개의 성분을 가진 곱집합에 위상을 정의하는 방법에는 대표적으로 두 가지 방법이 있고, 정의하는 방식에 따라 이 두 위상을 곱위상과 상자위상으로 부른다.

데카르트 곱집합의 성분이 무한개인 경우에는 유한개의 경우와 달리 우리의 직관에 벗어나는 여러 가지 성질이 존재한다. 이 장에서 정의될 상자위상과 곱위상은 데카르트 곱집합의 성분이 유한개이면 1장에서 정의했던 곱위상과 같고, 상자위상보다는 오히려 곱위상이 우리의 직관에 더 맞는 위상이라고 주장할 수 있는 여러 가지 흥미로운 성질이 존재한다([예제 4.1.10] 참고).

4.1 상자위상과 곱위상

첨자집합 J, 첨자 $\alpha \in J$, 그리고 위상공간 $(X_\alpha, \mathfrak{I}_\alpha)$에 대하여 데카르트 곱집합

$$\prod_{\alpha \in J} X_\alpha = \{\mathbf{x} = (x_\alpha) \mid x_\alpha \in X_\alpha,\ \alpha \in J\}$$

에 새로운 위상을 주는 두 가지 대표적인 방법이 있다. 이 절에서는 이것에 관해 자세히 설명한다.

이를 위해, 먼저

$$\mathscr{B}_b = \left\{ \prod_{\alpha \in J} U_\alpha \;\middle|\; U_\alpha \in \mathfrak{I}_\alpha,\ \alpha \in J \right\}$$

라 할 때, 다음 보조정리가 성립한다.

보조정리 4.1.1 $\mathscr{B}_b$는 $Y = \prod_{\alpha \in J} X_\alpha$에서 기저이다.

증명 (1) 임의의 원소 $\mathbf{x} = (x_\alpha) \in Y$에 대하여, Y도 $\mathscr{B}_b$의 원소이므로 기저의 첫 번째 조건이 만족된다.

(2) 임의의 두 기저원소 $B_1 = \prod_{\alpha \in J} U_\alpha$, $B_2 = \prod_{\alpha \in J} V_\alpha$와 임의의 원소

$$\mathbf{x} = (x_\alpha) \in B_1 \cap B_2$$

에 대하여,

$$B_3 = \prod_{\alpha \in J} U_\alpha \cap V_\alpha \in \mathscr{B}_b$$

라 하면 $\mathbf{x} \in B_3 \subset B_1 \cap B_2$이므로 기저의 두 번째 조건을 만족한다.

위의 (1), (2)에 의해 $\mathscr{B}_b$는 Y의 기저이다. □

> **정의 4.1.2** $\prod_{\alpha \in J} X_\alpha$상에서 기저 $\mathscr{B}_b$에 의해 생성된 위상을 **상자위상**(box topology)이라 하고 $\mathfrak{I}_b$로 나타낸다. 다시 말해서, $U \in \mathfrak{I}_b$일 필요충분조건은 임의의 $\mathbf{x} \in U$에 대하여
>
> $$\mathbf{x} \in B = \prod_{\alpha \in J} U_\alpha \subset U$$
>
> 를 만족하는 기저원소 $B \in \mathscr{B}_b$가 존재하는 것이다.

임의의 $\beta \in J$에 대하여, **β-번째 좌표로 사영사상**(projection onto the β-th coordinate) π_β는 다음과 같이 정의된다.

$$\pi_\beta : \prod_{\alpha \in J} X_\alpha \to X_\beta, \ (x_\alpha) \mapsto x_\beta$$

또한,

$$\mathscr{S}_\beta = \{\pi_\beta^{-1}(U_\beta) \mid U_\beta \in \mathfrak{I}_\beta\}$$

에 대하여 $\mathscr{S} = \bigcup_{\beta \in J} \mathscr{S}_\beta$일 때, $\mathscr{S}$는 $\prod_{\alpha \in J} X_\alpha$의 부분기저가 된다.

> **정의 4.1.3** $\prod_{\alpha \in J} X_\alpha$상에 부분기저 $\mathscr{S}$에 의해 생성된 위상을 **곱위상**(product topology)이라 하고 $\mathfrak{I}_p$로 나타낸다.

곱위상 $\mathfrak{I}_p$의 기저원소 B는 정의에 의해, 음이 아닌 적당한 정수 k에 대하여

$$\begin{aligned} B &= \pi_{\beta_1}^{-1}(U_{\beta_1}) \cap \cdots \cap \pi_{\beta_k}^{-1}(U_{\beta_k}) \\ &= \prod_{\alpha \in J} U_\alpha, \ \ U_\alpha = X_\alpha, \ \alpha \neq \beta_1, \beta_2, \ldots, \beta_k \end{aligned}$$

로 주어진다. 따라서 첨자집합 J가 유한집합이면 여기서 정의된 곱위상은 앞의 1장에서 정의된 곱위상과 같음을 알 수 있다.

또한, 일반적으로 J가 무한집합이면 상자위상이 곱위상보다 더 세밀하다. 예를 들어, $(\mathbb{R}^{\omega}, \mathfrak{I}_b) = (\prod_{n=1}^{\infty} \mathbb{R}_u, \mathfrak{I}_b)$상에서

$$U = \prod_{n=1}^{\infty}\left(-\frac{1}{n}, \frac{1}{n}\right)$$

는 열린집합이지만 $(\mathbb{R}^{\omega}, \mathfrak{I}_p)$에서는 열린집합이 아니다. 실제로, U가 $(\mathbb{R}^{\omega}, \mathfrak{I}_p)$에서 열린집합이라면

$$0 \in B = \prod_{n=1}^{\infty} U_n \subset U,\ \ U_n = \mathbb{R}_u,\ \ n \neq n_1, n_2, \ldots, n_k$$

을 만족하는 $B \in \mathfrak{I}_p$가 존재해야 한다. 하지만 $n > \max\{n_1, n_2, \ldots, n_k\}$이면 $U_n = \mathbb{R}_u$이므로 $U_n \subset \left(-\frac{1}{n}, \frac{1}{n}\right)$을 만족하지 못한다.

상자위상공간과 곱위상공간에 대하여 다음이 성립한다.

보조정리 4.1.4 각각의 $\alpha \in J$에 대하여 $\mathscr{B}_{\alpha}$가 $(X_{\alpha}, \mathfrak{I}_{\alpha})$의 기저일 때, 다음이 성립한다.

(1) $\prod_{\alpha \in J} \mathscr{B}_{\alpha}$가 $(\prod_{\alpha \in J} X_{\alpha}, \mathfrak{I}_b)$의 기저이다. 단, 여기서

$$\prod_{\alpha \in J} \mathscr{B}_{\alpha} = \left\{\prod_{\alpha \in J} B_{\alpha} \mid B_{\alpha} \in \mathfrak{I}_{\alpha}, \alpha \in J\right\}$$

이다.

(2) $\mathscr{S}_{\alpha} = \{\pi_{\alpha}^{-1}(B_{\alpha}) \mid B_{\alpha} \in \mathscr{B}_{\alpha}\}$일 때, $\mathscr{S}_{\alpha}$는 $\prod_{\alpha \in J} X_{\alpha}$상에서 부분기저이고

$$\mathscr{B} = \{\pi_{\alpha_1}^{-1}(B_{\alpha_1}) \cap \cdots \cap \pi_{\alpha_k}^{-1}(B_{\alpha_k}) \mid B_{\alpha_i} \in \mathscr{B}_{\alpha_i},\ i = 1, 2, \ldots, k,\ k = 0, 1, 2, \ldots\}$$

는 $(\prod_{\alpha \in J} X_{\alpha}, \mathfrak{I}_p)$의 기저이다.

증명 (1) $\prod_{\alpha \in J} \mathscr{B}_{\alpha}$가 $\prod_{\alpha \in J} X_{\alpha}$상에서 기저의 두 조건을 만족함은 자명하다. 따라서 기저 $\prod_{\alpha \in J} \mathscr{B}_{\alpha}$에 의해 생성된 위상이 상자위상 $\mathfrak{I}_b$와 같음만 증명한다. 이를 위해, 먼

저 $\prod_{\alpha\in J}\mathscr{B}_\alpha$의 임의의 원소는 정의에 의해 $\mathfrak{I}_b$의 원소이므로

$$\mathfrak{I}_{\prod_{\alpha\in J}\mathscr{B}_\alpha} \subset \mathfrak{I}_b$$

가 성립한다. 반대로 U가 $\mathfrak{I}_b$의 원소일 때, 임의의 $\mathbf{x}=(x_\alpha)\in U$에 대하여

$$\mathbf{x}=(x_\alpha)\in B=\prod_{\alpha\in J}U_\alpha \subset U$$

를 만족하는 $B\in\mathscr{B}_b$가 존재한다. 이때, $x_\alpha\in U_\alpha\in\mathfrak{I}_\alpha$이고 $\mathscr{B}_\alpha$가 $\mathfrak{I}_\alpha$의 기저이므로 $x_\alpha\in B_\alpha\subset U_\alpha$을 만족하는 기저원소 $B_\alpha\in\mathscr{B}_\alpha$를 택할 수 있다. 따라서

$$\mathbf{x}=(x_\alpha)\in\prod_{\alpha\in J}B_\alpha\subset B\subset U$$

를 만족하는 $\prod_{\alpha\in J}B_\alpha\in\prod_{\alpha\in J}\mathscr{B}_\alpha$가 존재한다. 즉,

$$\mathfrak{I}_b\subset\mathfrak{I}_{\prod_{\alpha\in J}\mathscr{B}_\alpha}$$

이다. 결론적으로 $\mathfrak{I}_{\prod_{\alpha\in J}\mathscr{B}_\alpha}=\mathfrak{I}_b$가 성립한다.

(2) $\mathscr{S}_\alpha$와 $\mathscr{B}$가 $\prod_{\alpha\in J}X_\alpha$상에서 각각 부분기저와 기저의 조건을 만족함은 자명하다. 따라서 $\mathscr{B}$에 의해 생성된 위상이 곱위상 $\mathfrak{I}_p$와 같음만 자세히 증명한다.

실제로, 임의의 열린집합 $U\in\mathfrak{I}_p$와 $\mathbf{x}=(x_\alpha)\in U$에 대하여,

$$\mathbf{x}=(x_\alpha)\in B=\pi_{\beta_1}^{-1}(U_{\beta_1})\cap\cdots\cap\pi_{\beta_k}^{-1}(U_{\beta_k})\subset U$$

를 만족하는 B가 존재한다. 한편, 각각의 $i=1,2,\ldots,k$에 대하여 U_{β_i}는 $\mathfrak{I}_{\beta_i}$의 원소이므로 $x_{\beta_i}\in B_{\beta_i}\subset U_{\beta_i}$를 만족하는 기저원소 $B_{\beta_i}\in\mathscr{B}_{\beta_i}$가 존재한다. 이때,

$$\mathbf{x}\in\pi_{\beta_1}^{-1}(B_{\beta_1})\cap\cdots\cap\pi_{\beta_k}^{-1}(B_{\beta_k})\subset\pi_{\beta_1}^{-1}(U_{\beta_1})\cap\cdots\cap\pi_{\beta_k}^{-1}(U_{\beta_k})\subset U$$

이므로 $U\in\mathfrak{I}_{\mathscr{B}}$ 이다. 즉, $\mathfrak{I}_p\subset\mathfrak{I}_{\mathscr{B}}$ 이다. 위의 (1)과 같이 $\mathfrak{I}_{\mathscr{B}}\subset\mathfrak{I}_p$임은 자명하므로 이것은 $\mathfrak{I}_p=\mathfrak{I}_{\mathscr{B}}$ 를 의미한다. □

다음 보조정리가 성립하고 그 증명은 자명하여 생략한다.

보조정리 4.1.5 각각의 $\alpha \in J$에 대하여 A_α가 $(X_\alpha, \mathfrak{I}_\alpha)$의 부분공간일 때, $(\prod_{\alpha \in J} A_\alpha, \mathfrak{I}_b)$는 $(\prod_{\alpha \in J} X_\alpha, \mathfrak{I}_b)$의 부분공간이고, $(\prod_{\alpha \in J} A_\alpha, \mathfrak{I}_p)$도 $(\prod_{\alpha \in J} X_\alpha, \mathfrak{I}_p)$의 부분공간이다.

보조정리 4.1.6 각각의 $\alpha \in J$에 대하여 $(X_\alpha, \mathfrak{I}_\alpha)$가 하우스도르프공간일 때, 곱위상공간 $(\prod_{\alpha \in J} X_\alpha, \mathfrak{I}_p)$와 상자위상공간 $(\prod_{\alpha \in J} X_\alpha, \mathfrak{I}_b)$가 모두 하우스도르프공간이다.

증명 정의에 의해, 상자위상공간 $(\prod_{\alpha \in J} X_\alpha, \mathfrak{I}_b)$가 곱위상공간 $(\prod_{\alpha \in J} X_\alpha, \mathfrak{I}_p)$보다 더 세밀하므로 $(\prod_{\alpha \in J} X_\alpha, \mathfrak{I}_p)$가 하우스도르프공간임을 증명하면 충분하다.

실제로, 임의의 서로 다른 원소 $\mathbf{x} = (x_\alpha)$와 $\mathbf{y} = (y_\alpha)$에 대하여, $x_\beta \neq y_\beta$인 $\beta \in J$가 존재한다. 한편, 가정에 의해 $(X_\beta, \mathfrak{I}_\beta)$가 하우스도르프공간이므로 서로 만나지 않는 x_β와 y_β의 각각의 열린근방 U_β와 V_β가 존재한다. 이때,

$$\mathbf{x} \in \pi_\beta^{-1}(U_\beta),\ \mathbf{y} \in \pi_\beta^{-1}(V_\beta)$$

이고 $\pi_\beta^{-1}(U_\beta) \cap \pi_\beta^{-1}(V_\beta) = \varnothing$ 이다. 따라서 $(\prod_{\alpha \in J} X_\alpha, \mathfrak{I}_p)$가 하우스도르프공간이다. □

곱위상공간과 상자위상공간의 부분집합의 폐포와 내부에 대하여 다음 보조정리가 성립한다.

보조정리 4.1.7 각각의 $\alpha \in J$에 대하여 A_α가 $(X_\alpha, \mathfrak{I}_\alpha)$의 부분집합일 때, 다음이 성립한다.

(1) $\prod_{\alpha \in J} X_\alpha$상에서 곱위상과 상자위상 모두에 대하여,

$$\prod_{\alpha \in J} \overline{A_\alpha} = \overline{\prod_{\alpha \in J} A_\alpha}$$

이다.

(2) $\prod_{\alpha\in J} X_\alpha$ 상에서 곱위상에 대하여

$$(\prod_{\alpha\in J} A_\alpha)^\circ \subset \prod_{\alpha\in J} A_\alpha^\circ$$

이다.

(3) $\prod_{\alpha\in J} X_\alpha$ 상에서 상자위상에 대하여,

$$(\prod_{\alpha\in J} A_\alpha)^\circ = \prod_{\alpha\in J} A_\alpha^\circ$$

이다.

증명 (1) ($\subset$) 임의의 원소 $\mathbf{x} = (x_\alpha) \in \prod_{\alpha\in J} \overline{A_\alpha}$ 에 대하여 V가 상자위상이나 곱위상의 $\mathbf{x}$의 임의의 열린근방일 때,

$$\mathbf{x} \in U = \prod_{\alpha\in J} U_\alpha \subset V$$

를 만족하는 기저원소 U가 존재한다. 이때, 각각의 x_α는 $\overline{A_\alpha}$의 원소이고 U_α는 x_α의 열린근방이므로 $U_\alpha \cap A_\alpha \neq \varnothing$ 이 성립한다. 따라서

$$U \cap \prod_{\alpha\in J} A_\alpha = \prod_{\alpha\in J} U_\alpha \cap \prod_{\alpha\in J} A_\alpha = \prod_{\alpha\in J} (U_\alpha \cap A_\alpha) \neq \varnothing$$

이다. 즉, $\mathbf{x} \in \overline{\prod_{\alpha\in J} A_\alpha}$ 이다.

($\supset$) 임의의 원소 $\mathbf{x} = (x_\alpha) \in \overline{\prod_{\alpha\in J} A_\alpha}$ 와 임의의 $\beta \in J$에 대하여 V_β가 x_β의 임의의 열린근방일 때, $\pi_\beta^{-1}(V_\beta)$는 $\prod_{\alpha\in J} X_\alpha$ 에서 $\mathbf{x}$의 열린근방이다. 또한, 가정에 의해

$$\mathbf{y} = (y_\alpha) \in \pi_\beta^{-1}(V_\beta) \cap \prod_{\alpha\in J} A_\alpha \neq \varnothing$$

이 성립한다. 따라서 $y_\beta \in V_\beta \cap A_\beta \neq \varnothing$ 이다. 즉, 모든 $\alpha \in J$에 대하여 $x_\alpha \in \overline{A_\alpha}$ 이고 $\mathbf{x} = (x_\alpha) \in \prod_{\alpha\in J} \overline{A_\alpha}$ 이다.

(2) 임의의 원소 $\mathbf{x} = (x_\alpha) \in (\prod_{\alpha\in J} A_\alpha)^\circ$ 에 대하여

$$\mathbf{x} \in U = \prod_{\alpha \in J} U_\alpha \subset \prod_{\alpha \in J} A_\alpha$$

를 만족하는 곱위상의 기저원소 U가 존재한다. 따라서 각각의 $\alpha \in J$에 대하여

$$x_\alpha \in U_\alpha \subset A_\alpha$$

가 성립한다. 즉, 모든 $\alpha \in J$에 대하여 $x_\alpha \in A_\alpha^\circ$ 이고 $\mathbf{x} = (x_\alpha) \in \prod_{\alpha \in J} A_\alpha^\circ$ 이므로

$$(\prod_{\alpha \in J} A_\alpha)^\circ \subset \prod_{\alpha \in J} A_\alpha^\circ$$

이다.

(3) 위의 (2)를 특히 상자위상까지 확장하여 고려하면 그 역도 성립함을 알 수 있다. 실제로, 임의의 원소 $\mathbf{x} = (x_\alpha) \in \prod_{\alpha \in J} A_\alpha^\circ$ 이면 각각의 $\alpha \in J$에 대하여

$$x_\alpha \in U_\alpha \subset A_\alpha$$

를 만족하는 열린집합 $U_\alpha \in \mathfrak{I}_\alpha$가 존재한다. 이때, $U = \prod_{\alpha \in J} U_\alpha$라 놓으면 U는 상자위상의 열린집합으로

$$\mathbf{x} \in U = \prod_{\alpha \in J} U_\alpha \subset \prod_{\alpha \in J} A_\alpha$$

를 만족한다. 따라서 $\mathbf{x}$는 $(\prod_{\alpha \in J} A_\alpha)^\circ$ 의 원소이다. 즉,

$$\prod_{\alpha \in J} A_\alpha^\circ \subset (\prod_{\alpha \in J} A_\alpha)^\circ$$

이 성립한다. □

예제 4.1.8

위의 [보조정리 4.1.7]의 (2)에서 등호가 성립하지 않는 예로 $(\mathbb{R}^\omega, \mathfrak{I}_p)$의 부분집합 $[0,1)^\omega = \prod_{n \in \mathbb{N}} [0,1)$을 들 수 있다. 실제로 곱위상공간 $(\mathbb{R}^\omega, \mathfrak{I}_p)$에서 $([0,1)^\omega)^\circ = \varnothing$ 이고 $\prod_{n \in \mathbb{N}} [0,1)^\circ = [0,1)^\omega$임을 알 수 있다. 여기서 $([0,1)^\omega)^\circ = \varnothing$ 인 이유는 곱위상에서는 모든 기저원소 $U = \prod_{n \in \mathbb{N}} U_n$가 충분히 큰 모든 n에 대하여 $U_n = \mathbb{R}$이므로 U가 $[0,1)^\omega$의 부분집합이 될 수 없어 $[0,1)^\omega$의 내부가 존재할 수 없기 때문이다. □

다음 정리가 성립한다.

정리 4.1.9 위상공간 $(A,\mathfrak{T}_A)$와 곱위상공간 $(\prod_{\alpha\in J} X_\alpha,\mathfrak{T}_p)$에 대하여 다음과 같이 정의된 함수

$$f:(A,\mathfrak{T}_A)\to(\prod_{\alpha\in J} X_\alpha,\mathfrak{T}_p),\ a\mapsto(f_\alpha(a))$$

가 있을 때, f가 연속일 필요충분조건은 각각의 성분함수

$$f_\alpha:(A,\mathfrak{T}_A)\to(X_\alpha,\mathfrak{T}_\alpha)$$

가 연속인 것이다.

증명 ($\Rightarrow$) 각각의 $\alpha\in J$에 대하여, 사영사상

$$\pi_\alpha:(\prod_{\alpha\in J} X_\alpha,\mathfrak{T}_p)\to(X_\alpha,\mathfrak{T}_\alpha),\ (x_\alpha)\mapsto x_\alpha$$

가 연속함수임은 곱위상의 [정의 4.1.3]에 의해 자명하다. 따라서 합성함수 $f_\alpha=\pi_\alpha\circ f$도 연속이다.

($\Leftarrow$) 만약 각각의 성분함수 f_α가 연속이면 X_α의 임의의 열린집합 U_α에 대하여 $f_\alpha^{-1}(U_\alpha)$가 열린집합이다. 한편,

$$f^{-1}(\pi_\alpha^{-1}(U_\alpha))=f_\alpha^{-1}(U_\alpha)$$

가 성립하므로 $f^{-1}(\pi_\alpha^{-1}(U_\alpha))$도 열린집합이다. 따라서 [보조정리 3.1.3]과 [보조정리 4.1.4] (2)에 의해 f가 연속함수이다. □

예제 4.1.10

상자위상의 경우에는 위의 [정리 4.1.9]가 성립하지 않음은 잘 알려진 사실이다. 실제로, 다음과 같이 정의된 함수

$$f:\mathbb{R}_u\to(\mathbb{R}^\omega,\mathfrak{T}_b)\ t\mapsto(t,t,t,\dots,t,\dots)$$

는 상자위상에서 연속함수가 아니지만 각각의 성분함수 $f_n(t)=t$는 연속이다. 예를 들어,

$$\{0\}=\bigcap_{n=1}^{\infty}\left(-\frac{1}{n},\frac{1}{n}\right)=\bigcap_{n=1}^{\infty}f_n^{-1}\left(\left(-\frac{1}{n},\frac{1}{n}\right)\right)$$

$$= f^{-1}\left(\prod_{n=1}^{\infty}\left(-\frac{1}{n},\frac{1}{n}\right)\right)$$

이 성립한다. 따라서 $\{0\}$은 $\mathbb{R}_u$에서 열린집합이 아니므로 f가 연속함수가 될 수 없고 각각의 성분함수 $f_n(t)=t$가 연속인 것은 자명하다. □

4.1 연습문제

1. $A=[0,1)\times(0,1]$가 2차원 평면 $\mathbb{R}^2$의 부분집합일 때, 다음과 같은 위상공간에서 A의 폐포, 내부, 경계, 도집합을 구하라.

(1) $\mathbb{R}_u^2$

(2) $\mathbb{R}_l \times \mathbb{R}_u$

(3) $\mathbb{R}_l \times \mathbb{R}_p$(단, 여기서 $\mathbb{R}_p$는 상극한위상공간을 나타낸다.)

(4) $\mathbb{R}_d \times \mathbb{R}_u$(단, 여기서 $\mathbb{R}_d$는 이산위상공간을 나타낸다.)

2. 수열 $\{a_n\}$과 $\{b_n\}$에 대하여 모든 $i\in\mathbb{N}$에 대하여 $a_i>0$일 때, 함수 $h:\mathbb{R}^\omega \to \mathbb{R}^\omega$가 다음과 같이 정의되어 있다.

$$h(x_1,x_2,\ldots)=(a_1x_1+b_1,a_2x_2+b_2,\ldots)$$

이때, 다음 물음에 답하라.

(1) $h:(\mathbb{R}^\omega,\mathfrak{I}_p)\to(\mathbb{R}^\omega,\mathfrak{I}_p)$가 연속함수임을 보여라.

(2) $h:(\mathbb{R}^\omega,\mathfrak{I}_b)\to(\mathbb{R}^\omega,\mathfrak{I}_b)$가 연속함수인지 판별하라.

3. 곱위상공간 $(\mathbb{R}^\omega,\mathfrak{I}_p)$와 상자위상공간 $(\mathbb{R}^\omega,\mathfrak{I}_b)$에서 다음 수열의 수렴성을 논하라. 단, 여기서 $t\neq 0$인 실수이다.

(1) $\{\mathbf{x}_n\}$; $\mathbf{x}_1=(t,t,t,\ldots)$, $\mathbf{x}_2=(0,2t,2t,2t,\ldots)$, $\mathbf{x}_3=(0,0,3t,3t,3t,\ldots),\ldots$

(2) $\{\mathbf{x}_n\}$; $\mathbf{x}_1=(t,t,t,\ldots)$, $\mathbf{x}_2=(0,\frac{1}{2}t,\frac{1}{2}t,\frac{1}{2}t,\ldots)$, $\mathbf{x}_3=(0,0,\frac{1}{3}t,\frac{1}{3}t,\frac{1}{3}t,\ldots),\ldots$

(3) $\{\mathbf{x}_n\}$; $\mathbf{x}_1=(t,0,0,\ldots)$, $\mathbf{x}_2=(\frac{1}{2}t,\frac{1}{2}t,0,0,\ldots)$, $\mathbf{x}_3=(\frac{1}{3}t,\frac{1}{3}t,\frac{1}{3}t,0,0,\ldots),\ldots$

(4) $\{\mathbf{x}_n\}$; $\mathbf{x}_1=(t,t,0,0,\ldots)$, $\mathbf{x}_2=(\frac{1}{2}t,\frac{1}{2}t,0,0,\ldots)$, $\mathbf{x}_3=(\frac{1}{3}t,\frac{1}{3}t,0,0,\ldots),\ldots$

4.2 곱위상과 고른거리함수

앞에서와 같이 임의의 자연수 n에 대하여 $\mathbb{R}_n = \mathbb{R}$일 때, $\mathbb{R}^\omega = \prod_{n=1}^{\infty} \mathbb{R}_n$이고 좀 더 일반적으로, 임의의 첨자집합 J에 대하여 $\mathbb{R}^J = \prod_{\alpha \in J} \mathbb{R}_\alpha$, $\mathbb{R}_\alpha = \mathbb{R}$이라 하자. 이 절에서는 $\mathbb{R}^J$상에 고른거리함수를 정의하고 몇 가지 중요한 성질을 알아본다.

$\mathbb{R}^J$의 임의의 두 원소 $\mathbf{x} = (x_\alpha)$와 $\mathbf{y} = (y_\alpha)$에 대하여

$$\bar{d}(x_\alpha, y_\alpha) = \min\{1, |x_\alpha - y_\alpha|\}$$

일 때,

$$\bar{\rho}(\mathbf{x}, \mathbf{y}) = \sup\{\bar{d}(x_\alpha, y_\alpha) \mid \alpha \in J\}$$

라 하면 $\bar{\rho}$는 항상 1보다 같거나 작고 [보조정리 4.2.1]에 의해 거리함수가 된다. 이때, $\bar{\rho}$를 $\mathbb{R}^J$상의 **고른거리함수**(uniform metric)라 하고 $\bar{\rho}$를 이용하여 $\mathbb{R}^J$에 준 위상을 **고른위상**(uniform topology)이라 한다.

보조정리 4.2.1 $\bar{\rho}$는 $\mathbb{R}^J$상에서 거리함수이다.

증명 $\bar{\rho}$가 거리함수임을 보이기 위해 $\bar{\rho}$가 거리함수의 세 가지 조건이 모두 만족함을 보인다.

(1) 임의의 $\alpha \in J$에 대하여 $\bar{d}(x_\alpha, y_\alpha) \geq 0$이므로 $\bar{\rho}(\mathbf{x}, \mathbf{y}) \geq 0$이다. 또한, $\bar{\rho}(\mathbf{x}, \mathbf{y}) = 0$일 필요충분조건은 모든 $\alpha \in J$에 대하여 $\bar{d}(x_\alpha, y_\alpha) = 0$이다. 이것은 모든 $\alpha \in J$에 대하여 $x_\alpha = y_\alpha$와 동치조건이므로 $\bar{\rho}(\mathbf{x}, \mathbf{y}) = 0$일 필요충분조건은 $\mathbf{x} = \mathbf{y}$이다.

(2) 임의의 $\alpha \in J$에 대하여 $\bar{d}(x_\alpha, y_\alpha) = \bar{d}(y_\alpha, x_\alpha)$이므로 분명히

$$\bar{\rho}(\mathbf{x}, \mathbf{y}) = \bar{\rho}(\mathbf{y}, \mathbf{x})$$

이다.

(3) 마지막으로 삼각부등식을 증명한다. 이를 위해, 임의의 세 원소 $\mathbf{x} = (x_\alpha)$, $\mathbf{y} =$

(y_α), $\mathbf{z}=(z_\alpha)$와 임의의 $\alpha \in J$에 대하여

$$\overline{\rho}(\mathbf{x},\mathbf{y})+\overline{\rho}(\mathbf{y},\mathbf{z}) \geq \overline{d}(x_\alpha,y_\alpha)+\overline{d}(y_\alpha,z_\alpha) \geq \overline{d}(x_\alpha,z_\alpha)$$

이 성립한다. 따라서 $\overline{\rho}(\mathbf{x},\mathbf{y})+\overline{\rho}(\mathbf{y},\mathbf{z}) \geq \overline{\rho}(\mathbf{x},\mathbf{z})$이다.

위의 (1), (2), (3)에 의해 $\overline{\rho}$는 거리함수가 된다. □

다음 정리가 성립한다.

정리 4.2.2 다음 명제가 성립한다.

(1) 위의 세 위상공간 $(\mathbb{R}^J,\mathfrak{I}_p)$, $(\mathbb{R}^J,\overline{\rho})$, $(\mathbb{R}^J,\mathfrak{I}_b)$가 다음 관계를 만족한다.

$$(\mathbb{R}^J,\mathfrak{I}_p) \subset (\mathbb{R}^J,\overline{\rho}) \subset (\mathbb{R}^J,\mathfrak{I}_b)$$

(2) 만약 첨자집합 J가 무한집합이면 위의 (1)의 각 부등식에서 등호는 성립하지 않는다.

증명 (1) 먼저 $(\mathbb{R}^J,\mathfrak{I}_p) \subset (\mathbb{R}^J,\overline{\rho})$임을 증명한다. 실제로, 임의의 원소 $\mathbf{x}=(x_\alpha)$와 곱위상공간 $(\mathbb{R}^J,\mathfrak{I}_p)$의 임의의 기저원소

$$\mathbf{x} \in U=\prod_{\alpha \in J} U_\alpha,\ \ U_\alpha=\mathbb{R},\ \ \alpha \neq \alpha_1,\alpha_2,\ldots,\alpha_k$$

에 대하여, 각각의 $U_{\alpha_i}(1 \leq i \leq k)$는 열린집합이므로 $B_{\overline{d}_i}(x_{\alpha_i},\varepsilon_i) \subset U_{\alpha_i}$을 만족하는 $0<\varepsilon_i<1$이 존재한다. 이때 $0<\varepsilon=\min\{\varepsilon_i|1 \leq i \leq k\}<1$라 놓으면

$$B_{\overline{\rho}}(\mathbf{x},\varepsilon) \subset U$$

가 된다. 따라서 $(\mathbb{R}^J,\overline{\rho})$가 $(\mathbb{R}^J,\mathfrak{I}_p)$보다 더 세밀하다.

다음으로 $(\mathbb{R}^J,\overline{\rho}) \subset (\mathbb{R}^J,\mathfrak{I}_b)$를 증명한다. 이를 위해 임의의 원소 $\mathbf{x}=(x_\alpha)$와 고른위상공간 $(\mathbb{R}^J,\overline{\rho})$의 임의의 기저원소

$$\mathbf{x} \in B_{\overline{\rho}}(\mathbf{x},\varepsilon)$$

에 대하여,

$$\mathbf{x} \in U = \prod_{\alpha \in J} \left(x_\alpha - \frac{1}{2}\varepsilon, x_\alpha + \frac{1}{2}\varepsilon \right)$$

라 놓을 때 $U \subset B_{\overline{\rho}}(\mathbf{x}, \varepsilon)$이 성립한다. 따라서 $(\mathbb{R}^J, \mathfrak{I}_b)$가 $(\mathbb{R}^J, \overline{\rho})$보다 더 세밀하다.

(2) 일반적으로 $(\mathbb{R}^J, \overline{\rho}) \neq (\mathbb{R}^J, \mathfrak{I}_b)$임을 보인다. 이를 위해 $J = \mathbb{N}$일 때,

$$U = \prod_{k=1}^{\infty} \left(-\frac{1}{k}, \frac{1}{k} \right)$$

라 놓으면 $U \in \mathfrak{I}_b$이지만 U는 고른위상공간 $(\mathbb{R}^J, \overline{\rho})$에서 열린집합이 아니다. 실제로, 임의의 $\varepsilon > 0$에 대하여

$$B_{\overline{\rho}}(\mathbf{0}, \varepsilon) = \bigcup_{0 < \delta < \varepsilon} U(\mathbf{0}, \delta), \;\; U(\mathbf{0}, \delta) = \prod_{k \in \mathbb{N}} (-\delta, \delta)$$

가 성립한다. 이때, 각각의 $0 < \delta < \varepsilon$에 대하여 $\frac{1}{n} < \delta$을 만족하는 $n \in \mathbb{N}$이 존재하므로

$$\prod_{k \in \mathbb{N}} (-\delta, \delta) \subset \prod_{k=1}^{\infty} \left(-\frac{1}{k}, \frac{1}{k} \right)$$

을 만족하는 일정한 $\delta\,(0 < \delta < \varepsilon)$가 존재할 수 없다. 따라서

$$(\mathbb{R}^\omega, \overline{\rho}) \neq (\mathbb{R}^\omega, \mathfrak{I}_b)$$

이다.

다음으로 $J = \mathbb{N}$일 때, $(\mathbb{R}^J, \mathfrak{I}_p) \neq (\mathbb{R}^J, \overline{\rho})$를 보인다. 실제로,

$$(\mathbb{R}^\omega, \overline{\rho}) = (\mathbb{R}^\omega, \mathfrak{I}_p)$$

라 가정하면, 임의의 $B_{\overline{\rho}}(\mathbf{0}, \varepsilon)$, $\varepsilon > 0$에 대하여

$$\mathbf{0} \in U = \prod_{n=1}^{\infty} U_n \subset B_{\overline{\rho}}(\mathbf{0}, \varepsilon), \;\; U_n = \mathbb{R}, \;\; n \neq n_1, n_2, \ldots, n_k$$

을 만족하는 열린집합 $U \in \mathfrak{I}_p$가 존재한다. 하지만 이것은 모든 $n \neq n_1, n_2, \ldots, n_k$에 대하여 $U_n = \mathbb{R} \subset (x_n - \varepsilon, x_n + \varepsilon)$임을 의미하여 분명히 모순이다. 따라서 $(\mathbb{R}^\omega, \overline{\rho}) \neq (\mathbb{R}^\omega, \mathfrak{I}_p)$이다. □

위의 [정리 4.2.2]에 의해, $\mathbb{R}^\omega$상에 고른거리함수 $\overline{\rho}$을 주어 곱위상 $\mathfrak{I}_p$를 만들 수 없다. 다시 말해서, $\overline{\rho}$을 이용하여 곱위상공간 $(\mathbb{R}^\omega, \mathfrak{I}_p)$가 거리화가능임을 보일 수 없다. 하지만 실제로는 [정리 4.2.3]과 같이 $\overline{\rho}$와 다른 고른거리함수 D를 이용하여 $(\mathbb{R}^\omega, \mathfrak{I}_p)$가 거리화가능임을 보일 수 있다.

정리 4.2.3 임의의 두 원소 $\mathbf{x} = (x_i), \mathbf{y} = (y_i) \in \mathbb{R}^\omega$에 대하여

$$D(\mathbf{x}, \mathbf{y}) = \sup\left\{ \frac{\overline{d}(x_i, y_i)}{i} \,\middle|\, i \in \mathbb{N} \right\}$$

일 때, D는 $\mathbb{R}^\omega$상에서 거리함수이고 이 거리함수에 의해 생성된 위상 $\mathfrak{I}_D$는 곱위상 $\mathfrak{I}_p$와 일치한다.

증명 (1) D가 거리함수임을 보이기 위해 다른 조건은 거의 자명하므로 삼각부등식만 증명한다. 실제로 임의의 $i \in \mathbb{N}$에 대하여

$$\frac{\overline{d}(x_i, z_i)}{i} \leq \frac{\overline{d}(x_i, y_i)}{i} + \frac{\overline{d}(y_i, z_i)}{i} \leq D(\mathbf{x}, \mathbf{y}) + D(\mathbf{y}, \mathbf{z})$$

가 성립한다. 따라서 $D(\mathbf{x}, \mathbf{z}) \leq D(\mathbf{x}, \mathbf{y}) + D(\mathbf{y}, \mathbf{z})$이다.

(2) 다음으로 $(\mathbb{R}^\omega, \mathfrak{I}_D) = (\mathbb{R}^\omega, \mathfrak{I}_p)$임을 보인다.

($\subseteq$) 임의의 $\mathbf{x} = (x_n) \in \mathbb{R}^\omega$와 임의의 기저원소 $B_D(\mathbf{x}, \varepsilon), \varepsilon > 0$에 대하여, 먼저 $\dfrac{1}{N} < \varepsilon$을 만족하는 자연수 N을 택하자. 그런 다음

$$V = (x_1 - \varepsilon, x_1 + \varepsilon) \times (x_2 - \varepsilon, x_2 + \varepsilon) \times \cdots \times (x_N - \varepsilon, x_N + \varepsilon) \times \mathbb{R} \times \mathbb{R} \times \cdots$$

라 놓으면 $\mathbf{y} = (y_i) \in V$가

$$\frac{\overline{d}(x_i, y_i)}{i} < \begin{cases} \varepsilon, & 1 \leq i \leq N, \\ \dfrac{1}{N} < \varepsilon, & i > N \end{cases}$$

을 만족하므로 $D(\mathbf{x},\mathbf{y}) < \varepsilon$이 성립한다. 따라서 $\mathbf{x} \in V \subset B_D(\mathbf{x},\varepsilon)$를 만족하는 열린집합 $V \in \mathfrak{I}_p$가 존재한다.

($\supseteq$) 반대로 임의의 $\mathbf{x} = (x_n) \in \mathbb{R}^\omega$와 곱위상의 임의의 기저원소

$$\mathbf{x} \in U = U_1 \times U_2 \times \cdots \times U_n \times \mathbb{R} \times \mathbb{R} \times \cdots$$

에 대하여

$$(x_i - \varepsilon_i, x_i + \varepsilon_i) \subset U_i,\ \ 1 \le i \le n$$

를 만족하는 $0 < \varepsilon_i < 1$를 택할 수 있다. 이때

$$\varepsilon = \min\left\{\frac{\varepsilon_i}{i} \mid i = 1,2,\ldots,n\right\}$$

라 놓으면 임의의 $\mathbf{y} \in B_D(\mathbf{x},\varepsilon)$에 대하여

$$\frac{\bar{d}(x_i,y_i)}{i} \le D(\mathbf{x},\mathbf{y}) < \varepsilon \le \frac{\varepsilon_i}{i},\ \ i = 1,2,\ldots,n$$

이 성립한다. 따라서 모든 $1 \le i \le n$에 대하여

$$d(x_i,y_i) = \bar{d}(x_i,y_i) \le \varepsilon_i < 1,\ \ i = 1,2,\ldots,n$$

이므로 $\mathbf{y} \in U$이다. 즉, $\mathbf{x} \in B_D(\mathbf{x},\varepsilon) \subset U$를 만족하는 기저원소 $B_D(\mathbf{x},\varepsilon)$이 존재한다. □

▶ 4.3 · 상자위상과 거리화가능성

[정리 4.2.3]에 의해 곱위상공간 $(\mathbb{R}^{\omega},\mathfrak{I}_p)$가 거리화가능인 공간임을 알았다. 이 절에서는 상자위상공간 $(\mathbb{R}^{\omega},\mathfrak{I}_b)$가 거리화가능공간이 아님을 **수열보조정리**(sequence lemma)인 [보조정리 4.3.1]을 통해 보인다.

보조정리 4.3.1 (수열보조정리, sequence lemma) 임의의 위상공간 $(X,\mathfrak{I}_X)$와 X의 부분집합 A에 대하여 다음 명제가 성립한다.

(1) A의 원소로 구성된 수열 $\{a_n\}$이 $x\in X$로 수렴하면 x는 A의 폐포 $\overline{A}$의 원소이다.

(2) 위상공간 $(X,\mathfrak{I}_X)$가 거리화가능공간이고 $x\in\overline{A}$이면 x로 수렴하는 A의 원소들로 구성된 수열 $\{a_n\}$이 존재한다.

증명 (1) $x\in\overline{A}$임을 보이기 위해, x의 임의의 열린근방 V를 택하자. 수열 $\{a_n\}$이 x에 수렴하므로 적당한 자연수 $N\in\mathbb{N}$이 존재하여

$$a_n\in V,\ \ n\geq N$$

이 성립한다. 즉, $V\bigcap A\neq\varnothing$이므로 $x\in\overline{A}$이다.

(2) d를 위상 $\mathfrak{I}_X$를 유도하는 거리함수라 할 때, $x\in\overline{A}$이므로 임의의 $n\in\mathbb{N}$에 대하여

$$a_n\in B_d\left(x,\frac{1}{n}\right)\bigcap A\neq\varnothing$$

이다. 따라서 x에 수렴하는 A의 원소로 구성된 수열 $\{a_n\}$이 존재한다. □

다음 정리는 거리공간과 연속함수 사이의 관계를 말해 준다.

정리 4.3.2 두 위상공간 $(X,\mathfrak{I}_X)$, $(Y,\mathfrak{I}_Y)$와 그 사이의 함수

$$f:(X,\mathfrak{I}_X)\to(Y,\mathfrak{I}_Y)$$

에 대하여 다음이 성립한다.

(1) 함수 f가 연속일 때, x로 수렴하는 임의의 수열 $\{x_n\}$에 대하여 수열 $\{f(x_n)\}$이 $f(x)$로 수렴한다.

(2) 위상공간 $(X,\mathfrak{I}_X)$가 거리화가능공간일 때, 임의의 원소 $x\in X$와 x로 수렴하는 임의의 수열 $\{x_n\}$에 대하여 수열 $\{f(x_n)\}$이 $f(x)$로 수렴하면 f는 연속함수이다.

증명 (1) V가 $f(x)$의 임의의 열린근방일 때, f가 연속이므로 $f^{-1}(V)$는 x의 열린근방이다. 따라서 적당한 자연수 N이 존재하여

$$x_n\in f^{-1}(V),\ n\geq N$$

이 성립한다. 즉, 모든 $n\geq N$에 대하여 $f(x_n)\in V$이므로 수열 $\{f(x_n)\}$은 $f(x)$로 수렴한다.

(2) f가 연속임을 보이기 위해, 임의의 부분집합 $A\subset X$에 대하여

$$f(\overline{A})\subset\overline{f(A)}$$

임을 보인다. 실제로, $x\in\overline{A}$일 때, 위상공간 $(X,\mathfrak{I}_X)$가 거리화가능공간이므로 [보조정리 4.3.1]에 의해 x로 수렴하는 A의 원소들로 구성된 수열 $\{a_n\}$이 존재한다. 한편, 가정에 의해 수열 $\{f(a_n)\}$은 $f(x)$로 수렴한다. 따라서 $f(x)\in\overline{f(A)}$이다. □

예제 4.3.3

상자위상공간 $(\mathbb{R}^\omega,\mathfrak{I}_b)$는 거리화가능공간이 아님을 수열보조정리인 [보조정리 4.3.1]을 이용하여 보인다. 실제로,

$$A=\{\mathbf{x}=(x_n)\mid x_i>0,\ i\in\mathbb{N}\}\subset\mathbb{R}^\omega$$

일 때, 다음이 성립한다.

(1) $\mathbf{0}=(0,0,0,\ldots,0,\ldots)\in\overline{A}$ 이다. 실제로, 임의의 기저원소

$$\mathbf{0}\in U=\prod_{i=1}^{\infty}(a_i,b_i),\ \ a_i<0<b_i$$

에 대하여

$$\left(\frac{b_1}{2},\frac{b_2}{2},\ldots,\frac{b_n}{2},\ldots\right)\in U\bigcap A\neq\varnothing$$

이므로 $\mathbf{0}\in\overline{A}$ 이다.

(2) A의 원소들로 구성된 $\mathbf{0}$으로 수렴하는 수열이 존재하지 않는다. 이를 보이기 위해 A의 원소들로 구성된 $\mathbf{0}$으로 수렴하는 수열

$$\{\mathbf{a}_n\},\ \ \mathbf{a}_n=(a_{n1},a_{n2},\ldots,a_{nn},\ldots),\ \ a_{nj}>0,\ j=1,2,\ldots$$

이 존재한다고 가정하자. 이때

$$\mathbf{0}\in U=\prod_{i=1}^{\infty}(-a_{ii},a_{ii})$$

라 놓으면 임의의 $n\in\mathbb{N}$에 대하여 $\mathbf{a}_n\notin U$이다. 따라서 수열 $\{\mathbf{a}_n\}$은 $\mathbf{0}$으로 수렴하지 않으므로 모순이다. □

예제 4.3.4

비슷한 방법으로, 첨자집합 J가 비가부번 무한집합일 때 곱위상공간 $(\mathbb{R}^J,\mathfrak{I}_p)$도 거리화 가능공간이 아님을 보일 수 있다(Munkres, p. 133 참고). □

4.3 연습문제

1. 고른거리위상공간 $(\mathbb{R}^{\omega}, \mathfrak{I}_{\bar{\rho}})$에서 다음 수열의 수렴성을 논하라. 단, 여기서 $t \neq 0$인 실수이다.

(1) $\{\mathbf{x}_n\}$; $\mathbf{x}_1 = (t,t,t,\ldots)$, $\mathbf{x}_2 = (0,2t,2t,2t,\ldots)$, $\mathbf{x}_3 = (0,0,3t,3t,3t,\ldots)$, ...

(2) $\{\mathbf{x}_n\}$; $\mathbf{x}_1 = (t,t,t,\ldots)$, $\mathbf{x}_2 = (0,\frac{1}{2}t,\frac{1}{2}t,\frac{1}{2}t,\ldots)$, $\mathbf{x}_3 = (0,0,\frac{1}{3}t,\frac{1}{3}t,\frac{1}{3}t,\ldots)$, ...

(3) $\{\mathbf{x}_n\}$; $\mathbf{x}_1 = (t,0,0,\ldots)$, $\mathbf{x}_2 = (\frac{1}{2}t,\frac{1}{2}t,0,0,\ldots)$, $\mathbf{x}_3 = (\frac{1}{3}t,\frac{1}{3}t,\frac{1}{3}t,0,0,\ldots)$, ...

(4) $\{\mathbf{x}_n\}$; $\mathbf{x}_1 = (t,t,0,0,\ldots)$, $\mathbf{x}_2 = (\frac{1}{2}t,\frac{1}{2}t,0,0,\ldots)$, $\mathbf{x}_3 = (\frac{1}{3}t,\frac{1}{3}t,0,0,\ldots)$, ...

2. 첨자집합 J가 비가부번 무한집합이고 A가 다음과 같을 때, 다음 물음에 답하라.

$$A = \{\mathbf{x} = (x_\alpha) \in \mathbb{R}^J \mid x_\alpha = 1,\ \alpha \neq \alpha_1, \alpha_2, \ldots, \alpha_k,\ k \in \mathbb{N}\}$$

(1) 곱공간 $(\mathbb{R}^J, \mathfrak{I}_p)$에서 $\mathbf{0} = (0)$는 A의 폐포의 원소임을 보여라.

(2) 곱공간 $(\mathbb{R}^J, \mathfrak{I}_p)$에서 $\mathbf{0} = (0)$에 수렴하는 A의 수열 $\{\mathbf{x}_n\} \subset A$이 존재하지 않음을 보여라.

(3) 곱공간 $(\mathbb{R}^J, \mathfrak{I}_p)$가 거리화가능공간이 아님을 보여라.

제5장

상사상과 상위상

이 장에서는 주어진 위상공간에서 정의된 함수를 이용하여 공역에 새로운 위상을 주는 방법에 대해 알아본다. 이 방법은 이미 알려진 위상공간과 동치관계를 이용하여 새로운 기하학적인 공간을 만들고 여기에 위상을 주는 일반적인 방법 중의 하나이다.

5.1 토러스, 클라인병, 구, 실사영평면

이 절에서는 먼저 주어진 집합에서 정의된 동치관계를 이용하여 새로운 집합을 만드는 과정을 설명한다. 이 과정을 통해 얻을 수 있는 가장 대표적인 예로는 뫼비우스 띠(Moebius band), 토러스(또는 원환면, torus), 클라인병(Klein bottle), 실사영평면(real projective plane) 등이 있다.

예제 5.1.1

뫼비우스 띠를 얻기 위해

$$X=[0,1]\times[0,1]=\{(x,y)\,|\,0\le x,\ y\le 1\}$$

일 때, 임의의 두 점 $(x_1,y_1),(x_2,y_2)\in X$에 대하여 관계(relation) $\sim$를 다음과 같이 정의하자.

$$(x_1,y_1)\sim(x_2,y_2)\ \Leftrightarrow\ (x_1,y_1)=(x_2,y_2)\text{ 또는 }\begin{cases}x_2=x_1,\ y_2=y_1,\ 0<x_1<1,\ 0\le y_1\le 1,\\ x_2=1(\text{또는 }0),\ y_2=1-y_1,\ x_1=0(\text{또는 }1),\ 0\le y_1\le 1\end{cases}$$

이때, 관계 $\sim$는 반사성(reflexivity), 대칭성(symmetry), 추이성(transitivity)을 만족하여 동치관계(equivalence relation)가 된다. 또한, 동치류들의 모임 X^*는 다음과 같이 주어지며 **뫼비우스 띠**라 부른다([그림 5.1.1]).

$$X^*=\{[(x,y)],[(0,t)]\,|\,0<x<1,\ 0\le y\le 1,\ 0\le t\le 1\}$$

여기서 각 동치류는 다음과 같은 집합으로 주어진다.

$$[(x,y)]=\{(x,y)\},\ \ [(0,t)]=\{(0,t),(1,1-t)\}$$

[그림 5.1.1] 뫼비우스 띠 □

예제 5.1.2

토러스를 얻기 위해

$$X=[0,1]\times[0,1]=\{(x,y)|0\le x,y\le 1\}$$

일 때, 임의의 두 점 $(x_1,y_1),(x_2,y_2)\in X$에 대하여 동치관계 $\sim$를 다음과 같이 정의하자.

$$(x_1,y_1)\sim(x_2,y_2) \Leftrightarrow (x_1,y_1)=(x_2,y_2) \text{ 또는 } \begin{cases} x_2=x_1,\ y_2=y_1,\ 0<x_1,y_1<1, \\ x_2=1,\ y_2=y_1,\ \ x_1=0,0\le y_1\le 1, \\ x_2=x_1,\ y_2=1,\ \ y_1=0,0\le x_1\le 1 \end{cases}$$

이때, 동치류들의 모임 T^2는 다음과 같이 주어지고 **토러스**(또는 **원환면**)라 불린다([그림 5.1.2]).

$$T^2=\{[(x,y)],[(s,0)],[(0,t)],[(0,0)]\mid 0<x,y<1,\ 0<s<1,\ 0<t<1\}$$

여기서 각 동치류는 다음과 같은 집합으로 주어진다.

$$[(x,y)]=\{(x,y)\},\ \ [(s,0)]=\{(s,0),(s,1)\},\ \ [(0,t)]=\{(0,t),(1,t)\},$$
$$[(0,0)]=\{(0,0),(1,0),(0,1),(1,1)\}$$

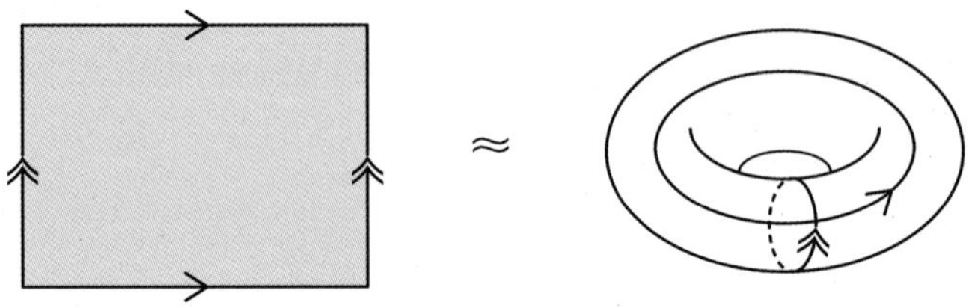

[그림 5.1.2] 토러스 □

예제 5.1.3

비슷한 방법으로, 클라인병도 만들 수 있다. 실제로 임의의 두 점 $(x_1,y_1),(x_2,y_2)\in X$에 대하여 동치관계 $\sim$를 다음과 같이 정의하자.

$$(x_1,y_1)\sim(x_2,y_2) \Leftrightarrow (x_1,y_1)=(x_2,y_2) \text{ 또는 } \begin{cases} x_2=x_1,\ y_2=y_1,\ \ \ \ 0<x_1,y_1<1, \\ x_2=1,\ y_2=1-y_1,\ x_1=0,0\le y_1\le 1, \\ x_2=x_1,\ y_2=1,\ \ \ \ y_1=0,0\le x_1\le 1 \end{cases}$$

이때, 동치류들의 모임 K^2는 다음과 같이 주어지고 **클라인병**이라 불린다([그림 5.1.3]).

$$K^2 = \{[(x,y)],[(s,0)],[(0,t)],[(0,0)] \mid 0 < x,y < 1,\ 0 < s < 1,\ 0 < t < 1\}$$

여기서 동치류 $[(0,t)] = \{(0,t),(1,1-t)\}$로 주어진다.

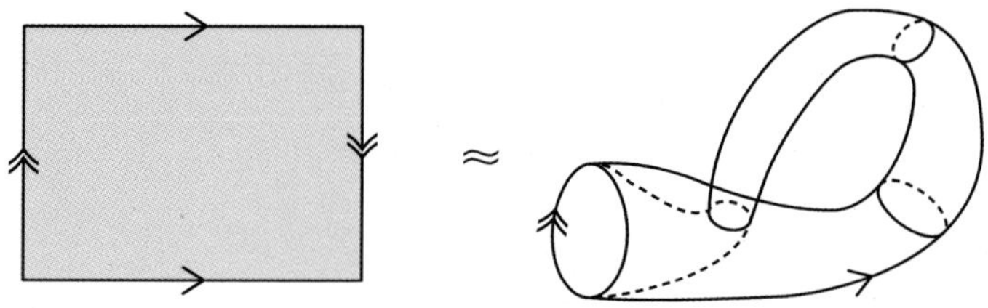

[그림 5.1.3] 클라인병 □

예제 5.1.4

2차원 구를 만들기 위해

$$D^2 = \{(x,y) \in \mathbb{R}^2 \mid x^2 + y^2 \le 1\}$$

일 때, 임의의 두 점 $(x_1,y_1),(x_2,y_2) \in D^2$에 대하여 동치관계 $\sim$를 다음과 같이 정의하자.

$$(x_1,y_1) \sim (x_2,y_2) \iff (x_1,y_1) = (x_2,y_2) \text{ 또는 } \begin{cases} x_2 = x_1,\ y_2 = y_1,\ x_1^2 + y_1^2 < 1, \\ x_2^2 + y_2^2 = 1, \quad x_1^2 + y_1^2 = 1 \end{cases}$$

이때, 동치류들의 모임 S^2는 다음과 같이 주어지고 **구** 또는 **구면**(sphere)이라 부른다([그림 5.1.4]).

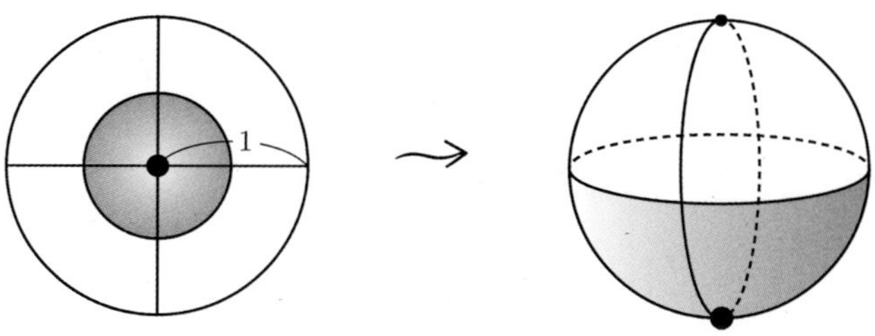

[그림 5.1.4] 2차원 구면 S^2

$$S^2 = \{ [(x,y)], [(1,0)] \mid x^2 + y^2 < 1 \}$$

여기서 각 동치류의 집합은 다음과 같이 주어진다.

$$[(x,y)] = \{ (x,y) \}, \ \ [(1,0)] = \{ (x,y) \mid x^2 + y^2 = 1 \} \qquad \square$$

예제 5.1.5

2차원 실사영평면을 만들기 위해

$$D^2 = \{ (x,y) \in \mathbb{R}^2 \mid x^2 + y^2 \le 1 \}$$

일 때, 임의의 두 점 $(x_1, y_1), (x_2, y_2) \in D^2$에 대하여 동치관계 $\sim$를 다음과 같이 정의하자.

$$(x_1, y_1) \sim (x_2, y_2) \iff (x_1, y_1) = (x_2, y_2) \text{ 또는 } \begin{cases} x_2 = x_1,\ y_2 = y_1, & x_1^2 + y_1^2 < 1, \\ x_2 = -x_1, y_2 = -y_1, & x_1^2 + y_1^2 = 1 \end{cases}$$

이때, 동치류들의 모임 $\mathbb{RP}^2$는 다음과 같이 주어지고 **실사영평면**이라 불린다([그림 5.1.5]).

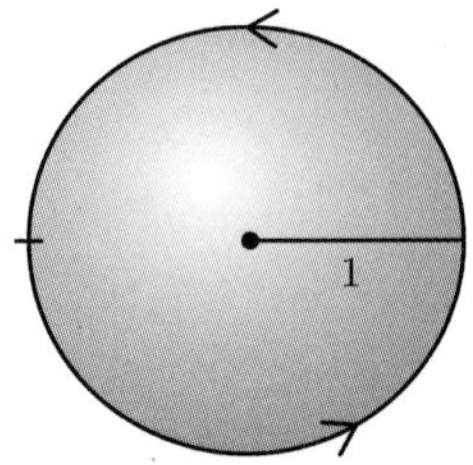

[그림 5.1.5] 실사영평면 $\mathbb{RP}^2$

$$\mathbb{RP}^2 = \{ [(x,y)], [(s,t)] \mid x^2 + y^2 < 1,\ s^2 + t^2 = 1,\ -1 < s \le 1,\ t \ge 0 \}$$

여기서 각 동치류의 집합은 다음과 같이 주어진다.

$$[(x,y)] = \{ (x,y) \}, \ \ [(s,t)] = \{ (s,t), (-s,-t) \}$$

실사영평면은 2차원 구

$$S^2 = \{ (x,y,z) \in \mathbb{R}^3 \mid x^2 + y^2 + z^2 = 1 \}$$

에 다음과 같은 동치관계를 주어 만들 수도 있다.

$$(x_1,y_1,z_1) \sim (x_2,y_2,z_2) \Leftrightarrow (x_2,y_2,z_2) = (x_1,y_1,z_1) \text{ 또는 } (x_2,y_2,z_2) = -(x_1,y_1,z_1)$$

이때, $A(x,y,z) = -(x,y,z)$를 **반극점사상** 또는 **대척사상**(anti-podal map)이라 부른다.

□

5.1 연습문제

1. 1차원 직선 $\mathbb{R}$상에 다음과 같은 관계를 주자.

$$x \sim y \Leftrightarrow x = y \text{ 또는 } xy > 0$$

(1) $\sim$가 $\mathbb{R}$에서 동치관계임을 보여라.

(2) 동치류들의 모임 $\mathbb{R}/\sim$를 설명하고, $\mathbb{R}/\sim$의 기하학적인 모양을 논하라.

2. 집합 X와 닫힌구간 $I=[0,1]$의 곱공간 $X \times I$에 다음과 같은 관계 $\sim$를 주자.

$$(x_1,t_1) \sim (x_2,t_2) \Leftrightarrow \begin{cases} x_1 = x_2,\ t_1 = t_2,\ 0 \le t_1 < 1, \\ t_2 = 1, \qquad\qquad t_1 = 1 \end{cases}$$

(1) $\sim$가 $X \times I$에서 동치관계임을 보여라.

(2) 동치류들의 모임 $X \times I/\sim$를 설명하고, $X \times I/\sim$의 기하학적인 모양을 논하라.

3. 2차원 평면 $\mathbb{R}^2$상에 다음과 같은 관계를 주자.

$$(x_1,y_1) \sim (x_2,y_2) \Leftrightarrow x_1^2 + y_1^2 = x_2^2 + y_2^2$$

(1) $\sim$가 $\mathbb{R}^2$에서 동치관계임을 보여라.

(2) 동치류들의 모임 $\mathbb{R}^2/\sim$를 설명하고, $\mathbb{R}^2/\sim$의 기하학적인 모양을 논하라.

4. 2차원 평면 $\mathbb{R}^2$상에 다음과 같은 관계를 주자.

$$(x_1,y_1) \sim (x_2,y_2) \Leftrightarrow -x_1^2 + y_1 = -x_2^2 + y_2$$

(1) $\sim$가 $\mathbb{R}^2$에서 동치관계임을 보여라.

(2) 동치류들의 모임 $\mathbb{R}^2/\sim$를 설명하고, $\mathbb{R}^2/\sim$의 기하학적인 모양을 논하라.

5. 2차원 평면 $\mathbb{R}^2$의 부분집합 $X=[-1,1]\times[-1,1]$상에 다음과 같은 관계를 주자.

$$(x_1,y_1) \sim (x_2,y_2) \Leftrightarrow -x_1^2+y_1=-x_2^2+y_2$$

(1) $\sim$가 X에서 동치관계임을 보여라.

(2) 동치류들의 모임 $X/\sim$를 설명하고, $X/\sim$의 기하학적인 모양을 논하라.

6. 2차원 평면 $\mathbb{R}^2$의 부분집합 $X=\mathbb{R}\times[0,\infty)$상에 다음과 같은 관계를 주자.

$$(x_1,y_1) \sim (x_2,y_2) \Leftrightarrow \begin{cases} y_2=y_1, & y_1\neq 0, \\ x_1=x_2,\ y_2=0,\ y_1=0 \end{cases}$$

(1) $\sim$가 X에서 동치관계임을 보여라.

(2) 동치류들의 모임 $X/\sim$를 설명하고, $X/\sim$의 기하학적인 모양을 논하라.

7. 실수의 집합 $\mathbb{R}$상에 다음과 같은 관계를 주자.

$$x \sim y \Leftrightarrow x=3^m y \text{를 만족하는 정수 } m\text{이 존재}$$

(1) $\sim$가 $\mathbb{R}$에서 동치관계임을 보여라.

(2) 동치류들의 모임 $\mathbb{R}/\sim$를 설명하고, $\mathbb{R}/\sim$의 기하학적인 모양을 논하라.

5.2 상사상과 상위상

토러스나 클라인병을 만들기 위해 이용했던 정사각형 $X=[0,1]\times[0,1]$을 2차원 보통 위상공간 $\mathbb{R}_u^2$의 부분공간으로 볼 수 있다. 또한, X로부터 T^2로 가는 사상 π를 동치류를 이용하여 다음과 같이 자연스럽게 정의할 수 있고 **고유사상**(canonical map)이라 부른다.

$$\pi : X \to T^2,\ (x,y) \mapsto [(x,y)]$$

이때, π는 전사함수이고 정의역은 위상공간이지만 공역은 아직 위상이 주어져 있지 않은 집합일 뿐이다. 이 절에서는 전사함수 π와 위상공간 X를 이용하여 T^2에 위상을 주는 방법을 설명한다.

이를 위해, 먼저 상사상의 개념을 소개한다.

정의 5.2.1 두 위상공간 $(X,\mathfrak{I}_X)$, $(Y,\mathfrak{I}_Y)$와 그 사이의 전사함수

$$p:(X,\mathfrak{I}_X) \to (Y,\mathfrak{I}_Y)$$

에 대하여 임의의 부분집합 $U\subset Y$가

$$U\in\mathfrak{I}_Y \Leftrightarrow p^{-1}(U)\in\mathfrak{I}_X$$

를 만족할 때, p를 **상사상**(quotient map)이라 한다.

상사상을 정의하기 위해 열린집합 대신에 닫힌집합을 이용할 수도 있고, 상사상이란 성질은 정의에 의해 함수의 연속성보다 더 강한 조건임을 알 수 있다.

보조정리 5.2.2 두 위상공간 $(X,\mathfrak{I}_X)$, $(Y,\mathfrak{I}_Y)$와 그 사이의 전사함수

$$p:(X,\mathfrak{I}_X) \to (Y,\mathfrak{I}_Y)$$

가 연속이고 열린사상이거나 닫힌사상이면 p는 상사상이다.

증명 p가 열린사상인 경우만 증명한다. 가정에 의해 p는 연속함수이므로 임의의 열린집합 $U \in \mathfrak{I}_Y$에 대하여 $p^{-1}(U) \in \mathfrak{I}_X$를 만족한다. 또한 $p^{-1}(U) \in \mathfrak{I}_X$라면 p가 열린사상이므로 $p(p^{-1}(U)) = U$가 다시 Y에서 열린집합이다. 따라서 p는 상사상이다. □

[보조정리 5.2.2]의 역은 일반적으로 성립하지 않는다.

예제 5.2.3

$X = [0,1] \bigcup [2,3]$과 $Y = [0,2]$가 실수 집합의 보통위상공간 $\mathbb{R}_u$의 부분공간일 때, 다음과 같이 정의된 함수

$$p : X \to Y,\ p(x) = \begin{cases} x, & 0 \le x \le 1, \\ x-1, & 2 \le x \le 3 \end{cases}$$

는 전사이고 연속이며 닫힌사상이다([그림 5.2.1]). 따라서 [보조정리 5.2.2]에 의해 상사상이다. 하지만 X에서 열린집합 $[0,1]$의 상 $p([0,1]) = [0,1]$이 Y에서 열린집합이 아니므로 p는 열린사상이 아니다. □

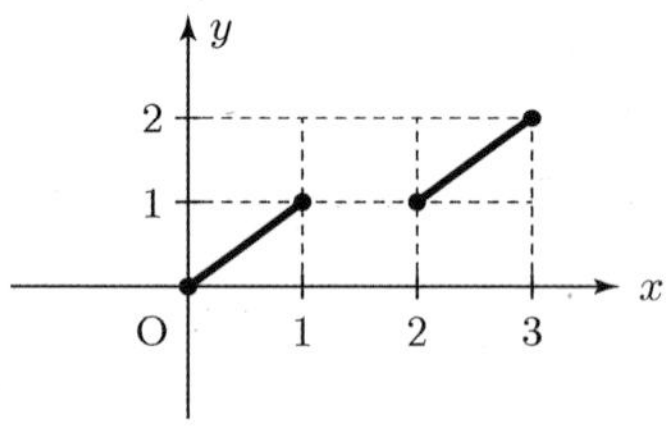

[그림 5.2.1]

예제 5.2.4

이번에는 $X = [0,1) \bigcup [2,3]$과 $Y = [0,2]$가 실수 집합의 보통위상공간 $\mathbb{R}_u$의 부분공간일 때, 다음과 같이 정의된 함수

$$p : X \to Y,\ p(x) = \begin{cases} x, & 0 \le x < 1, \\ x-1, & 2 \le x \le 3 \end{cases}$$

는 전사이고 연속이지만 닫힌사상도 열린사상도 아니다([그림 5.2.2]). 실제로 X의 열린집합 $[2,3]$의 상 $p([2,3]) = [1,2]$는 Y에서 열린집합이 아니고 X의 닫힌집합 $[0,1)$의 상 $p([0,1)) = [0,1)$는 Y의 닫힌집합이 아니다. 한편 $p^{-1}([1,2]) = [2,3]$는 X의 열린집합이

지만 $[1,2]$는 Y의 열린집합이 아니므로 p는 상사상도 아니다. 또한 다음과 같이 정의된 함수 $q:[0,2]\cup[3,4)\cup[5,6]\to[0,2]$는 연속이고 상사상이지만 열린사상도 아니고 닫힌 사상도 아니다([그림 5.2.2]).

$$q(x)=\begin{cases}x, & 0\le x\le 2,\\ x-3, & 3\le x<4,\\ x-4, & 5\le x\le 6\end{cases}$$ □

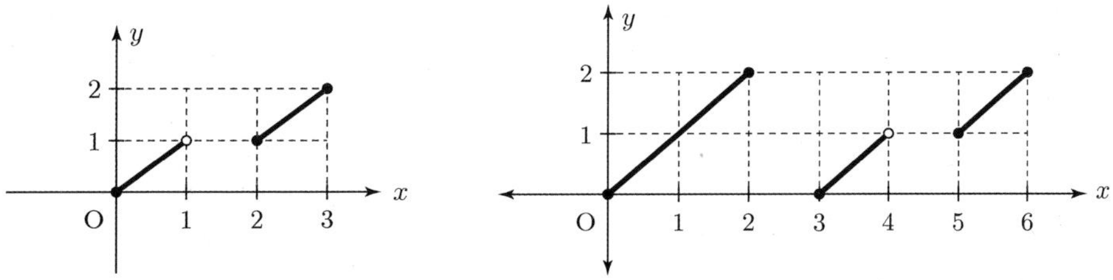

[그림 5.2.2]

[보조정리 5.2.2]의 필요충분조건을 찾기 위해 다음 정의가 필요하다.

정의 5.2.5 두 집합 X, Y와 그 사이에서 정의된 전사함수

$$p:X\to Y$$

에 대하여 X의 부분집합 C가 다음 조건을 만족할 때, C를 **포화된 집합**(saturated set)이라 한다.

$$C\cap p^{-1}(y)\neq\varnothing,\ y\in Y\Rightarrow p^{-1}(y)\subset C$$

다음 보조정리가 성립한다.

보조정리 5.2.6 두 위상공간 $(X,\mathfrak{I}_X)$, $(Y,\mathfrak{I}_Y)$와 그 사이의 전사함수

$$p:(X,\mathfrak{I}_X)\to(Y,\mathfrak{I}_Y)$$

가 상사상일 필요충분조건은 다음 두 조건 (1), (2)를 만족하는 것이다.

(1) p가 연속이다.

(2) X의 임의의 포화된 열린집합 C의 상 $p(C)$가 Y의 열린집합이다.

증명 (⇒) 상사상의 정의에 의해 (2)만 증명하면 충분하다. 실제로 $C \neq \varnothing$가 X의 임의의 포화된 열린집합일 때,

$$p^{-1}(p(C)) \bigcap C \neq \varnothing$$

이므로 $p^{-1}(p(C)) \subset C$이다. 한편, $C \subset p^{-1}(p(C))$는 항상 성립하므로

$$C = p^{-1}(p(C))$$

이다. 결론적으로 C가 열린집합이고 p는 상사상이므로 $p(C)$도 Y의 열린집합이다.

(⇐) 가정 (1)에 의해 p가 연속이므로 $p^{-1}(V)$가 X의 열린집합일 때, V가 Y의 열린집합임을 보이면 충분하다. 실제로, $p^{-1}(V)$가 포화된집합이므로 가정 (2)에 의해 $p(p^{-1}(V)) = V$가 열린집합이다. □

보조정리 5.2.7 두 상사상 $p: X \to Y$, $q: Y \to Z$의 합성함수

$$q \circ p: X \to Z$$

도 상사상이다.

증명 만약 $p^{-1}(q^{-1}(U)) = (q \circ p)^{-1}(U)$가 X의 열린집합이면 p가 상사상이므로 $q^{-1}(U)$도 Y의 열린집합이다. 따라서 q가 상사상이므로 U가 Z의 열린집합이다. 그 역도 자명하게 성립한다. □

정의 5.2.8 위상공간 $(X, \mathfrak{I}_X)$와 집합 Y에 대하여 전사함수

$$p: X \to Y$$

를 고려하자. 그런 다음, Y에 다음과 같은 Y의 멱집합의 부분집합 $\mathfrak{I}_Q$를 정의하자.

$$\mathfrak{I}_Q = \{U \subset Y \mid p^{-1}(U) \in \mathfrak{I}_X\}$$

이때, $\mathfrak{I}_Q$를 **상위상**(quotient topology)이라 한다.

다음 보조정리가 성립한다. 그 증명은 거의 자명하므로 독자에게 맡긴다.

보조정리 5.2.9 $\mathfrak{I}_Q$는 Y상의 위상이다.

예제 5.2.10

위상공간 $(X,\mathfrak{I}_X)$에 동치관계를 주어 만든 동치류들의 집합 X^*로 가는 고유사상

$$\pi : X \to X^*,\ x \mapsto [x]$$

는 전사함수이다. 따라서 X^*에 상위상을 주어 위상공간 $(X^*,\mathfrak{I}_Q)$를 만들 수 있다. 다음 [그림 5.2.3]과 [그림 5.2.4]는 토러스와 구면상에서 정의된 상위상의 열린집합을 나타낸다. □

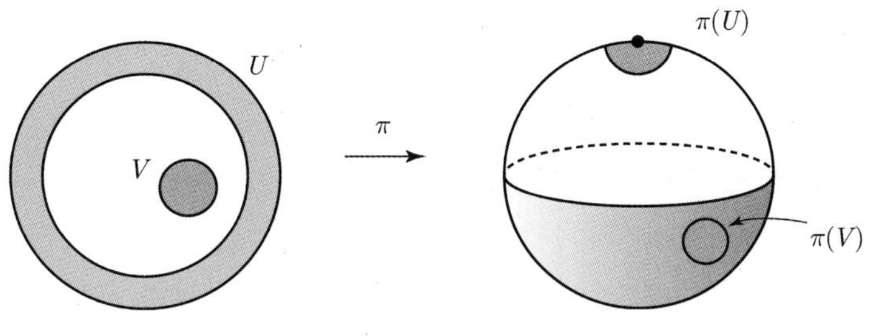

[그림 5.2.3]

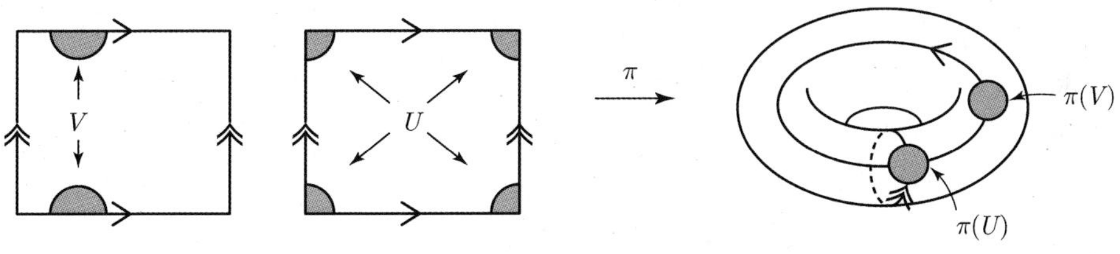

[그림 5.2.4]

예제 5.2.11

하우스도르프공간의 조건을 만족하는 위상공간 $(X,\mathfrak{I}_X)$에 동치관계를 주어 만든 상공간 $(X^*,\mathfrak{I}_Q)$는 일반적으로 하우스도르프공간이 아니다. 예를 들어

$$X = \{(x, \pm 1) \mid x \in \mathbb{R}\}$$

가 $\mathbb{R}_u^2$의 부분공간일 때, 임의의 두 점 $(x_1,t_1),(x_2,t_2) \in X$에 대하여 동치관계 $\sim$를 다음과 같이 정의하자.

$$(x_1,t_1) \sim (x_2,t_2) \Leftrightarrow \begin{cases} x_2 = 0,\ t_2 = t_1, & x_1 = 0, \\ x_2 = x_1,\ t_2 = \pm t_1, & x_1 \neq 0 \end{cases}$$

이때, 상공간 $(X^*, \mathfrak{I}_Q)$를 다음 그림과 같이 두 원점

$$P = [(0,1)],\ Q = [(0,-1)]$$

를 가진 직선으로 생각할 수 있다. 따라서 P와 Q의 열린근방은 항상 서로 만나게 된다. 즉, $(X^*, \mathfrak{I}_Q)$는 하우스도르프공간이 아니다([그림 5.2.5]).

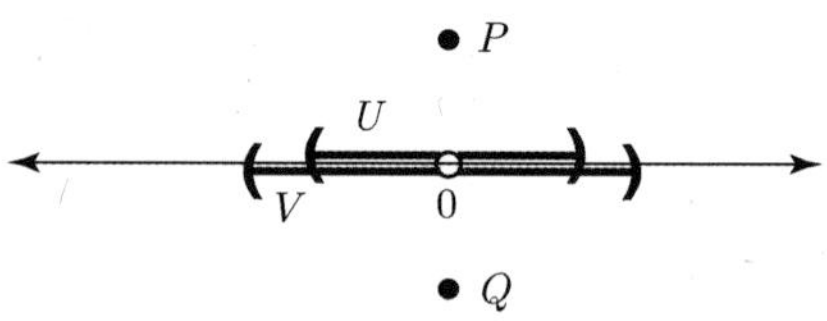

[그림 5.2.5] 두 개의 원점을 가진 직선 □

다음 정리는 상공간을 기존의 익숙한 위상공간으로 볼 수 있게 하는 유용한 방법을 말해준다.

정리 5.2.12 위상공간 X, Y, Z에 대하여 $p : X \to Y$가 상사상이고 함수 $g : X \to Z$가 각각의 역상 $p^{-1}(y)$, $y \in Y$에서 상수일 때, 다음 성질이 성립한다([그림 5.2.6]).

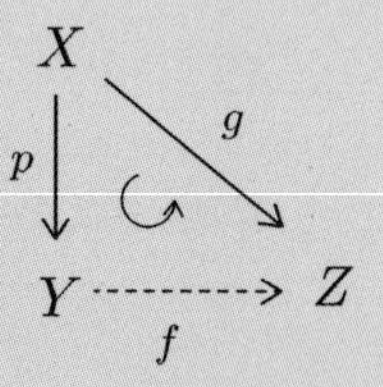

[그림 5.2.6]

(1) $g = f \circ p$를 만족하는 함수 $f : Y \to Z$가 존재한다.
(2) f가 연속일 필요충분조건은 g가 연속인 것이다.
(3) f가 상사상일 필요충분조건은 g가 상사상인 것이다.

증명 (1) 각각의 $y \in Y$에 대하여 $p^{-1}(y)$에서 적당한 원소 x를 택하여 $f(y) = g(x)$로

정의하자. 그러면 g가 각각의 역상 $p^{-1}(y)$에서 상수이고 p는 전사함수이므로 함수 $f : Y \to Z$는 잘 정의된다. 또한 임의의 $x \in X$에 대하여

$$g(x) = f(y) = f(p(x))$$

가 성립한다.

(2) ($\Rightarrow$) f와 p가 연속이므로 g도 연속이다.

($\Leftarrow$) 임의의 열린집합 $V \subset Z$에 대하여 g가 연속이므로 $g^{-1}(V)$가 열린집합이다. 또한,

$$g^{-1}(V) = p^{-1}(f^{-1}(V))$$

이고 p가 상사상이므로 $f^{-1}(V)$가 열린집합이다. 따라서 f는 연속이다.

(3) ($\Rightarrow$) f와 p가 상사상이므로 [보조정리 5.2.7]에 의해 g도 상사상이다.

($\Leftarrow$) g가 전사함수이므로 f도 전사함수이다. 또한 V가 Z의 열린집합일 때, g가 상사상이므로 $g^{-1}(V) = p^{-1}(f^{-1}(V))$가 X의 열린집합이다. 따라서 p가 상사상이므로 $f^{-1}(V)$가 Y의 열린집합이다. 반대로 $f^{-1}(V)$가 Y의 열린집합이라면 p가 상사상(또는 연속)이므로

$$g^{-1}(V) = p^{-1}(f^{-1}(V))$$

도 열린집합이다. 한편 g가 상사상이므로 V가 Z의 열린집합이다. □

위 정리의 결과를 동치류들의 집합으로 만들어진 상공간에 다음과 같이 적용할 수 있다.

정리 5.2.13 위상공간 X, Z와 전사인 연속함수 $g : X \to Z$에 대하여 X^*를 X에 동치관계를 주어 만든 상공간이라 할 때, 각각의 $z \in Z$에 대하여

$$g^{-1}(z) = [x], \quad x \in g^{-1}(z)$$

라 하자. 이때, 다음 성질이 성립한다([그림 5.2.7]).

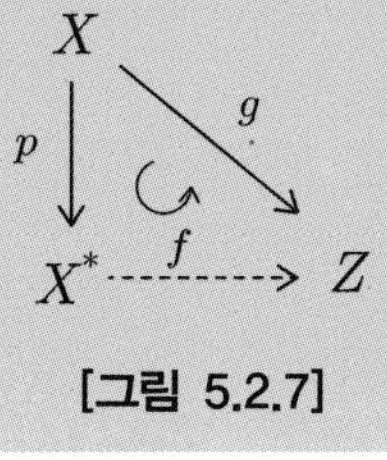

[그림 5.2.7]

(1) $g=f\circ p$를 만족하는 전단사 연속함수 $f:X^* \to Z$가 존재한다. 단, $p:X\to X^*$는 고유사상을 나타낸다.
(2) f가 위상동형사상일 필요충분조건은 g가 상사상인 것이다.
(3) Z가 하우스도르프공간이면 X^*도 하우스도르프공간이다.

증명 $p:X\to X^*$, $x\mapsto [x]$로 주어진 사상은 전사이고 각각의 $[x]\in X^*$에 대하여 $p^{-1}([x])=g^{-1}(z)$이므로 g가 $p^{-1}([x])$에서 상수이다. 따라서 [정리 5.2.12]를 적용할 수 있다.

(1) [정리 5.2.12] (1), (2)에 의해 $g=f\circ p$를 만족하는 전사함수이고 연속인 f가 존재한다. 또한, $f([x])=f([x'])$이면 $g(x)=g(x')$이다. 따라서 $[x]=[x']$이다. 즉, f가 단사함수이다.
(2) f가 전단사함수이므로 f가 위상동형사상일 필요충분조건은 f가 상사상인 것이다. 한편, p가 상사상이므로 [정리 5.2.12] (3)에 의해 f가 위상동형사상일 필요충분조건은 g가 상사상인 것이다.
(3) X^*가 하우스도르프공간임을 보이기 위해 임의의 서로 다른 두 원소 $[x]$, $[x']\in X^*$를 택하자. 그러면 $g^{-1}(z)=[x]$이고 $g^{-1}(z')=[x']$일 때,

$$z\neq z'$$

이다. 가정에 의해 Z가 하우스도르프공간이므로 서로 만나지 않는 각각의 열린근방 $U_z, U_{z'}$이 존재한다. 따라서 $[x]\in f^{-1}(U_z)$, $[x']\in f^{-1}(U_{z'})$인 열린집합이 존재하고

$$f^{-1}(U_z)\bigcap f^{-1}(U_{z'})=\varnothing$$

이다. 즉, X^*는 하우스도르프공간이다. □

예제 5.2.14

실수의 보통위상공간 $\mathbb{R}_u$에 다음과 같은 동치관계를 주자.

$$x\sim y \Leftrightarrow x-y\in\mathbb{Z}$$

이때,

$$g:\mathbb{R}\to S^1,\ x\mapsto (\cos(2\pi x),\sin(2\pi x))$$

는 전사이고 연속함수이며 열린사상이다. 따라서 g는 상사상이고, [정리 5.2.13] (2)에 의해

$$f:\mathbb{R}^* \to S^1,\ f([x]) = g(x)$$

는 위상동형사상이다. 상공간 $\mathbb{R}^*$를 종종 $\mathbb{R}/\sim$로 표현하기도 한다.

한편 g는 닫힌사상은 아니다. 실제로 $\mathbb{R}_u$의 닫힌집합

$$C = \left\{ n-1+\frac{1}{n+1} \mid n = 1,2,3,\dots \right\}$$

의 g의 상

$$g(C) = \left\{ \left(\cos\left(\frac{2\pi}{n+1}\right), \sin\left(\frac{2\pi}{n+1}\right) \right) \mid n = 1,2,3,\dots \right\}$$

은 $(1,0)$을 극한점으로 가지고 있으나 $(1,0)$은 $g(C)$의 원소가 아니므로 $g(C)$는 S^1의 닫힌집합이 아니다. □

예제 5.2.15

2차원 보통위상공간 $\mathbb{R}_u^2$의 부분공간

$$X = [-2,-1] \times [1,2] \bigcup [1,2] \times [2,3]$$

에 다음과 같은 동치관계를 주자([그림 5.2.8]).

$$(x_1, y_1) \sim (x_2, y_2) \Leftrightarrow x_1 - x_2 = y_1 - y_2$$

이때,

$$g: X \to [0,4],\ (x,y) \mapsto y-x$$

는 전사이고 연속함수이며 X가 컴팩트이므로 닫힌사상이다([정리 7.2.3] 참고). 따라서 g는 상사상이고, [정리 5.2.13] (2)에 의해

$$f: X/\sim \ \to [0,4],\ f([(x,y)]) = g(x,y)$$

는 위상동형사상이다.

한편, 함수 g는 열린사상은 아니다. 실제로 $[1,3/2) \times (5/2,3]$는 X의 열린집합이지만

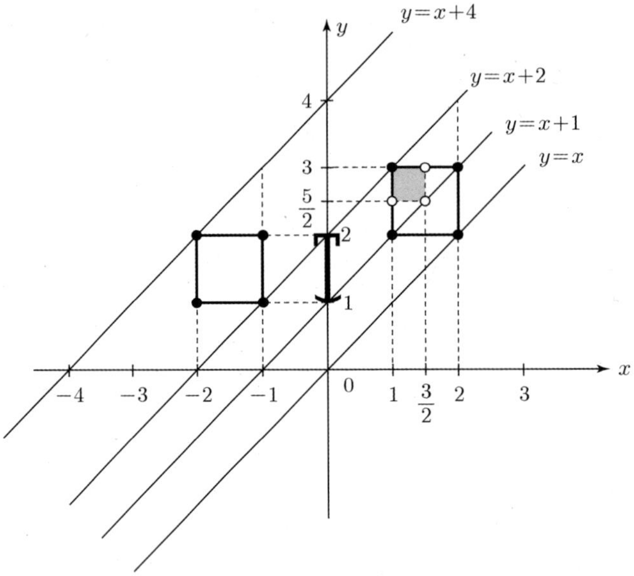

[그림 5.2.8]

$g([1,3/2)\times(5/2,3]) = (1,2]$는 $[0,4]$에서 열린집합이 아니다. □

예제 5.2.16

5.1절의 [예제 5.1.2]에서 정의한 토러스의 경우에는

$$g : X \to \mathbb{T}^2 \subset \mathbb{R}^4_u,\ (x,y) \mapsto ((\cos(2\pi x),\sin(2\pi x)),(\cos(2\pi y),\sin(2\pi y)))$$

가 전사이고 연속이며 닫힌사상이 된다. 단, 여기서

$$\mathbb{T}^2 = \{(x_1, x_2, x_3, x_4) \in \mathbb{R}^4 \mid x_1^2 + x_2^2 = 1,\ x_3^2 + x_4^2 = 1\}$$

이다. 따라서 $X/\sim$와 $\mathbb{T}^2$는 서로 위상동형이다. □

5.2 연습문제

1. 다음과 같이 주어진 함수 $f:\mathbb{R}_u \to Y=\{a,b,c\}$를 이용하여 Y상에 상위상 $\mathfrak{I}_Q$를 찾아라.

$$f(x)=\begin{cases} a, & x>0, \\ b, & x=0, \\ c, & x<0 \end{cases}$$

2. 다음과 같이 주어진 함수 $f:\mathbb{R}_l \to Y=\{a,b,c,d\}$를 이용하여 Y상에 상위상 $\mathfrak{I}_Q$를 찾아라.

$$f(x)=\begin{cases} a, & x<-2, \\ b, & x=-2, \\ c, & -2<x\le 0, \\ d, & x>0 \end{cases}$$

3. $X=\{a,b,c,d,e\}$에 다음과 같은 위상 $\mathfrak{I}$를 준 위상공간 $(X,\mathfrak{I})$를 고려하자.

$$\mathfrak{I}=\{\varnothing, X, \{a\}, \{c,d\}, \{a,c,d\}, \{b,c,d,e\}\}$$

X의 분할(partition) $\mathcal{P}=\{\{a\},\{b,e\},\{c,d\}\}$일 때, 다음 물음에 답하라.

(1) $\mathcal{P}$를 이용하여 X상에 다음과 같은 관계 $\sim$를 줄 때, 동치류들의 모임 $X/\sim=\{[x]\mid x\in X\}$를 찾아라.

$$x\sim y \Leftrightarrow x\text{와 } y\text{를 동시에 포함하는 } \mathcal{P}\text{의 원소 } A\text{가 존재}$$

(2) 고유사상

$$q:X\to X/\sim,\ x\mapsto [x]$$

를 이용하여 $X/\sim$에 상위상 $\mathfrak{I}_Q$를 주어라.

4. π_1을

$$\pi_1:\mathbb{R}_u^2\to\mathbb{R}_u,\ (x,y)\mapsto x$$

과 같이 정의된 사영사상이라 하고

$$A=\{(x,y)\mid x\ge 0\}\bigcup\{(x,x)\mid x<0\}$$

를 $\mathbb{R}_u^2$의 부분공간이라 하자. 이때, 다음 물음에 답하라.

(1) $\pi_1|_A:A\to\mathbb{R}_u$를 π_1의 정의역을 A로 제한하여 얻은 축소사상이라 하고 $q=\pi_1|_A$라 하자. 이때, $q^{-1}([0,1))$이 열린집합인지 판별하라.

(2) 위의 (1)에서 정의된 q가 열린사상인지 닫힌사상인지 판별하라.

5. K-위상공간 $\mathbb{R}_K$에 대하여 다음 물음에 답하라.

(1) 항등함수 $Id : \mathbb{R}_K \to \mathbb{R}_u$가 상사상인가? 자세히 설명하라.

(2) $\mathbb{R}$의 임의의 두 원소 x, y에 대하여 다음과 같은 관계 $\sim$를 주자.

$$x \sim y \Leftrightarrow x = y \text{ 또는 } x, y \in K$$

이때, 관계 $\sim$가 동치관계임을 증명하라.

(3) q를 동치류를 이용하여

$$q : \mathbb{R}_K \to \mathbb{R}/\sim,\ x \mapsto [x]$$

로 정의하고 q를 이용하여 $\mathbb{R}/\sim$에 상위상 $\mathfrak{I}_Q$를 주자. 임의의 원소 $[x] \in \mathbb{R}/\sim$에 대하여, 한 개의 원소로 이루어진 단집합 $\{[x]\}$이 닫힌집합인지 판별하라.

(4) $(\mathbb{R}/\sim, \mathfrak{I}_Q)$가 T_2-공간인가? 자세히 설명하라.

6. 함수 $f : (X, \mathfrak{I}_X) \to (Y, \mathfrak{I}_Y)$가 상사상일 때, 임의의 함수

$$g : (Y, \mathfrak{I}_Y) \to (Z, \mathfrak{I}_Z)$$

가 연속함수일 필요충분조건은 합성함수

$$g \circ f : (X, \mathfrak{I}_X) \to (Z, \mathfrak{I}_Z)$$

가 연속인 것임을 보여라.

7. 함수

$$f : \mathbb{R} \to \mathbb{Z},\ f(x) = [x]$$

에 대하여

$$\mathfrak{I}_Q = \left\{ U \subset \mathbb{Z} \mid f^{-1}(U) \in \mathbb{R}_u \right\}$$

라 할 때, $\mathbb{Z}$의 위상 $\mathfrak{I}_Q$에 관해 다음 물음에 답하라.

(1) $A = \{\ldots, 2017, 2018\} \subset \mathbb{Z}$의 내부 A°과 도집합 A'을 계산하라.

(2) 임의의 정수 n에 대하여, $B = \{n\}$의 내부 B°과 도집합 B'을 계산하라.

(3) $C = \{0, 1, 2, \ldots\}$의 내부 C°과 도집합 C'을 계산하라.

8. 보통위상공간 $\mathbb{R}_u$와 정수의 부분집합 $X = \{n \in \mathbb{Z} \mid n \geq 0\}$에 대하여,

$$f(x) = [x^2]$$

로 정의된 전사함수 $f : \mathbb{R}_u \to X$가 유도하는 X상의 상위상 $\mathfrak{I}_Q$를 찾아라. 단, 여기서 $[x^2]$은 x^2를 넘지 않는 최대정수를 나타낸다.

9. $I=[-1,1]$이 보통위상공간 $\mathbb{R}_u$의 부분공간일 때, 다음과 같이 정의된 함수 $f:\mathbb{R}_u \to I$가 상사상인지 판별하라.

$$f(x)=\begin{cases}-1, & x \le -1,\\ x, & -1<x<1,\\ 1, & x \ge 1\end{cases}$$

10. 유클리드 공간 $\mathbb{R}_u^2$상에 다음과 같은 동치관계를 주자.

$$(x_1,y_1) \sim (x_2,y_2) \Leftrightarrow x_1 = x_2$$

이때, 상공간 $\mathbb{R}_u^2/\sim$가 $\mathbb{R}_u$와 위상동형임을 보여라.

11. $X=S^1\times[0,1]$가 3차원 유클리드 공간 $\mathbb{R}_u^3$의 부분공간이고

$$A = S^1\times\left\{0,\frac{1}{2},1\right\}$$

일 때, X에 다음과 같은 동치관계 $\sim$를 주자.

$$(x_1,y_1) \sim (x_2,y_2) \Leftrightarrow (x_1,y_1)=(x_2,y_2) \text{ 또는 } (x_1,y_1),(x_2,y_2)\in A$$

이때, 상공간 $(X/\sim,\mathfrak{I}_Q)$의 모양과 위상 $\mathfrak{I}_Q$를 기저를 이용하여 묘사하라.

12. 위상공간 $(X,\mathfrak{I}_X)$와 집합 Y에 대하여, 전사함수

$$p:X\to Y$$

를 이용하여 Y에 상위상 $\mathfrak{I}_Q$를 주자. $\mathfrak{I}_Y$가 Y상의 임의의 위상일 때,

$$p:(X,\mathfrak{I}_X)\to(Y,\mathfrak{I}_Y)$$

가 연속이면 $\mathfrak{I}_Y\subseteq\mathfrak{I}_Q$임을 보여라.

13. 위상공간 $(X,\mathfrak{I}_X)$와 X상에서 정의된 동치관계 $\sim$에 대하여, 고유사상

$$q:(X,\mathfrak{I}_X)\to X/\sim,\ x\mapsto[x]$$

를 이용하여 $X/\sim$에 상위상 $\mathfrak{I}_Q$를 주자. 그러면 $q:(X,\mathfrak{I}_X)\to(X/\sim,\mathfrak{I}_Q)$는 상사상이다. 이때, 다음 두 명제가 서로 동치임을 보여라.

(1) 상공간 $(X/\sim,\mathfrak{I}_Q)$가 T_1-공간이다.

(2) 임의의 $[x]\in X/\sim$에 대하여, $q^{-1}([x])=\{y\in X\mid x\sim y\}$가 $(X,\mathfrak{I}_X)$에서 닫힌 집합이다.

14. 다음과 같이 정의된 함수 $f:\mathbb{R}_u \to \mathbb{Z}$와 f에 의해 유도된 $\mathbb{Z}$상의 상위상 $\mathfrak{I}_Q$에 대하여, 다음 물음에 답하라([그림 5.2.9]).

$$f(x) = \begin{cases} x, & x \in \mathbb{Z}, \\ n, & n-1 < x < n+1,\ n = \text{홀수의 정수} \end{cases}$$

(1) 집합

$$\mathscr{B} = \{\{2m-1\}, \{2n-1, 2n, 2n+1\} \mid m, n \in \mathbb{Z}\}$$

가 $\mathbb{Z}$상에서 한 위상의 기저임을 보여라.

(2) 기저 $\mathscr{B}$에 의해 생성된 위상 $\mathfrak{I}_{\mathscr{B}}$ 와 $\mathfrak{I}_Q$가 서로 같음을 보여라.

(3) $A = \{1, 2, 3, 4\}$일 때, 위상공간 $(\mathbb{Z}, \mathfrak{I}_Q)$에서 A의 도집합 A', 내부 A°, 외부 A^e, 경계 ∂A를 구하라.

(4) 위상공간 $(\mathbb{Z}, \mathfrak{I}_Q)$가 T_0-공간이지만 T_1-공간은 아님을 보여라.

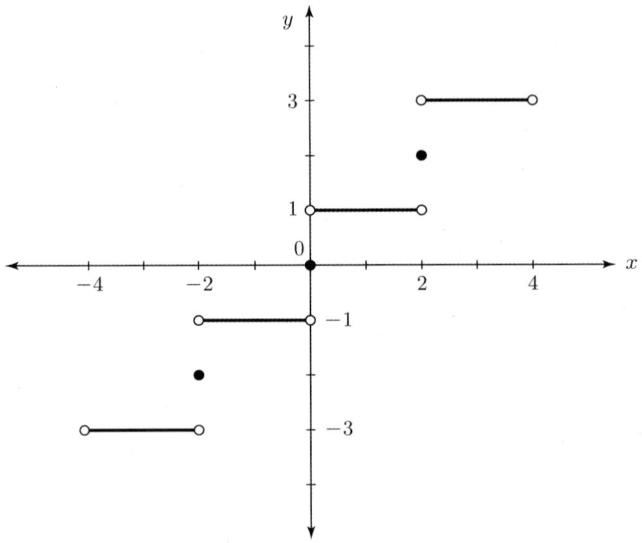

[그림 5.2.9]

15. 보통위상공간 $\mathbb{R}_u$에 대하여 다음 물음에 답하라.

(1) $\mathbb{R}$의 임의의 두 원소 x, y에 대하여 다음과 같은 관계 $\sim$를 주자.

$$x \sim y \Leftrightarrow x = y \text{ 또는 } xy > 0$$

이때, 관계 ~가 동치관계임을 증명하라.

(2) q를 동치류를 이용하여

$$q:\mathbb{R}_u \to \mathbb{R}/\sim,\ x \mapsto [x]$$

로 정의하고 q를 이용하여 $\mathbb{R}/\sim$에 상위상 $\mathfrak{I}_Q$를 주자. 임의의 원소 $[x] \in \mathbb{R}/\sim$

에 대하여, 한 개의 원소로 이루어진 단집합 $\{[x]\}$이 닫힌집합인지 판별하라.

(3) $(\mathbb{R}/\sim, \mathfrak{I}_Q)$가 T_1-공간인지 판별하라.

16. 실수의 집합 $\mathbb{R}$에 다음과 같은 분할 $\mathcal{P}$를 고려하자.

$$\mathcal{P} = \{(2n, 2n+2] \subset \mathbb{R} \mid n \in \mathbb{Z}\}$$

이때, 다음 물음에 답하라.

(1) 분할 $\mathcal{P}$를 이용하여 $\mathbb{R}$상에 동치관계 $\sim$를 정의하고 고유사상

$$q : \mathbb{R}_u \to \mathbb{R}/\sim, \ x \mapsto [x]$$

를 이용하여 $\mathbb{R}/\sim$에 상위상 $\mathfrak{I}_Q$를 줄 때, 위상공간 $(\mathbb{R}/\sim, \mathfrak{I}_Q)$가 비이산공간임을 보여라.

(2) 고유사상

$$q : \mathbb{R}_l \to \mathbb{R}/\sim, \ x \mapsto [x]$$

를 이용하여 $\mathbb{R}/\sim$에 상위상 $\mathfrak{I}_Q$를 줄 때, 위상공간 $(\mathbb{R}/\sim, \mathfrak{I}_Q)$가 비이산공간인지 판별하라.

(3) 고유사상

$$q : \mathbb{R}_p \to \mathbb{R}/\sim, \ x \mapsto [x]$$

를 이용하여 $\mathbb{R}/\sim$에 상위상 $\mathfrak{I}_Q$를 줄 때, 위상공간 $(\mathbb{R}/\sim, \mathfrak{I}_Q)$가 비이산공간인지 판별하라. 단, 여기서 $\mathbb{R}_p$는 실수의 집합 $\mathbb{R}$상에서 정의된 상극한위상공간을 나타낸다.

17. 실수의 집합 $\mathbb{R}$의 임의의 두 원소 x, y에 대하여 다음과 같은 동치관계 $\sim$를 주자.

$$x \sim y \Leftrightarrow x = 3^m y\text{를 만족하는 정수 } m\text{이 존재}$$

이때, 보통위상공간 $\mathbb{R}_u$와 동치관계 $\sim$에 대하여 다음 물음에 답하라.

(1) q를 동치류를 이용하여

$$q : \mathbb{R}_u \to \mathbb{R}/\sim, \ x \mapsto [x]$$

로 정의하고 q를 이용하여 $\mathbb{R}/\sim$에 상위상 $\mathfrak{I}_Q$를 주자. 임의의 원소 $[x] \in \mathbb{R}/\sim$에 대하여, 한 개의 원소로 이루어진 단집합 $\{[x]\}$가 닫힌집합인지 판별하라.

(2) $(\mathbb{R}/\sim, \mathfrak{I}_Q)$가 T_1-공간인지 판별하라.

(3) $A = \{[0]\}$일 때, 상공간 $(\mathbb{R}/\sim, \mathfrak{I}_Q)$에 대하여 A의 폐포, 도집합, 내부, 외부, 경계를 구하라.

(4) $B = \{[1]\}$일 때, 상공간 $(\mathbb{R}/\sim, \mathfrak{I}_Q)$에 대하여 B의 폐포, 도집합, 내부, 외부, 경계를 구하라.

(5) $C=\{[x] \mid 1<x<2\}$일 때, 상공간 $(\mathbb{R}/\sim, \mathfrak{I}_Q)$에 대하여 C의 폐포, 도집합, 내부, 외부, 경계를 구하라.

(6) $D=\{[x] \mid -3<x<-1\}$일 때, 상공간 $(\mathbb{R}/\sim, \mathfrak{I}_Q)$에 대하여 D의 폐포, 도집합, 내부, 외부, 경계를 구하라.

(7) 하극한위상공간 $\mathbb{R}_l$에 대하여, 위의 문제 (1)-(6)에 대해 답하라.

18. 보통위상공간(또는 유클리드공간) $\mathbb{R}^2$의 부분공간

$$X=\left\{(x_1, x_2)\in\mathbb{R}^2 \;\middle|\; \frac{x_1^2}{5^2}+\frac{x_2^2}{3^2}\le 1\right\}$$

에 다음과 같은 동치관계 $\sim$를 주자.

$$(x_1, x_2) \sim (y_1, y_2) \Leftrightarrow x_1^2+x_2=y_1^2+y_2$$

이때, 고유사상

$$\pi : X \to X/\sim, \quad (x_1, x_2) \mapsto [(x_1, x_2)]$$

를 이용하여 상공간 $(X/\sim, \mathfrak{I}_Q)$를 구하라.

(힌트: $X/\sim=[-3, 25.09]$이고 $\mathfrak{I}_Q$는 보통위상공간 $\mathbb{R}_u$의 부분공간)

19. 실수의 집합 $\mathbb{R}$의 부분집합인 열린구간 $X=(0, \infty)$상에서 다음과 같이 정의된 기저

$$\mathscr{B}=\{(0, a)\subset\mathbb{R} \mid a\in\mathbb{R},\ a>0\}$$

에 의해 생성된 위상을 $\mathfrak{I}_{\mathscr{B}}$ 라 하자. 이때. 다음 물음에 답하라.

(1) 위상공간 $(X, \mathfrak{I}_{\mathscr{B}})$가 T_0, T_1, T_2-공간인지 판별하라.

(힌트: T_0-공간이지만 T_1-공간 아니다.)

(2) X상에서 다음과 같은 동치관계 $\sim$를 줄 때, 모든 동치류들의 모임

$$X/\sim=\{[x] \mid x\in X\}$$

를 고려하자.

$$\text{임의의 } x, y\in X\text{에 대하여, } x\sim y \Leftrightarrow x-y\in\mathbb{Z}$$

고유사상 $\pi : (X, \mathfrak{I}_{\mathscr{B}}) \to X/\sim$, $\pi(x)=[x]$를 이용하여 $X/\sim$상에 상위상 $\mathfrak{I}_Q$를 줄 때, 상공간 $(X/\sim, \mathfrak{I}_Q)$가 T_0, T_1, T_2-공간인지 판별하라.

(힌트: 먼저 $X/\sim$를 $(0, 1]$로 볼 수 있다. 이때, 임의의 $[x]\in X/\sim$, $0<x\le 1$과 $[x]$의 임의의 열린근방 $V\in\mathfrak{I}_Q$에 대하여, $\pi^{-1}(V)\in\mathfrak{I}_{\mathscr{B}}$ 이다. 한편, 동치관계의 정의에 의해 모든 자연수 n에 대하여 $x+n\in\pi^{-1}(V)$이다. 따라서 $\pi^{-1}(V)=X$가 성립한다. 즉 $V=\pi(\pi^{-1}(V))=X/\sim$이다. 따라서 $(X/\sim, \mathfrak{I}_Q)$는 T_0-공간이 아니다.)

20. 임의의 두 위상공간 $(X, \mathfrak{I}_X)$, $(Y, \mathfrak{I}_Y)$와 전사인 연속함수 $f : (X, \mathfrak{I}_X) \to (Y, \mathfrak{I}_Y)$에 대하여, 다음 조건을 만족하는 연속함수 $g : (Y, \mathfrak{I}_Y) \to (X, \mathfrak{I}_X)$가 존재한다고 가정하자.

$$f \circ g = Id_Y$$

이때, f가 상사상임을 보여라.
(힌트: 만약 $f^{-1}(U) \in \mathfrak{I}_X$라면 g가 연속함수이므로 $g^{-1}(f^{-1}(U)) \in \mathfrak{I}_Y$가 성립한다. 한편

$$g^{-1}(f^{-1}(U)) = (f \circ g)^{-1}(U) = Id_Y^{-1}(U) = U$$

이므로 $U \in \mathfrak{I}_Y$이다. 따라서 f가 상사상이다.)

21. 임의의 전사이고 연속인 함수 $f : \mathbb{R}_u \to \mathbb{R}_u$에 대하여, f가 항상 상사상임을 보여라.

22. 임의의 두 함수

$$f : (X, \mathfrak{I}_X) \to Y, \quad g : (X, \mathfrak{I}_X) \to Y$$

에 대하여, f와 g가 모두 연속함수가 되는 Y상의 가장 큰 위상 $\mathfrak{I}$가 다음과 같이 주어짐을 보여라.

$$\mathfrak{I} = \left\{U \subset Y \mid f^{-1}(U) \in \mathfrak{I}_X\right\} \cap \left\{V \subset Y \mid g^{-1}(V) \in \mathfrak{I}_X\right\}$$

(힌트: $\mathfrak{I}'$을 f와 g가 모두 연속함수가 되게 하는 Y상의 위상이라 할 때, $\mathfrak{I}'$이 다음 조건을 만족한다.

$$\mathfrak{I}' \subset \left\{U \subset Y \mid f^{-1}(U) \in \mathfrak{I}_X\right\}, \quad \mathfrak{I}' \subset \left\{V \subset Y \mid g^{-1}(V) \in \mathfrak{I}_X\right\}$$

또한 $\left\{U \subset Y \mid f^{-1}(U) \in \mathfrak{I}_X\right\} \cap \left\{V \subset Y \mid g^{-1}(V) \in \mathfrak{I}_X\right\}$가 Y상의 위상이므로 $\mathfrak{I}$가 문제와 같이 주어진다.)

제6장

연결공간

이 장에서는 연속함수에 관련된 유명한 정리 중의 하나인 사잇값 정리에 필요한 개념인 연결성(connectedness)을 소개한다. 사잇값 정리는 닫힌구간 $[a,b]$에서 연속인 함수 $f:[a,b]\to\mathbb{R}$의 두 함숫값 $f(a)$와 $f(b)$ 사이의 임의의 값 r를 함숫값으로 갖는 점 c가 $[a,b]$에 존재한다는 것이다. 이 정리에서 필요한 두 가지 핵심적인 개념은 바로 함수 f의 연속성과 정의역 $[a,b]$의 연결성이다. 이 장에서는 단순히 닫힌구간 $[a,b]$뿐만 아니라 일반적인 연결공간에서 정의된 실숫값을 갖는 연속함수가 항상 사잇값 정리를 만족함을 보인다.

위상수학에서 정의하는 연결성은 위상수학자의 사인곡선(topologist's sine curve)의 예와 같이 종종 우리의 직관에 어긋나는 현상을 많이 보여준다. 이를 보완하기 위해 우리의 직관에 더 맞는 길연결성이란 개념을 소개하고, 연결부분공간이나 길연결부분공간 중에서 가장 큰 연결부분공간과 길연결부분공간을 말해주는 개념인 연결성분과 길연결성분의 여러 성질과 그 사이의 관계에 관해 자세히 알아본다.

6.1 연결공간

정의 6.1.1 위상공간 $(X,\mathfrak{J}_X)$에 대하여 다음을 정의한다.

(1) 두 열린집합 $U, V \in \mathfrak{J}_X$가 다음 세 조건을 만족할 때, $\{U, V\}$를 $(X,\mathfrak{J}_X)$의 **분리**(separation)라 한다.

(i) $U \neq \varnothing$, $V \neq \varnothing$

(ii) $U \cap V = \varnothing$

(iii) $U \cup V = X$

(2) 위상공간 $(X,\mathfrak{J}_X)$의 분리가 존재하지 않을 때, $(X,\mathfrak{J}_X)$를 **연결공간**(connected space)이라 한다. 반대로 분리가 존재할 때, $(X.\mathfrak{J}_X)$를 **비연결공간**(disconnected space)이라 한다.

$\{U, V\}$가 위상공간 $(X,\mathfrak{J}_X)$의 분리일 때, $V = X - U$이고 $U = X - V$이므로 U와 V는 모두 공집합이 아니고 전체집합도 아닌 열린집합인 동시에 닫힌집합이다. 이와 같은 위상공간의 연결성은 위상동형사상에 의해 보존되는 성질로 **위상적 성질**(topological property)이라 한다.

예제 6.1.2

집합 X에 비이산위상 $\mathfrak{J}_{\text{in}} = \{X, \varnothing\}$이 주어진 비이산위상공간 $(X,\mathfrak{J}_{\text{in}})$에는 공집합이 아니고 전체집합도 아닌 열린집합인 동시에 닫힌집합인 서로 다른 두 집합이 존재하지 않는다. 따라서 $(X,\mathfrak{J}_{\text{in}})$는 연결공간이다. □

예제 6.1.3

2개 이상의 원소를 가진 이산위상공간 $(X,\mathfrak{I}_{\text{dis}})$에 대하여

$$\{\{a\}, X-\{a\}\}, \ a\in X$$

는 분리의 조건을 만족한다. 따라서 $(X,\mathfrak{I}_{\text{dis}})$는 연결공간이 아니다. □

예제 6.1.4

(1) 보통위상공간 $\mathbb{R}_u$와 그의 부분공간

$$(-\infty,b),\ (a,b),\ [a,b),\ (a,b],\ (a,\infty)$$

등이 연결공간임을 6.2절에서 자세히 보인다.

(2) $\mathbb{R}_u$의 부분공간 $\mathbb{Q}$는

$$\{(-\infty,\ \sqrt{2})\cap\mathbb{Q},\ (\sqrt{2},\ \infty)\cap\mathbb{Q}\}$$

를 분리로 가지고 있다. 따라서 $\mathbb{Q}$는 비연결공간이다.

(3) 하극한위상공간 $\mathbb{R}_l$에는, 예를 들어, 다음과 같은 분리가 존재하기 때문에 비연결공간이다.

$$\{(-\infty,0),\ [0,\infty)\}$$

□

예제 6.1.5

실수의 집합 $\mathbb{R}$에 여유한위상 $\mathfrak{I}_f$를 준 여유한위상공간 $(\mathbb{R},\mathfrak{I}_f)$는 연결공간이다. 실제로, $(\mathbb{R},\mathfrak{I}_f)$에 분리 $\{U, V\}$가 존재한다면 U와 V는 다음과 같은 형태가 된다.

$$U=\mathbb{R}-\{x_1,x_2,\dots,x_k\},\ \ V=\mathbb{R}-\{y_1,y_2,\dots,y_l\},\ \ k,l\in\mathbb{N}$$

하지만 분리의 조건에 의해 $U\cap V=\varnothing$이므로

$$\mathbb{R}=\varnothing^c=(U\cap V)^c=U^c\cup V^c$$

이다. 따라서 $U^c\cup V^c$는 비가산 집합인 동시에 유한집합이므로 모순이다. □

보조정리 6.1.6 위상공간 $(X,\mathfrak{I}_X)$의 부분공간 Y에 대하여 다음이 성립한다.

(1) $\{A,B\}$가 Y의 분리일 때, 다음이 성립한다.

$$\mathrm{cl}_X(A)\bigcap B = A\bigcap \mathrm{cl}_X(B) = \varnothing$$

(2) 서로 만나지 않는 공집합이 아닌 Y의 두 부분집합 A,B가 다음 두 조건

(i) $A\bigcup B = Y$

(ii) $\mathrm{cl}_X(A)\bigcap B = A\bigcap \mathrm{cl}_X(B) = \varnothing$

을 만족할 때, $\{A,B\}$는 Y의 분리이다.

증명 (1) $\{A,B\}$가 Y의 분리이므로 A는 Y의 열린집합인 동시에 닫힌집합이다. 따라서

$$\begin{aligned} A = \mathrm{cl}_Y(A) &= \mathrm{cl}_X(A)\bigcap Y = \mathrm{cl}_X(A)\bigcap(A\bigcup B) \\ &= A\bigcup(\mathrm{cl}_X(A)\bigcap B) \end{aligned}$$

이므로 $\mathrm{cl}_X(A)\bigcap B = \varnothing$이 성립한다. 비슷한 방법으로

$$A\bigcap \mathrm{cl}_X(B) = \varnothing$$

임도 보일 수 있다.

(2) 가정에 의해

$$\begin{aligned} \mathrm{cl}_Y(A) &= \mathrm{cl}_X(A)\bigcap Y = \mathrm{cl}_X(A)\bigcap(A\bigcup B) \\ &= A\bigcup(\mathrm{cl}_X(A)\bigcap B) \\ &= A \end{aligned}$$

이다. 따라서 A는 Y에서 닫힌집합이다. 비슷한 방법으로 B도 Y에서 닫힌집합임을 알 수 있다. 한편 $Y = A\bigcup B$이고 $A\bigcap B = \varnothing$이므로 A와 B는 모두 열린집합이기도 하다. 따라서 $\{A,B\}$는 Y의 분리이다. □

[보조정리 6.1.6]을 적용하여 [예제 6.1.7]의 위상공간 Y가 비연결공간임을 보일 수 있다.

예제 6.1.7

A와 B가

$$A = \{(x,0) \mid x \in \mathbb{R}\}, \quad B = \left\{\left(x, \frac{1}{x}\right) \;\middle|\; x \in \mathbb{R},\, x \neq 0\right\}$$

일 때, $Y = A \bigcup B$라 하자. Y가 보통위상공간 $\mathbb{R}_u^2$의 부분공간일 때, Y는 비연결공간이다. 실제로, A와 B는 공집합이 아니고 서로 만나지 않는다. 또한

$$\mathrm{cl}_X(A) \bigcap B = A \bigcap \mathrm{cl}_X(B) = \varnothing$$

을 만족한다. 따라서 [보조정리 6.1.6] (2)에 의해 Y는 비연결공간이다. □

예제 6.1.8

A와 B가

$$A = \{(0,y) \mid y \in [-1,1] \subset \mathbb{R}\}, \quad B = \left\{\left(x, \sin\left(\frac{1}{x}\right)\right) \;\middle|\; x > 0\right\}$$

일 때, $Y = A \bigcup B$라 하자. Y가 보통위상공간 $\mathbb{R}_u^2$의 부분공간일 때, 이 경우에는 Y의 연결성을 판별하기 위해 [보조정리 6.1.6]을 적용할 수 없다. A와 B는 공집합이 아니고 서로 만나지 않는다. 하지만

$$A \bigcap \mathrm{cl}_X(B) \neq \varnothing$$

을 만족한다. 실제로 Y는 연결공간임을 [예제 6.1.12]에서 보인다. □

보조정리 6.1.9 $\{U, V\}$가 위상공간 $(X, \mathfrak{I}_X)$의 분리이고 $Y \neq \varnothing$가 $(X, \mathfrak{I}_X)$의 연결부분공간일 때, $Y \subset U$와 $Y \subset V$ 중에서 한 가지만 성립한다.

증명 $\{U, V\}$가 $(X, \mathfrak{I}_X)$의 분리이므로 U와 V는 X의 열린집합이다. 따라서 $U \bigcap Y$와 $V \bigcap Y$는 Y의 열린집합이고 $U \bigcap Y$와 $V \bigcap Y$가 모두 공집합이 아니라면 Y의 분리조건을 모두 만족한다. 하지만 Y는 연결공간이므로 $U \bigcap Y = \varnothing$이거나 또는 $V \bigcap Y = \varnothing$이고 이 중에서 한 가지만 성립한다. 즉, $Y \subset U$와 $Y \subset V$ 중에서 한 가지만 성립한다. □

정리 6.1.10 임의의 $\alpha \in J$에 대하여 X_α는 위상공간 $(X, \mathfrak{I}_X)$의 부분공간이고 다음 세 가지 조건을 만족한다고 하자.

(1) X_α는 연결공간이다.

(2) $X = \bigcup_{\alpha \in J} X_\alpha$

(3) $p \in \bigcap_{\alpha \in J} X_\alpha \neq \varnothing$

이때, $(X, \mathfrak{I}_X)$는 연결공간이다.

증명 $(X, \mathfrak{I}_X)$가 비연결공간이면 $(X, \mathfrak{I}_X)$의 분리 $\{U, V\}$가 존재한다. 한편 각각의 $\alpha \in J$에 대하여 X_α가 연결공간이므로 [보조정리 6.1.9]에 의해 $X_\alpha \subset U$이거나 또는 $X_\alpha \subset V$ 중 한 가지만 성립한다. 하지만 모든 $\alpha \in J$에 대하여 $p \in X_\alpha$이고 $U \bigcap V = \varnothing$이므로 서로 다른 두 첨자 $\alpha, \beta \in J$에 대하여 $X_\alpha \subset U$이고 동시에 $X_\beta \subset V$일 수 없다. 다시 말해서, 모든 $\alpha \in J$에 대하여 $X_\alpha \subset U$이거나 또는 $X_\alpha \subset V$가 성립한다. 하지만 이것은 $U = \varnothing$이거나 또는 $V = \varnothing$임을 의미하므로 모순이다. □

[보조정리 6.1.9]의 또 다른 응용으로 다음 정리를 증명할 수 있다.

정리 6.1.11 $Y \neq \varnothing$가 $(X, \mathfrak{I}_X)$의 연결부분공간이고 Z가

$$Y \subset Z \subset \mathrm{cl}_X(Y)$$

을 만족할 때, Z는 X의 연결부분공간이다. 특히, $\mathrm{cl}_X(Y)$도 X의 연결부분공간이다.

증명 Z가 비연결공간이라면 Z의 분리 $\{C, D\}$가 존재한다. 가정에 의해 Y는 Z의 연결부분공간이므로 [보조정리 6.1.9]에 의해 $Y \subset C$이거나 또는 $Y \subset D$ 중에서 한 가지만 성립한다. 만약 $Y \subset C$라면 $\mathrm{cl}_X(C) \cap D = \varnothing$이므로

$$\mathrm{cl}_X(Y) \subset \mathrm{cl}_X(C) \Rightarrow \mathrm{cl}_X(Y) \bigcap D = \varnothing$$

이 성립한다. 따라서 $Z \bigcap D = \varnothing$이어서 모순이다.

비슷한 방법으로, $Y \subset D$인 경우에도 모순이 생긴다. □

예제 6.1.12

앞의 [예제 6.1.8]과 같이 A와 B가

$$A = \{(0,y) \mid y \in [-1,1] \subset \mathbb{R}\},\ \ B = \left\{\left(x, \sin\left(\frac{1}{x}\right)\right) \,\middle|\, x > 0\right\}$$

일 때, $Y = A \bigcup B$라 하자. B가 보통위상공간 $\mathbb{R}_u^2$의 부분공간일 때, B는 연결공간 $(0,\infty)$의 연속함수

$$f(x) = \left(x, \sin\left(\frac{1}{x}\right)\right)$$

의 상이므로 아래 [정리 6.1.13]에 의해 연결공간이다. 또한 $\mathrm{cl}_{\mathbb{R}_u^2}(B) = Y$이므로 [정리 6.1.11]에 의해 Y도 연결공간이다.

좀 더 일반적으로 $D = \{(0,1),(0,0),(0,-1)\}$일 때, [정리 6.1.11]에 의해 $Z = D \bigcup B$도 연결공간임을 알 수 있다. 이와 같은 위상공간 Z가 연결공간이라는 사실 때문에 이 절에서 정의한 연결성 정의가 우리의 직관과는 맞지 않는다고 말하는 것이 어느 정도 타당하다. □

정리 6.1.13 위상공간 X가 연결공간이고 함수

$$f : X \to Y$$

가 연속일 때, $Z = f(X)$는 Y는 연결부분공간이다.

증명 Z가 비연결공간이면 Z의 분리 $\{U, V\}$가 존재한다. f가 연속함수이므로 $\{f^{-1}(U), f^{-1}(V)\}$가 X의 분리가 됨을 알 수 있다. 하지만 이것은 X가 연결공간이라는 사실에 모순이다. □

마지막으로 두 연결공간의 곱공간도 연결공간임을 보인다.

정리 6.1.14 두 위상공간 X와 Y가 연결공간일 때, 곱공간 $X \times Y$도 연결공간이고 그 역도 성립한다.

증명 증명을 위해, Y의 한 고정된 원소 b와 각각의 $x \in X$에 대하여

$$T_x = X \times \{b\} \bigcup \{x\} \times Y$$

라 놓자([그림 6.1.1]).

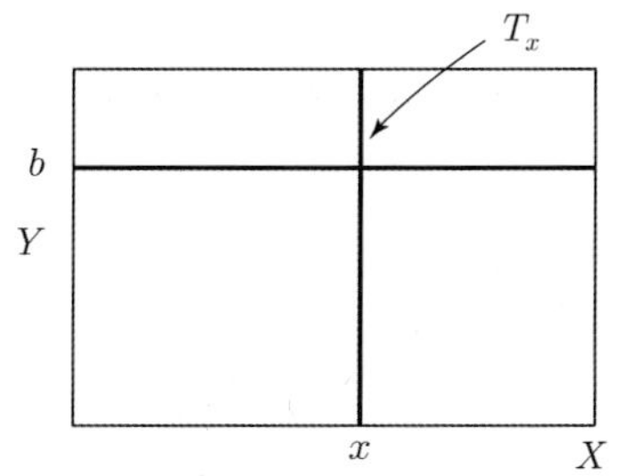

[그림 6.1.1]

$X \times \{b\}$가 X와 위상동형이고 $\{x\} \times Y$가 Y와 동형이므로 모두 연결공간이다. 또한,

$$X \times \{b\} \bigcap \{x\} \times Y = \{(x,b)\}$$

이므로 T_x는 [정리 6.1.10]에 의해 연결공간이다. 한편

$$\bigcup_{x \in X} T_x = X \times Y$$

이고 $\bigcap_{x \in X} T_x = X \times \{b\}$ 이므로 다시 [정리 6.1.10]에 의해 $X \times Y$가 연결공간이다.

반대로, 사영사상

$$\pi_1 : X \times Y \to X, \ (x,y) \mapsto x,$$
$$\pi_2 : X \times Y \to Y, \ (x,y) \mapsto y$$

가 모두 전사인 연속함수이므로 [정리 6.1.13]에 의해 곱공간 $X \times Y$가 연결공간이면 X와 Y도 연결공간이다. □

예제 6.1.15

무한성분과 상자위상을 가진 곱공간 $(\mathbb{R}^{\omega}, \mathfrak{I}_b)$는 상자위상을 구성하는 각 성분의 위상공

간 $\mathbb{R}_u$가 연결공간이지만 연결공간이 아니다. 실제로

$$U = \{\ \mathbf{a} = (a_i) \in \prod_{i \in \mathbb{N}} \mathbb{R} \mid \{a_i\}\ \text{유계인 수열}\ \} \neq \varnothing,$$

$$V = \{\ \mathbf{a} = (a_i) \in \prod_{i \in \mathbb{N}} \mathbb{R} \mid \{a_i\}\ \text{유계가 아닌 수열}\ \} \neq \varnothing$$

일 때, 다음이 성립한다.

(1) $U \bigcap V = \varnothing$ 이고 $U \bigcup V = \mathbb{R}^{\omega}$ 이다.

(2) U와 V는 모두 $(\mathbb{R}^{\omega}, \mathfrak{I}_b)$에서 열린집합이다. 이를 증명하기 위해, $\mathbf{a} = (a_i) \in U$라면

$$\mathbf{a} = (a_i) \in \prod_{i \in \mathbb{N}} (a_i - 1, a_i + 1) \subset U$$

이므로 U는 $(\mathbb{R}^{\omega}, \mathfrak{I}_b)$에서 열린집합이다. 또한 $\mathbf{b} = (b_i) \in V$라면

$$\mathbf{b} \in \prod_{i \in \mathbb{N}} (b_i - 1, b_i + 1) \subset V$$

이므로 V도 $(\mathbb{R}^{\omega}, \mathfrak{I}_b)$에서 열린집합이다.

위의 (1), (2)에 의해 $(\mathbb{R}^{\omega}, \mathfrak{I}_b)$는 비연결공간이다. □

예제 6.1.16

반면에 곱위상이 주어진 곱공간 $(\mathbb{R}^{\omega}, \mathfrak{I}_p)$는 연결공간이다. 실제로

$$\widetilde{\mathbb{R}}^n = \{\mathbf{a} = (a_1, a_2, \ldots, a_n, 0, 0, \ldots) \mid a_i \in \mathbb{R},\ i = 1, 2, \ldots, n\}$$

일 때, 다음이 성립한다.

(1) $\mathbb{R}^{\infty} = \bigcup_{n \in \mathbb{N}} \widetilde{\mathbb{R}}^n$는 $(\mathbb{R}^{\omega}, \mathfrak{I}_p)$의 연결부분공간이다. 이를 증명하기 위해, 먼저 $\widetilde{\mathbb{R}}^n$는 $\mathbb{R}^n$과 위상동형이고 $\mathbb{R}^n$이 연결공간이므로 $\widetilde{\mathbb{R}}^n$도 연결공간임을 알자. 또한

$$(0, 0, \ldots, 0, \ldots) \in \bigcap_{n \in \mathbb{N}} \widetilde{\mathbb{R}}^n \neq \varnothing$$

이므로 [정리 6.1.10]에 의해 $\mathbb{R}^{\infty}$도 연결공간이다.

(2) $\mathrm{cl}_{\mathbb{R}^{\omega}}(\mathbb{R}^{\infty}) = \mathbb{R}^{\omega}$이다. 실제로 임의의 $\mathbf{a} = (a_i) \in \mathbb{R}^{\omega}$와 $\mathbf{a}$의 임의의 열린근방 $U = \prod_{i \in \mathbb{N}} U_i$에 대하여, 적당한 $N \in \mathbb{N}$이 존재하여 모든 $i \geq N$에 대하여 $U_i = \mathbb{R}$이므로

$$(a_1, a_2, \ldots, a_{N-1}, 0, \ldots) \in U \bigcap \mathbb{R}^\infty \neq \varnothing$$

이다. 따라서 $\mathrm{cl}_{\mathbb{R}^\omega}(\mathbb{R}^\infty) = \mathbb{R}^\omega$이 성립한다.

위의 (1), (2)와 [정리 6.1.11]에 의해 $(\mathbb{R}^\omega, \mathfrak{I}_p)$가 연결공간이다. □

6.1 연습문제

1. 실수의 집합 $\mathbb{R}$상에 위상

$$\mathfrak{I} = \{\varnothing, \mathbb{R}, [-1,1], [0,1)\}$$

를 준 위상공간 $(\mathbb{R}, \mathfrak{I})$가 연결공간인지 판별하라.

2. 실수의 집합 $\mathbb{R}$상에 위상

$$\mathfrak{I} = \{U \subset \mathbb{R} \mid -1, 1 \in U\} \bigcup \{\varnothing\}$$

를 준 위상공간 $(\mathbb{R}, \mathfrak{I})$가 연결공간인지 판별하라. 또한 $X = \mathbb{R} - \{-1\}$일 때, $(\mathbb{R}, \mathfrak{I})$의 부분공간 X가 연결공간인지 판별하라.

3. 보통위상공간 $\mathbb{R}_u$에 다음과 같은 동치관계 $\sim$를 줄 때, 다음 물음에 답하라.

$$x \sim y \Leftrightarrow x - y \in \mathbb{Q}$$

(1) 동치류들의 모임 $\mathbb{R}/\sim$에 상위상 $\mathfrak{I}_Q$를 준 위상공간 $(\mathbb{R}/\sim, \mathfrak{I}_Q)$가 연결공간인지 판별하라.

(2) 고유사상

$$q : \mathbb{R} \to \mathbb{R}/\sim, \ x \mapsto [x]$$

가 열린사상임을 보여라.

4. 공집합이 아닌 집합 X에 대하여 다음 물음에 답하라.

(1) 여유한위상공간 $(X, \mathfrak{I}_f)$가 연결공간일 필요충분조건은 X가 무한집합이거나 한 점 집합임을 보여라.

(2) 여가산위상공간 $(X, \mathfrak{I}_c)$가 연결공간일 필요충분조건은 X가 비가산 무한집합이거나 한 점 집합임을 보여라.

5. A가 하극한위상공간 $\mathbb{R}_l$의 연결부분공간일 필요충분조건은 A가 한 점 집합임을 보여라.

6. 위상공간 $(X,\mathfrak{I}_X)$가 연결공간일 필요충분조건은 임의의 연속함수

$$f:(X,\mathfrak{I}_X) \to (\{0,1\},\mathfrak{I}_{\text{dis}})$$

가 상수함수인 것임을 보여라. 단, 여기서 $\mathfrak{I}_{\text{dis}}$는 $\{0,1\}$에서 정의된 이산위상을 나타낸다.

7. 함수

$$f:\mathbb{R} \to \mathbb{Z},\ \ f(x)=[x]$$

에 대하여

$$\mathfrak{I}_Q=\left\{U\subset\mathbb{Z}\mid f^{-1}(U)\in\mathbb{R}_u\right\}$$

라 할 때, $\mathbb{Z}$의 위상 $\mathfrak{I}_Q$에 관해 다음 물음에 답하라.

(1) $A=\{\ldots,2017,2018\}$가 위상공간 $(\mathbb{Z},\mathfrak{I}_Q)$의 연결부분공간인지 판별하라.

(2) 위상공간 $(\mathbb{Z},\mathfrak{I}_Q)$가 연결공간인지 판별하라.

8. $\{A_\alpha\mid\alpha\in J\}$가 위상공간 $(X,\mathfrak{I}_X)$의 연결집합족이고 임의의 $\alpha,\beta\in J$에 대하여 $A_\alpha\bigcap A_\beta\neq\varnothing$을 만족할 때, 다음 물음에 답하라.

(1) $Y=\bigcup_{\alpha\in J}A_\alpha$이고 $\{C,D\}$가 Y의 분리일 때, 임의의 $\alpha,\beta\in J$에 대하여 $A_\alpha\subset C$이면 $A_\beta\subset C$임을 보여라.

(2) 위의 (1)에서 정의된 Y가 $(X,\mathfrak{I}_X)$의 연결부분공간임을 보여라.

9. 위상공간 $(X,\mathfrak{I}_X)$의 부분공간 A에 대하여, 다음과 같이 정의된 함수

$$\chi_A:(X,\mathfrak{I}_X)\to\mathbb{R}_f,\ \ \chi_A(x)=\begin{cases}1, & x\in A,\\ 0, & x\notin A\end{cases}$$

에 대하여, 다음 물음에 답하라.

(1) χ_A가 연속일 필요충분조건을 A를 이용하여 찾아라.

(2) $(X,\mathfrak{I}_X)$가 연결공간일 때, χ_A가 연속일 필요충분조건을 A를 이용하여 찾아라.

10. 함수 $f:(X,\mathfrak{I}_X)\to(Y,\mathfrak{I}_Y)$가 전사인 열린사상일 때, 모든 $y\in Y$에 대하여 $f^{-1}(y)$가 연결부분공간이고 Y도 연결공간이면 X가 연결공간임을 보여라.

11. $X=\{a,b,c,d,e\}$상에서 정의된 위상

$$\mathfrak{I} = \{\varnothing, X, \{a\}, \{c,d\}, \{a,c,d\}, \{b,c,d,e\}\}$$

에 대하여, 다음 물음에 답하라.

(1) 위상공간 $(X,\mathfrak{I})$에 대하여, $A = \{a,b,c,d\}$가 비연결부분공간임을 보여라.

(2) 위상공간 $(X,\mathfrak{I})$와 $A = \{a,b,c,d\}$에 대하여, $A^{\circ} = \{a,c,d\}$이고 A°가 비연결공간임을 보여라.

(3) 위상공간 $(X,\mathfrak{I})$와 $B = \{a,b,c\}$에 대하여, $B' = \{b,d,e\}$이고 B'이 닫힌집합이 아님을 보여라.

(4) 위상공간 $(Y,\mathfrak{I}_Y)$와 연결부분공간 $A \subset Y$에 대하여, ∂A가 비연결공간인 예를 찾아라.

(5) 위상공간 $(Y,\mathfrak{I}_Y)$와 연결부분공간 $A \subset Y$에 대하여, A°이 비연결공간인 예를 찾아라. 예를 들어, 2차원 유클리드 공간 $(\mathbb{R}^2, d)$에서 $A = B_d((-1,0),1) \cup B_d((1,0),1)$의 A°이 비연결공간인가?

(6) 위상공간 $(Y,\mathfrak{I}_Y)$와 부분공간 $A \subset Y$에 대하여, A°과 ∂A가 모두 연결공간이면 A도 연결공간인가? 예를 들어, 보통위상공간 $\mathbb{R}_u$에서 $A = \mathbb{Q} \cup (-\infty, 0)$인 경우를 조사하라.

(7) 위상공간 $(Y,\mathfrak{I}_Y)$와 연결부분공간 $A \subset Y$에 대하여, A'이 항상 연결공간인가? 예를 들어, 실수의 집합 $\mathbb{R}$상에서 정의된 위상 $\mathfrak{I} = \{U \subset \mathbb{R} \mid 0 \in U\} \cup \{\varnothing\}$에 대하여, $A = \mathbb{R}$인 경우를 조사하라.

12. 연속함수 $f : \mathbb{R}_f \to \mathbb{R}_c$와 f의 치역 $Z = f(\mathbb{R})$에 대하여, 다음 물음에 답하라. 단, 여기서 $\mathbb{R}_f$와 $\mathbb{R}_c$는 각각 실수의 집합 $\mathbb{R}$상의 여유한위상공간과 여가산위상공간을 나타낸다.

(1) 귀류법을 이용하여, Z가 무한집합이 아님을 보여라.

(2) Z가 유한집합일 때, Z의 원소의 개수가 2 이상이 될 수 없음을 $\mathbb{R}_f$의 연결성을 이용하여 보여라.

(3) f가 상수함수임을 보여라.

(4) 항등함수 $Id : \mathbb{R}_c \to \mathbb{R}_f,\ x \mapsto x$가 연속임을 보여라.

13. 상수함수가 아닌 연속함수 $f : \mathbb{R}_c \to \mathbb{R}_f$와 f의 치역 $Z = f(\mathbb{R})$에 대하여, 다음 물음에 답하라.

(1) Z가 유한집합이 아님을 보여라.

(2) Z가 비가산 무한집합임을 보여라.

14. 위상공간 $(X, \mathfrak{I})$에 대하여, 다음 물음에 답하라.

(1) $(X, \mathfrak{I})$가 비연결공간일 조건과 $\partial A = \varnothing$ 이고 $\varnothing \subsetneq A \subsetneq X$를 만족하는 집합 A가 존재한다는 조건이 서로 필요충분조건임을 보여라.

(2) 이산공간 $\{a, b\}$에 대하여, 전사인 연속함수 $f : X \to \{a, b\}$가 존재한다는 조건과 $(X, \mathfrak{I})$가 비연결공간이라는 조건이 서로 필요충분조건임을 보여라.

15. $X = \{a, b, c, d, e\}$상에서 다음과 같이 정의된 위상 $\mathfrak{I}$를 고려하자.

$$\mathfrak{I} = \{\varnothing, X, \{a\}, \{c, d\}, \{a, c, d\}, \{b, c, d, e\}\}$$

이때, 다음 물음에 답하라.

(1) 위상공간 $(X, \mathfrak{I})$가 연결공간인가?

(2) A가 $|A| = 4$를 만족하는 X의 연결 부분공간일 때, A의 내부 A°가 항상 연결공간인가? 단, 여기서 $|A|$의 A의 원소의 개수를 나타낸다.
(힌트: $A = \{b, c, d, e\}$이고 연결 부분공간이다)

(3) A가 $|A| = 4$를 만족하는 X의 연결 부분공간일 때, A의 경계 ∂A가 항상 연결공간인가?
(힌트: $A = \{b, c, d, e\}$이고 $\partial A = \varnothing$)

16. 실수의 집합 $\mathbb{R}$상에서 다음과 같이 정의된 기저 $\mathscr{B}$를 고려하자.

$$\mathscr{B} = \{(-a, \sqrt{2}a] \subset \mathbb{R} \mid a \in \mathbb{R}, a > 0\}$$

이때, 위상공간 $(\mathbb{R}, \mathfrak{I}_{\mathscr{B}})$가 연결공간임을 보여라.

6.2 $\mathbb{R}_u$의 연결부분공간

이 절에서는 보통위상공간 $\mathbb{R}_u$와 그의 부분공간 (a,b), $(-\infty,b)$, (a,∞) 등이 연결공간임을 보인다. 좀 더 일반적으로 **선형연속체**(linear continuum)의 부분공간의 연결성에 관한 성질을 알아볼 수도 있지만, 논의를 간단히 하기 위해 선형연속체의 대표적인 예인 $(\mathbb{R},\leq)$로 논의를 국한하여 설명한다.

정의 6.2.1 단순순서집합 $(X,<)$가 다음 두 조건을 만족할 때, $(X,<)$를 **선형연속체**라 한다.

(1) X가 **최소상계성질**(least upper bound property)을 만족한다. 즉, 상계(upper bound)를 갖는 공집합이 아닌 X의 모든 부분집합은 최소상계(least upper bound)를 X에서 갖는다.

(2) 임의의 두 원소 $x,y\in X$에 대하여 $x<y$일 때, $x<z<y$를 만족하는 원소 $z\in X$가 존재한다.

제1장에서와 같이 순서위상을 주어 선형연속체를 위상공간으로 만들 수 있다. 실수의 집합 $\mathbb{R}$에 지금까지 통상적으로 사용해 온 부등호 관계 $<$를 준 집합 $(\mathbb{R},<)$은 선형연속체이고 $(\mathbb{R},<)$에 순서위상을 주어 만든 위상공간은 보통위상공간과 같다. 앞으로 특별한 언급이 없는 경우에는 선형연속체 $(\mathbb{R},<)$를 단순히 $\mathbb{R}$로 나타낸다.

정의 6.2.2 Y가 선형연속체 $(X,<)$의 부분집합이고 $x<y$인 임의의 두 원소 $x,y\in Y$에 대하여 닫힌구간

$$[x,y]=\{z\in X\mid x\leq z\leq y\}$$

가 Y의 부분집합일 때, Y를 **볼록**(convex)이라 한다. 한편 Y의 여집합 $Y^c=X-Y$가 볼록일 때, Y를 **오목**(concave)이라 한다.

정리 6.2.3 다음이 성립한다.

(1) 보통위상공간 $\mathbb{R}_u$는 연결공간이다.

(2) $\mathbb{R}_u$의 볼록인 부분집합은 모두 연결공간이다.

증명 $\mathbb{R}$도 $\mathbb{R}$ 자신의 볼록인 부분집합이므로 (2)만 증명하면 충분하다.

실제로, Y가 $\mathbb{R}$의 볼록인 부분집합일 때, Y가 비연결이라면 Y의 분리 $\{A, B\}$가 존재한다. 따라서 $a \in A$와 $b \in B$를 택할 수 있고 $a < b$라 가정해도 된다. 한편 Y는 볼록인 집합이므로 닫힌구간 $[a,b]$는 Y의 부분집합이다.

이때, $A_0 = A \bigcap [a,b]$, $B_0 = B \bigcap [a,b]$라 놓으면 A_0와 B_0는 공집합이 아니고 서로 만나지 않으며 $[a,b]$에서 열린집합으로 $[a,b]$의 분리를 구성한다. 가정에 의해 A_0는 b를 상계로 가지고 있다. 따라서 A_0의 최소상계(또는 상한)가 $[a,b]$에서 존재한다. $c = \sup A_0$일 때, 다음 두 가지 경우를 고려하면 충분하다.

(i) $c \in B_0$인 경우:

$c \neq a$이므로 $c = b$이거나 $a < c < b$이다. 한편 B_0는 $[a,b]$에서 열린집합이므로 적당한 $d \in [a,b]$가 존재하여 $(d,c] \subset B_0$가 성립한다. 하지만 이것은 c가 A_0의 최소상계라는 사실에 모순이다.

(ii) $c \in A_0$인 경우:

이 경우의 증명은 앞의 (i)과 비슷하다. 실제로 $c \neq b$이므로 $c = a$이거나 $a < c < b$이다. A_0는 $[a,b]$에서 열린집합이므로 적당한 $e \in [a,b]$가 존재하여 $[c,e) \subset A_0$가 성립한다. 하지만 이것은 특히 $c < \frac{c+e}{2} \in A_0$이므로 c가 A_0의 상계라는 사실에 모순된다.

위의 (i), (ii)에 의해 $[a,b]$에는 분리가 존재할 수 없다. 따라서 Y는 연결공간이다.

□

예제 6.2.4

K-위상공간 $\mathbb{R}_K$는 연결공간이다. 실제로 $\mathbb{R}_K$가 비연결이라면 $\mathbb{R}_K$의 분리 $\{U, V\}$가 존재한다. 이때, 다음이 성립한다.

(i) $U \bigcap (0, \infty) \neq \varnothing$이고 $V \bigcap (0, \infty) \neq \varnothing$이다. 사실, 만약 $U \bigcap (0, \infty) = \varnothing$이라면 $U \bigcap (-\infty, 0) \neq \varnothing$이다. 하지만 $\mathbb{R}_K$의 부분공간 $(-\infty, 0)$는 $\mathbb{R}_u$의 부분공간과 같다. 따라서 $(-\infty, 0)$는 연결공간이므로

$$V \cap (-\infty, 0) = \varnothing$$

이 되어야 한다. 즉, $V = [0, \infty)$이다. $[0, \infty)$는 $\mathbb{R}_K$에서 열린집합이 아니므로 이것은 $\{U, V\}$가 분리라는 사실에 모순된다.

비슷한 방법으로 $V \cap (0, \infty) \neq \varnothing$임도 알 수 있다.

(ii) $\mathbb{R}_K$의 부분공간 $(0, \infty)$는 K-위상의 정의에 의해 $\mathbb{R}_u$의 부분공간과 같다. 그리고 위의 (i)에 의해

$$\{U \cap (0, \infty), V \cap (0, \infty)\}$$

는 $(0, \infty)$의 분리이다. 하지만 $\mathbb{R}_u$의 부분공간 $(0, \infty)$는 연결공간이므로 $\mathbb{R}_K$가 비연결이라는 가정은 모순을 유도한다.

위의 (i), (ii)에 의해 $\mathbb{R}_K$는 연결공간이다.

$\mathbb{R}_K$가 연결공간임을 [정리 6.1.10]을 이용하여 보일 수도 있다. 실제로, $A_1 = (0, \infty)$이고 $A_2 = (-\infty, 0)$일 때, A_1과 A_2는 보통위상공간 $\mathbb{R}_u$의 부분공간과 같으므로 $\mathbb{R}_K$의 연결부분공간이다. 한편 $\overline{A_1} = [0, \infty)$이고 $\overline{A_2} = (-\infty, 0]$이므로 $\overline{A_1} \cap \overline{A_2} = \{0\} \neq \varnothing$이고 $\overline{A_1} \cup \overline{A_2} = \mathbb{R}$이다. 따라서 [정리 6.1.10]에 의해 $\mathbb{R}_K$는 연결공간이다. □

예제 6.2.5

함수

$$g : [0, 1) \to S^1,\ x \mapsto (\cos(2\pi x), \sin(2\pi x))$$

는 전단사인 연속함수이고 $[0, 1)$는 연결공간이므로 단위원 S^1도 연결공간이다. □

위상공간의 연결성과 함수의 연속성의 중요한 응용으로 다음의 일반화된 **사잇값 정리** (intermediate value theorem)를 증명한다.

정리 6.2.6 연결위상공간 X와 연속함수 $f : X \to \mathbb{R}_u$에 대하여

$$f(a) < r < f(b),\ a, b \in X$$

일 때, $f(c) = r$을 만족하는 원소 $c \in X$가 적어도 하나 존재한다.

증명 귀류법을 이용하여 증명하기 위해 $f(c)=r$을 만족하는 원소 $c\in X$가 존재하지 않는다고 가정하자. 그러면

$$A=f(X)\bigcap(-\infty,r),\ B=f(X)\bigcap(r,\infty)$$

일 때, 가정에 의해 $\{A,B\}$는 $f(X)$의 분리를 구성한다. 한편 X는 연결공간이고 f는 연속함수이므로 $f(X)$는 연결공간이 되어야 한다. 따라서 모순이다. □

[정리 6.2.6]을 이용하여 다음과 같은 **고정점 정리**(fixed point theorem)가 성립함을 보일 수 있다.

정리 6.2.7 닫힌구간 $[0,1]$이 보통위상공간 $\mathbb{R}_u$의 부분공간일 때, 연속함수

$$f:[0,1]\to[0,1]$$

는 $f(c)=c$를 만족하는 원소 $c\in[0,1]$를 적어도 하나 가진다.

증명 증명을 위해 새로운 함수 g를 다음과 같이 정의하자.

$$g(x)=f(x)-x$$

이때, $g(0)=f(0)=0$이거나 0보다 크다. $g(0)=0$이면 $f(0)=0$이므로 증명이 완료된다. 따라서 $g(0)>0$라 가정해도 된다.

(i) $g(1)=f(1)-1=0$인 경우: $f(1)=1$이므로 증명이 완료된다.

(ii) $g(1)=f(1)-1<0$인 경우: $g(0)>0$이고 $g(1)<0$이므로 $g(c)=0$인 원소 $c\in[0,1]$가 존재한다. 즉, $0=g(c)=f(c)-c$이므로 $f(c)=c$인 고정점이 $[0,1]$에 존재한다.

위의 (i), (ii)에 의해 f가 적어도 하나의 고정점을 가진다. □

[정리 6.2.6]의 또 다른 응용으로 다음 정리가 성립한다.

정리 6.2.8 단위원 S^1이 2차원 보통위상공간 $\mathbb{R}_u^2$의 부분공간일 때, 연속함수

$$f:S^1\to\mathbb{R}_u$$

는 $f(c)=f(-c)$를 만족하는 원소 $c\in S^1$를 적어도 하나 가진다.

증명 증명을 위해 새로운 함수 g를 다음과 같이 정의하자.

$$g(x)=f(x)-f(-x)$$

이때, 고정된 임의의 원소 $a\in S^1$에 대하여

$$g(a)=f(a)-f(-a)=0,\ g(a)>0,\ g(a)<0$$

중의 하나가 성립한다.

(i) $g(a)=0$인 경우: $f(a)=f(-a)$이므로 증명이 완료된다.

(ii) $g(a)>0$인 경우: g가 연속함수이고 S^1이 연결공간이므로

$$g(-a)=f(-a)-f(a)<0,\ g(a)>0$$

인 조건은 $g(c)=0$인 원소 $c\in S^1$가 존재함을 의미한다. 한편

$$0=g(c)=f(c)-f(-c)$$

이므로 $f(c)=f(-c)$인 점 $c\in S^1$가 존재한다.

(iii) $g(a)<0$인 경우: $g(a)>0$인 경우와 비슷하게 $f(c)=f(-c)$인 점 $c\in S^1$가 존재함을 보일 수 있다.

위의 (i), (ii), (iii)에 의해 f가 $f(c)=f(-c)$을 만족하는 점 $c\in S^1$를 가진다.

□

6.3 길연결공간

위상공간 X의 연결성 정의를 적용할 때, 우리의 직관과 맞지 않는 예를 많이 발견할 수 있었다. 이를 보완하기 위해 길연결성이란 개념을 소개한다.

정의 6.3.1 위상공간 X에 대하여 다음이 성립한다.

(1) 두 점 $x, y \in X$에 대하여 다음 조건을 만족하는 연속함수 $\alpha : [0,1] \to X$를 **길**(path) 또는 **호**(arc)라 한다.

$$\alpha : [0,1] \to X,\ \alpha(0) = x,\ \alpha(1) = y$$

이때 x를 **출발점**(starting point) 또는 **시작점**(beginning point)이라 하고 y를 **종점**(ending point) 또는 **끝점**(terminal point)이라 한다.

(2) 임의의 두 점 사이에 길이 존재할 때, 위상공간 X를 **길연결공간**(path-connected space)이라 한다.

보조정리 6.3.2 위상공간 X가 길연결공간이면 연결공간이다.

증명) 증명을 위해 귀류법을 이용한다. 실제로, X가 연결공간이 아니라면 X의 분리 $\{U, V\}$가 존재한다. 한편 모든 길 α는 연결공간 $[0,1]$에서 정의된 연속함수이므로 $\alpha([0,1])$도 연결공간이다. 따라서 [보조정리 6.1.9]에 의해 $\alpha([0,1]) \subset U$이거나 $\alpha([0,1]) \subset V$ 중 한 가지만 성립한다. 하지만 이것은 $a \in A, b \in B$에 대하여 a를 시작점으로 하고 b를 종점으로 하는 길이 존재하지 않는다는 것을 의미하므로 X가 길연결공간이라는 가정에 모순이다. □

예제 6.3.3

n-차원 **볼**(ball)

$$B^n = \{\mathbf{x} = (x_1, x_2, \ldots, x_n) \in \mathbb{R}^n \mid \|\mathbf{x}\| \le 1\} \subset \mathbb{R}^n_u$$

은 길연결공간이다. 실제로, 임의의 두 점 $\mathbf{x}, \mathbf{y} \in B^n$에 대하여

$$\alpha : [0,1] \to \mathbb{R}^n, \ \ \alpha(t) = (1-t)\mathbf{x} + t\mathbf{y}$$

는 $\alpha(0) = \mathbf{x}$이고 $\alpha(1) = \mathbf{y}$이다. 또한

$$\|\alpha(t)\| = \|(1-t)\mathbf{x} + t\mathbf{y}\| \le (1-t)\|\mathbf{x}\| + t\|\mathbf{y}\| \le (1-t) + t = 1$$

이므로 $\alpha : [0,1] \to B^n$는 B^n의 $\mathbf{x}$와 $\mathbf{y}$를 연결하는 길이다. □

예제 6.3.4

모든 자연수 $n \ge 2$에 대하여

$$\mathbb{R}^n - \{0\}$$

은 길연결공간이다. 실제로, 임의의 두 점 $\mathbf{x}, \mathbf{y} \in \mathbb{R}^n - \{\mathbf{0}\}$에 대하여 $\mathbf{y} \ne -\mathbf{x}$라면

$$\alpha(t) = (1-t)\mathbf{x} + t\mathbf{y}, \ \ 0 \le t \le 1$$

는 원점 $\mathbf{0}$을 통과하지 않는 $\mathbf{x}$와 $\mathbf{y}$를 연결하는 길이다. 한편 $\mathbf{y} = -\mathbf{x}$인 경우에는 $\mathbf{z} \ne -\mathbf{x}$이고 $\mathbf{z} \ne -\mathbf{y}$인 점 $\mathbf{z} \in \mathbb{R}^n - \{\mathbf{0}\}$가 존재한다. 따라서

$$\alpha_1(t) = (1-t)\mathbf{x} + t\mathbf{z}, \ \ 0 \le t \le 1,$$
$$\alpha_2(t) = (1-t)\mathbf{z} + t\mathbf{y}, \ \ 0 \le t \le 1$$

는 각각 원점 $\mathbf{0}$을 통과하지 않는 $\mathbf{x}$와 $\mathbf{z}$, 그리고 $\mathbf{z}$와 $\mathbf{y}$를 연결하는 길이다. 이때, 두 길 α_1과 α_2를 $\mathbf{z}$에서 이어주는 길

$$\alpha_1 * \alpha_2(t) = \begin{cases} \alpha_1(2t), & 0 \le t \le \dfrac{1}{2}, \\ \alpha_2(2t-1), & \dfrac{1}{2} < t \le 1 \end{cases}$$

는 원점 $\mathbf{0}$을 통과하지 않는 $\mathbf{x}$와 $\mathbf{y}$를 연결하는 길이다.

하지만 $\mathbb{R} - \{0\}$은 연결공간이 아니므로 길연결공간도 아니다. □

사실 위상공간 X의 모든 길 중에서 시작점과 종점이 $\mathbf{x}_0$로 일치하는 루프(loop)들의 모임 $\Omega(X, \mathbf{x}_0)$는 위의 연산 $*$에 관해 군(group)을 이룬다. 이와 같은 $\Omega(X, \mathbf{x}_0)$ 등을 자세히 다루는 수학 분야가 바로 대수적 위상수학(algebraic topology)이다.

예제 6.3.5

$(n-1)$-차원 단위구(unit sphere)

$$S^{n-1} = \{\mathbf{x} = (x_1, x_2, \ldots, x_n) \in \mathbb{R}^n \mid \|\mathbf{x}\| = 1\} \subset \mathbb{R}^n_u,\ n \geqq 2$$

은 길연결공간이다. 실제로, 임의의 두 점 $\mathbf{x}, \mathbf{y} \in S^{n-1}$에 대하여

$$\alpha : [0,1] \to B^n,\ \alpha(t) = (1-t)\mathbf{x} + t\mathbf{y}$$

는 $\alpha(0) = \mathbf{x}$이고 $\alpha(1) = \mathbf{y}$인 길이다. 만약 $\mathbf{y} \neq -\mathbf{x}$라면 $\alpha(t)$는 원점 $\mathbf{0}$을 통과하지 않는 $\mathbf{x}$와 $\mathbf{y}$를 연결하는 B^n의 길이므로

$$\gamma(t) = \frac{\alpha(t)}{\|\alpha(t)\|}$$

라 놓으면 γ는 $\mathbf{x}$와 $\mathbf{y}$를 연결하는 S^{n-1}의 길이 된다. 한편 $\mathbf{y} = -\mathbf{x}$인 경우에는 $\mathbf{z} \neq -\mathbf{x}$이고 $\mathbf{z} \neq -\mathbf{y}$인 점 $\mathbf{z} \in S^{n-1}$가 존재한다. 따라서 $\mathbf{x}$와 $\mathbf{z}$, 그리고 $\mathbf{z}$와 $\mathbf{y}$를 연결하는 S^{n-1}의 길 γ_1, γ_2를 이용하여 γ_1과 γ_2를 $\mathbf{z}$에서 이어주는 길 $\gamma_1 * \gamma_2$는 $\mathbf{x}$와 $\mathbf{y}$를 연결하는 S^{n-1}의 길이다.

하지만 $S^0 = \{-1, 1\}$는 연결공간이 아니므로 길연결공간이 아니다. □

$(n-1)$-차원 단위구 S^{n-1}이 길연결공간임을 보이기 위해 [예제 6.3.4]와 다음 보조정리를 이용할 수도 있다. 실제로 $\mathbb{R}^n - \{0\}$와 S^{n-1} 사이에는 전사인 연속함수 π가 다음과 같이 존재한다.

$$\pi : \mathbb{R}^n - \{\mathbf{0}\} \to S^{n-1},\ \mathbf{x} \mapsto \frac{\mathbf{x}}{\|\mathbf{x}\|}$$

보조정리 6.3.6 전사인 연속함수 $f : X \to Y$에 대하여, 위상공간 X가 길연결공간이면 Y도 길연결공간이다.

증명 임의의 두 점 $\mathbf{y}_1, \mathbf{y}_2 \in Y$에 대하여, f가 전사함수이므로

$$f(\mathbf{x}_1) = \mathbf{y}_1,\ f(\mathbf{x}_2) = \mathbf{y}_2$$

를 만족하는 $\mathbf{x}_1, \mathbf{x}_2 \in X$가 존재한다. 한편 X는 길연결공간이므로

$$\alpha : [0,1] \to X, \ \alpha(0) = \mathbf{x}_1, \ \alpha(1) = \mathbf{x}_2$$

인 길이 존재한다. 따라서 $\beta(t) = f \circ \alpha(t)$는

$$\beta(0) = f(\alpha(0)) = f(\mathbf{x}_1) = \mathbf{y}_1,$$
$$\beta(1) = f(\alpha(0)) = f(\mathbf{x}_2) = \mathbf{y}_2$$

를 만족하는 Y의 길이다. 즉, Y는 길연결공간이다. □

예제 6.3.7

$X = \mathbb{Q} \times \mathbb{R} \bigcup \mathbb{R} \times \mathbb{Q}$이고 X가 2차원 보통위상공간(또는 유클리드 공간) $\mathbb{R}_u^2$의 부분공간일 때, X가 길연결공간이다. 실제로 X가 길연결공간임을 보이기 위해, 임의의 두 점 $p = (a,b), q = (c,d) \in X$에 대하여 다음과 같은 여섯 가지 경우만 고려하면 충분하다. 논의를 편하게 하기 위해 $a \le c$이고 $b \le d$라 가정하자.

(i) $p \in \mathbb{Q} \times \mathbb{Q}$이고 $q \in \mathbb{Q} \times \mathbb{Q}$인 경우:

$$\alpha_1(t) = ((1-t)a + tc, b), \ 0 \le t \le 1 \text{이고 } \alpha_2(t) = (c, (1-t)b + td), \ 0 \le t \le 1$$

일 때, $\alpha_1 * \alpha_2$는 p와 q를 잇는 X의 길이다.

(ii) $p \in \mathbb{Q} \times \mathbb{Q}$이고 $q \in \mathbb{Q} \times \mathbb{Q}^c$인 경우:

$$\alpha_1(t) = ((1-t)a + tc, b), \ 0 \le t \le 1 \text{이고 } \alpha_2(t) = (c, (1-t)b + td), \ 0 \le t \le 1$$

일 때, $\alpha_1 * \alpha_2$는 p와 q를 잇는 X의 길이다.

(iii) $p \in \mathbb{Q} \times \mathbb{Q}$이고 $q \in \mathbb{Q}^c \times \mathbb{Q}$인 경우:

$$\alpha_1(t) = (a, (1-t)b + td), \ 0 \le t \le 1 \text{이고 } \alpha_2(t) = ((1-t)a + tc, d), \ 0 \le t \le 1$$

일 때, $\alpha_1 * \alpha_2$는 p와 q를 잇는 X의 길이다.

(iv) $p \in \mathbb{Q} \times \mathbb{Q}^c$이고 $q \in \mathbb{Q} \times \mathbb{Q}^c$인 경우:
$b \le e \le d$인 유리수 e를 택하여,

$$\alpha_1(t) = (a, (1-t)b + te), \ 0 \le t \le 1,$$
$$\alpha_2(t) = ((1-t)a + ct, e), \ 0 \le t \le 1,$$
$$\alpha_3(t) = (c, (1-t)e + td), \ 0 \le t \le 1$$

일 때,

$$(\alpha_1 * \alpha_2) * \alpha_3(t) = \begin{cases} \alpha_1(3t), & 0 \le t \le \frac{1}{3}, \\ \alpha_2(3t-1), & \frac{1}{3} < t \le \frac{2}{3}, \\ \alpha_3(3t-2), & \frac{2}{3} < t \le 1 \end{cases}$$

또는

$$(\alpha_1 * \alpha_2) * \alpha_3(t) = \begin{cases} \alpha_1(4t), & 0 \le t \le \frac{1}{4}, \\ \alpha_2(4t-1), & \frac{1}{4} < t \le \frac{2}{4}, \\ \alpha_3(2t-1), & \frac{2}{4} < t \le 1 \end{cases}$$

는 p와 q를 잇는 X의 길이다([그림 6.3.1]).

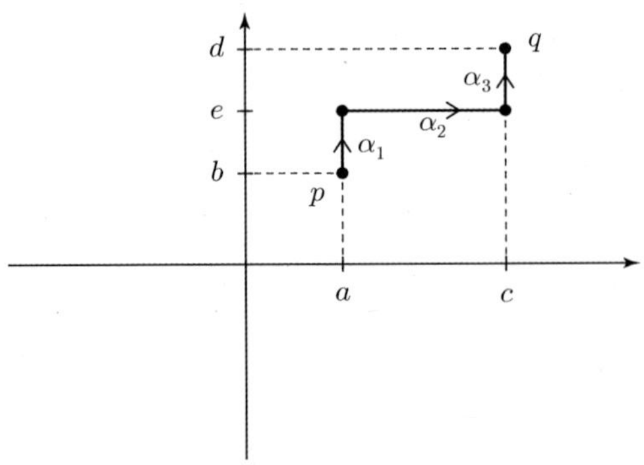

[그림 6.3.1] $(\alpha_1 * \alpha_2) * \alpha_3$

(v) $p \in \mathbb{Q} \times \mathbb{Q}^c$이고 $q \in \mathbb{Q}^c \times \mathbb{Q}$인 경우:

$\alpha_1(t) = (a, (1-t)b + td)$, $0 \le t \le 1$이고 $\alpha_2(t) = ((1-t)a + tc, d)$, $0 \le t \le 1$

일 때, $\alpha_1 * \alpha_2$는 p와 q를 잇는 X의 길이다.

(vi) $p \in \mathbb{Q}^c \times \mathbb{Q}$이고 $q \in \mathbb{Q}^c \times \mathbb{Q}$인 경우:

$a \le f \le c$인 유리수 f를 택하여,

$$\alpha_1(t) = ((1-t)a + tf, b),\ 0 \le t \le 1,$$
$$\alpha_2(t) = (f, (1-t)b + td),\ 0 \le t \le 1,$$
$$\alpha_3(t) = ((1-t)f + tc, d),\ 0 \le t \le 1$$

일 때, $(\alpha_1 * \alpha_2) * \alpha_3$는 p와 q를 잇는 X의 길이다.

위의 (i)-(vi)에 의해 X는 길연결공간이다. □

예제 6.3.8

위상수학자의 사인곡선

$$S = \left\{ \left(x, \sin\left(\frac{1}{x}\right) \right) \,\middle|\, x > 0 \right\} \subset \mathbb{R}_u^2$$

는 길연결공간 $(0, \infty) \subset \mathbb{R}_u$의 연속함수 $f(x) = \left(x, \sin\left(\frac{1}{x}\right)\right)$의 상이므로 길연결이고 따라서 연결공간이다([그림 6.3.2]). 하지만 S의 폐포

$$\overline{S} = S \bigcup \{(0,y) | -1 \le y \le 1\}$$

는 길연결이 아니다.

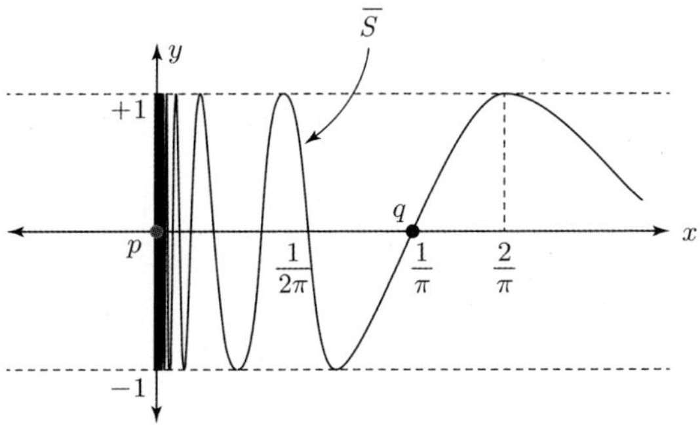

[그림 6.3.2]

예를 들어, $p = (0,0)$이고 $q = (\frac{1}{\pi}, 0) \in S$일 때, p와 q를 잇는 길은 존재하지 않는다. 실제로, p와 q를 잇는 길

$$\alpha : [0,1] \to \overline{S},\ \alpha(t) = (x(t), y(t))$$

가 존재한다면 $\alpha(t)$가 y-축에 놓여 있게 되는 최대의 점 $b \in [0,1]$가 존재한다. 즉,

$x(b)=0$이고 모든 $b<t\le 1$에 대하여 $x(t)>0$와

$$y(t)=\sin\left(\frac{1}{x(t)}\right)$$

이 성립한다. 이때 사잇값 정리에 의해 $x(b)=0<u_n<x(b+\frac{1}{n}), n\in\mathbb{N}$에 대하여 $x(t_n)=u_n$을 만족하는 $b<t_n<b+\frac{1}{n}$이 존재한다. 특히,

$$\sin\left(\frac{1}{u_n}\right)=(-1)^n\text{이고 } 0<u_n<x(b+\frac{1}{n})$$

을 만족하는 u_n에 대하여 위와 같은 t_n을 찾을 수 있다. 따라서

$$\sin\left(\frac{1}{u_n}\right)=\sin\left(\frac{1}{x(t_n)}\right)=(-1)^n$$

이다. 한편 $\lim_{n\to\infty}t_n=b$이고 $\lim_{n\to\infty}x(t_n)=0$이지만

$$\lim_{n\to\infty}y(t_n)=\lim_{n\to\infty}\sin\left(\frac{1}{x(t_n)}\right)=\lim_{n\to\infty}(-1)^n$$

은 존재하지 않는다. 이것은 길 함수 α가 연속이라는 가정에 모순이다. □

예제 6.3.9

선형연속체인 정사각형 $I_o=[0,1]\times[0,1]$는 연결공간이지만 길연결공간은 아니다. 실제로, $p=(0,0)$와 $q=(1,1)$를 잇는 길은 존재하지 않는다. 만약 p와 q를 잇는 길 $\alpha:[0,1]\to I_0$가 존재한다면 [정리 6.2.6]에 의해 $\alpha([0,1])$이 I_o의 모든 점을 포함한다. 따라서 α가 연속이므로

$$\varnothing\ne U_x=\alpha^{-1}(\{x\}\times(0,1)),\ x\in[0,1]$$

는 $[0,1]$의 열린집합이다([그림 6.3.3]). 또한 서로 다른 $x,y\in[0,1]$에 대하여

$$U_x\cap U_y=\varnothing$$

이다. 따라서 각각의 $x\in[0,1]$에 대하여 $q_x\in U_x$인 유리수를 대응시켜 일대일 함수 $g:[0,1]\to\mathbb{Q}$를 만들 수 있다. 하지만 $[0,1]$는 비가산 무한집합이고 $\mathbb{Q}$는 가산 무한집합

이므로 모순이다. □

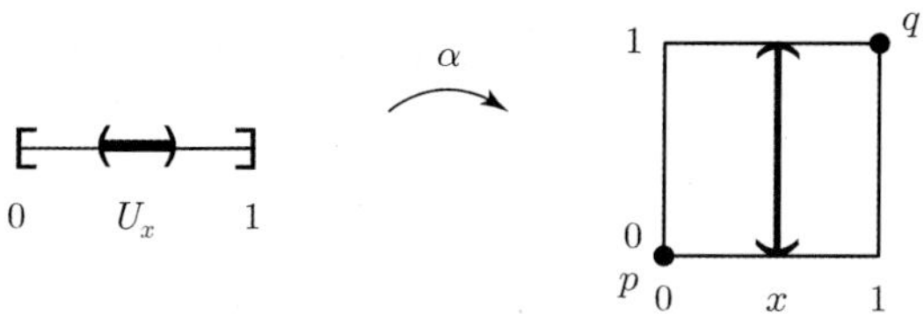

[그림 6.3.3]

6.3 연습문제

1. 다음 물음에 답하라.

(1) 위상공간 $(X,\mathfrak{I})$가 비연결공간이면 고정점을 갖지 않는 연속사상 $f:X\to X$가 존재함을 보여라.

(2) 위상공간 $(X,\mathfrak{I})$에 대하여, 모든 연속함수 $f:X\to X$가 고정점을 가지면 $(X,\mathfrak{I})$는 연결공간임을 보여라.

2. $X=\mathbb{Q}^c\times\mathbb{R}\bigcup\mathbb{R}\times\mathbb{Q}$가 $\mathbb{R}_u^2$의 부분공간일 때, X가 길연결공간인지 판별하라.

3. K-위상공간 $\mathbb{R}_K$가 길연결공간인지 판별하라.
(힌트: 닫힌구간 $[0,1]\subset\mathbb{R}_u$의 임의의 수열은 수렴하는 부분수열을 가진다라는 사실을 이용할 수 있다.)

4. 여유한위상공간 $(\mathbb{R},\mathfrak{I}_f)$가 길연결공간임을 보여라.

5. $X=\{1,2,3\}$일 때, 위상공간 $(X,\mathfrak{I}_X)$에 대하여 다음 물음에 답하라.

$$\mathfrak{I}_X=\{\varnothing, X, \{1,2\}, \{2\}, \{2,3\}\}$$

(1) $[0,1]$이 보통위상공간 $\mathbb{R}_u$의 부분공간일 때, 전사인 연속함수

$$f:[0,1]\to(X,\mathfrak{I}_X)$$

를 찾아라.

(2) $(X,\mathfrak{I}_X)$가 길연결공간임을 보여라.

6. 실수의 집합 $\mathbb{R}$상에서 다음과 같은 기저 $\mathscr{B}$에 의해 생성된 위상 $\mathfrak{I}_{\mathscr{B}}$ 를 고려하자.

$$\mathscr{B} = \{(a, b), (c, d) \cap \mathbb{Q} \mid a, b, c, d \in \mathbb{R}, a < b, c < d\}$$

이때, 위상공간 $(\mathbb{R}, \mathfrak{I}_{\mathscr{B}})$가 연결공간인지 판별하라.

(힌트: $(\mathbb{R}, \mathfrak{I}_{\mathscr{B}})$가 연결공간이다.)

7. 집합 X상에서 정의된 두 위상 $\mathfrak{I}_1$과 $\mathfrak{I}_2$에 대하여, $\mathfrak{I}_1 \subset \mathfrak{I}_2$가 성립한다고 가정하자. 이때, 다음 물음에 답하라.

(1) 위상공간 $(X, \mathfrak{I}_2)$가 길연결일 때, 위상공간 $(X, \mathfrak{I}_1)$도 길연결임을 보여라.

(2) 위상공간 $(X, \mathfrak{I}_1)$가 길연결일 때, 위상공간 $(X, \mathfrak{I}_2)$도 길연결인지 판별하라.

(힌트: 예를 들어, $\mathfrak{I}_1 = \mathbb{R}_u, \mathfrak{I}_2 = \mathbb{R}_{\text{dis}}$)

8. 집합 $X = \{1, 2, 3, 4\}$상에서 정의된 부분기저

$$\mathscr{S} = \{\{1, 2\}, \{2, 3\}, \{2, 3, 4\}\}$$

에 의해 생성된 위상 $\mathfrak{I}_{\mathscr{S}}$ 에 대하여, 위상공간 $(X, \mathfrak{I}_{\mathscr{S}})$가 길연결공간인지 판별하라.

(힌트: 다음과 같이 정의된 함수

$$\alpha : [0, 1] \to (X, \mathfrak{I}_{\mathscr{S}}), \quad \alpha(t) = \begin{cases} 1, & 0 \le x \le \frac{1}{4}, \\ 2, & \frac{1}{4} < x < \frac{2}{4}, \\ 3, & \frac{2}{4} \le x < \frac{3}{4}, \\ 4, & \frac{3}{4} \le x \le 1 \end{cases}$$

를 고려하자.)

9. $X = \{1, 2, 3, 4, 5, 6\}$일 때, X상에 다음과 같이 정의된 기저 $\mathscr{B}$에 의해 생성된 위상 $\mathfrak{I}_{\mathscr{B}}$ 를 고려하자.

$$\mathscr{B} = \{\{1, 2, 4\}, \{4\}, \{3, 4, 5\}, \{5\}, \{5, 6\}\}$$

이때, 다음 물음에 답하라.

(1) 위상공간 $(X, \mathfrak{I}_{\mathscr{B}})$가 연결공간임을 정의를 이용하여 보여라.

(2) 위상공간 $(X, \mathfrak{I}_{\mathscr{B}})$가 길연결공간임을 보여라.

6.4 연결성분과 길연결성분

정의 6.4.1 위상공간 X와 임의의 두 점 $x, y \in X$에 대하여 다음과 같은 관계 $\sim$를 정의하자.

$$x \sim y \Leftrightarrow x, y \text{를 동시에 포함하는 } X\text{의 연결부분공간이 존재}$$

보조정리 6.4.2 위상공간 X상의 관계 $\sim$는 동치관계이다.

증명 (1) 반사성: 임의의 원소 $x \in X$에 대하여, $\{x\}$는 항상 연결부분공간이다. 따라서 $x, x \in \{x\}$ 이므로 $x \sim x$이다.

(2) 대칭성: 임의의 두 원소 $x, y \in X$에 대하여 $x \sim y$이면 $x, y \in Y$인 연결부분공간 Y가 존재한다. 한편 $y, x \in Y$이므로 $y \sim x$이다.

(3) 추이성: 임의의 세 원소 $x, y, z \in X$에 대하여 $x \sim y$이고 $y \sim z$이면 $x, y \in Y$이고 $y, z \in Z$인 연결부분공간 Y, Z가 존재한다. 한편

$$y \in Y \cap Z \neq \varnothing$$

이므로 $Y \cup Z$는 연결부분공간이고 $x, z \in Y \cup Z$이다. 따라서 $x \sim z$이다.

□

정의 6.4.3 위상공간 X와 동치관계 $\sim$에 대하여 X의 멱집합의 부분집합인 동치류들의 모임

$$X/\sim = \{ [x] \mid x \in X \}$$

의 각각의 원소를 X의 **연결성분**(connected component)이라 한다. 단, 여기서

$$[x] = \{ y \in X \mid x \sim y \}$$

이고 x를 $[x]$의 **대표원**(representative)이라 한다.

예제 6.4.4

$X=[0,1]\bigcup(2,3]$가 $\mathbb{R}_u$의 부분공간일 때, X의 연결성분의 개수는 2이다. 실제로 모든 연결성분은 다음 두 동치류뿐이다.

$$[0]=[0,1],\ \ [3]=(2,3]$$

□

예제 6.4.5

유리수의 집합 $\mathbb{Q}$가 $\mathbb{R}_u$의 부분공간일 때, $\mathbb{Q}$의 모든 연결성분은 한 점으로 이루어진 단집합뿐이다. 실제로, 임의의 서로 다른 두 점 $r,s\in\mathbb{Q}$에 대하여 r과 s는 관계가 없다. 이를 보기 위해, $r\sim s\,(r<s)$라면 $r,s\in Y$인 $\mathbb{Q}$의 연결부분공간 Y가 존재한다. 이때 $r<x<s$인 무리수 x를 택하여

$$r\in U=((-\infty,x)\bigcap\mathbb{Q})\bigcap Y,\ \ s\in V=((x,\infty)\bigcap\mathbb{Q})\bigcap Y$$

라 놓으면, $\{U,V\}$는 Y의 분리가 되어 모순이다. □

유리수의 경우와 같이 모든 연결성분이 단집합인 위상공간을 **전비연결공간** 또는 **완전비연결공간**(totally disconnected space)이라 한다. 사실, 하극한위상공간 $\mathbb{R}_l$도 전비연결공간이다.

다음 정리가 성립한다.

정리 6.4.6 $X_\alpha\,(\alpha\in J)$가 위상공간 X의 임의의 연결성분일 때, 다음이 성립한다.

(1) 임의의 서로 다른 $\alpha,\beta\in J$에 대하여 $X_\alpha\bigcap X_\beta=\varnothing$이고

$$\bigcup_{\alpha\in J}X_\alpha=X$$

이다.

(2) 각각의 $\alpha\in J$에 대하여, X_α는 X의 연결부분공간이다.

(3) Y가 X의 연결부분공간이고 $Y\bigcap X_\alpha\neq\varnothing$이면 $Y\subset X_\alpha$이다.

증명 (1)은 동치류의 일반적인 성질이므로 그 증명을 생략한다.

(2) 일단 $x_0 \in X_\alpha$인 원소를 택하자. X_α는 동치류이므로 임의의 원소 $x \in X_\alpha$에 대하여 $x \sim x_0$이다. 따라서 $x_0, x \in A_x$인 연결부분공간 A_x가 존재한다. 한편 $x_0 \in \bigcap_{x \in X_\alpha} A_x \neq \varnothing$이고 아래 (3)의 성질에 의해 $A_x \subset X_\alpha$이므로 [정리 6.1.10]에 의해 $\bigcup_{x \in X_\alpha} A_x = X_\alpha$가 연결공간이 된다.

(3) α와 서로 다른 $\beta \in J$에 대하여

$$Y \bigcap X_\beta \neq \varnothing$$

이면 $x \in Y \bigcap X_\alpha$와 $y \in Y \bigcap X_\beta$에 대하여 $x, y \in Y$이고 Y는 연결부분공간이므로 $x \sim y$이다. 따라서 동치류의 성질에 의해 $X_\alpha = X_\beta$가 되어 모순이다. □

연결성분의 개수는 위상적 성질이다. 다시 말해서 위상동형인 두 위상공간의 연결성분의 개수는 서로 같다. 이를 이용하여 주어진 두 위상공간이 서로 위상동형인지 판별할 수 있다.

예제 6.4.7

(1) $\mathbb{R}_u$의 두 부분공간 $(0,1)$과 $[0,1)$은 서로 위상동형이 아니다. 실제로, 위상동형사상 $f : [0,1) \to (0,1)$가 존재한다면

$$f|_{(0,1)} : (0,1) \to (0,1) - \{f(0)\}$$

도 위상동형사상이다. 하지만 $(0,1)$은 연결공간이고 $(0,1) - \{f(0)\}$은 비연결공간이므로 모순이다.

(2) 비슷한 방법으로 $[0,1]$과 $[0,1)$이 위상동형이 아님을 보일 수 있다. 실제로, 위상동형사상 $f : [0,1) \to [0,1]$가 존재한다고 가정하자.

(i) $f(0) = 0$인 경우:

$$f|_{(0,1)} : (0,1) \to (0,1]$$

도 위상동형사상이다. 하지만 위의 (1)과 비슷한 방법에 의해 $(0,1)$과 $(0,1]$은 위상동형일 수 없다.

(ii) $f(0) = 1$인 경우: 위의 (i)과 비슷한 방법으로 모순이 된다.

(iii) $0 < f(0) < 1$인 경우:

$$f|_{(0,1)} : (0,1) \to [0, f(0)) \bigcup (f(0), 1]$$

도 위상동형사상이다. 하지만 $(0,1)$은 연결공간이지만

$$[0, f(0)) \bigcup (f(0), 1]$$

은 비연결공간이므로 모순이다.

(3) 위의 (1)의 방법에 의해 $[0,1]$과 $(0,1)$도 위상동형이 아님을 쉽게 알 수 있다.

(4) $n > 1$인 자연수에 대하여 $\mathbb{R}_u^n$과 $\mathbb{R}_u$가 서로 위상동형이 아님을 연결성을 이용하여 보일 수 있다.

(5) 위의 (1)과 같은 방법으로 다음 [그림 6.4.1]과 같은 위상공간 X와 $(0,1)$도 서로 위상동형이 아님을 보일 수 있다. □

$X=$ 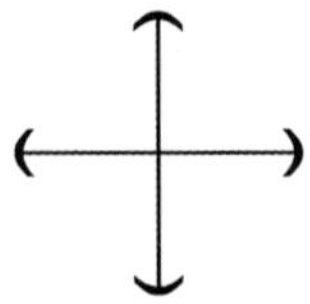

[그림 6.4.1]

다음은 길연결성분을 정의한다.

> **정의 6.4.8** 위상공간 X와 임의의 두 점 $x, y \in X$에 대하여 다음과 같은 관계 $\sim_p$를 정의하자.
>
> $$x \sim_p y \Leftrightarrow x\text{와 } y\text{를 잇는 길이 } X\text{에서 존재}$$

[보조정리 6.4.2]와 같이 다음 보조정리가 성립한다.

보조정리 6.4.9 위상공간 X상의 관계 $\sim_p$는 동치관계이다.

증명 (1) 반사성: 임의의 원소 $x \in X$에 대하여, 상수함수

$$\alpha(t) = x,\ 0 \le t \le 1$$

는 x와 x를 잇는 길이다.

(2) 대칭성: 임의의 두 원소 $x, y \in X$에 대하여 α가

$$\alpha : [0,1] \to X,\ \alpha(0) = x,\ \alpha(1) = y$$

를 만족하는 길일 때,

$$\beta : [0,1] \to X,\ \beta(t) = \alpha(1-t)$$

는 $\beta(0) = \alpha(1) = y$이고 $\beta(1) = \alpha(0) = x$이므로 y가 시작점이고 x가 종점인 길이다.

(3) 추이성: 임의의 세 원소 $x, y, z \in X$에 대하여 α가

$$\alpha : [0,1] \to X,\ \alpha(0) = x, \alpha(1) = y$$

인 길이고 β가

$$\beta : [0,1] \to X,\ \beta(0) = y, \beta(1) = z$$

인 길일 때,

$$\alpha * \beta(t) = \begin{cases} \alpha(2t), & 0 \le t \le \frac{1}{2} \\ \beta(2t-1), & \frac{1}{2} < t \le 1 \end{cases}$$

는 x가 시작점이고 z가 종점인 길이다. □

정의 6.4.10 위상공간 X와 동치관계 $\sim_p$에 대하여 X의 멱집합의 부분집합인 동치류들의 모임

$$X/\sim_p = \{\ [x]_p \mid x \in X\}$$

의 각각의 원소를 X의 **길연결성분**(path-connected component)이라 한다. 단, 여기서

$$[x]_p = \{y \in X \mid x \sim_p y\}$$

이고 x를 $[x]_p$의 **대표원**이라 한다.

길연결성분에 대하여 다음 정리가 성립한다. 그 증명은 [정리 6.4.6]과 비슷하므로 생략한다.

정리 6.4.11 $X_\alpha\,(\alpha\in J)$가 위상공간 X의 임의의 길연결성분일 때, 다음이 성립한다.

(1) 임의의 서로 다른 $\alpha,\beta\in J$에 대하여 $X_\alpha \cap X_\beta = \varnothing$ 이고

$$\bigcup_{\alpha\in J} X_\alpha = X$$

이다.

(2) 각각의 $\alpha\in J$에 대하여, X_α는 X의 길연결부분공간이다.

(3) Y가 X의 길연결부분공간이고 $Y\cap X_\alpha \neq \varnothing$ 이면 $Y\subset X_\alpha$이다.

보조정리 6.4.12 위상공간 X에 대하여 다음이 성립한다.

(1) 임의의 연결성분 X_α는 닫힌집합이다.

(2) 연결성분의 총개수가 유한일 때, 임의의 연결성분 X_α는 열린집합이다.

증명 (1) [정리 6.4.6 (2)]에 의해 X_α는 연결부분공간이다. 따라서 폐포 $\overline{X}_\alpha$도 연결부분공간이다. 한편 $X_\alpha \cap \overline{X}_\alpha \neq \varnothing$ 이므로 [정리 6.4.6 (3)]에 의해 $\overline{X}_\alpha \subset X_\alpha$이다. 따라서 $X_\alpha = \overline{X}_\alpha$이다. 즉, X_α는 닫힌집합이다.

(2) $X_\alpha, \alpha\in J$가 모든 연결성분을 나타낼 때,

$$X_\alpha^c = \bigcup_{\alpha\neq\beta\in J} X_\beta$$

이다. 이때 X_β는 위의 (1)에 의해 닫힌집합이고 J가 유한집합이므로 X_α^c가 닫힌집합이다. 따라서 X_α는 열린집합이다. □

일반적으로 연결성분은 열린집합이 아니고, 길연결성분은 닫힌집합도 아니고 열린집합도 아니다.

예제 6.4.13

유리수의 집합 $\mathbb{Q}$를 $\mathbb{R}_u$의 부분공간이라 할 때, [예제 6.4.5]에 의해 모든 연결성분은 단집합뿐이다. 따라서 이 경우에 연결성분은 열린집합이 아니다. □

예제 6.4.14

$\mathbb{R}_u^2$의 부분공간으로 다음 두 집합을 고려하자.

$$Y_1 = \left\{\left(x, \sin\left(\frac{1}{x}\right)\right) \,\middle|\, x > 0\right\},\ \ Y_2 = \{(0,y) \mid -1 \le y \le 1\}$$

이때 $\overline{Y_1} = Y_1 \bigcup Y_2$이고 $\overline{Y_1}$는 두 개의 길연결성분 Y_1, Y_2를 가지고 있다. 이때 Y_1는 $\overline{Y_1}$의 열린집합이지만 닫힌집합이 아니고, Y_2는 $\overline{Y_1}$의 닫힌집합이지만 열린집합이 아니다.

좀 더 특이한 예로

$$Y_3 = \left\{\left(0, \frac{1}{n}\right) \,\middle|\, n \in \mathbb{N}\right\}$$

일 때, $Y_1 \bigcup Y_3$는 가산개의 길연결성분을 가지고 있고 길연결성분 Y_1은 열린집합이고 닫힌집합이 아니지만, Y_3의 모든 단집합은 길연결성분으로 닫힌집합이지만 열린집합이 아니다. 한편 다음 위상공간은 비가산 무한개의 길연결성분을 가지고 있다.

$$Y_1 \bigcup \{(0,t) \mid t \in \mathbb{Q}^c,\ |t| < 1\}$$

□

6.4 연습문제

1. X가 다음과 정의된 집합이라 하자.

$$X = \left\{1 + \frac{(-1)^n}{n} \,\middle|\, n \in \mathbb{N}\right\} \bigcup \{1\} \subset \mathbb{R}_u$$

이때, 다음 물음에 자세히 답하라.

(1) X가 연결공간인가? 자세히 설명하라.

(2) X의 연결성분을 모두 구하라.

2. $i = 1,2,3$에 대하여 실수의 집합 $\mathbb{R}$에 다음과 같은 위상 $\mathfrak{I}_i$을 줄 때. 위상공간 $(\mathbb{R}, \mathfrak{I}_i)$의 연결성분을 모두 구하라.

(1) $\mathfrak{I}_1 = \{\varnothing\} \bigcup \{U \subset \mathbb{R} \mid 0 \in U\}$

(2) $\mathfrak{I}_2 = \{\mathbb{R}\} \bigcup \{ U \subset \mathbb{R} \mid 0 \not\in U \}$

(3) $\mathfrak{I}_3 = \{ U \subset \mathbb{R} \mid 0 \not\in U$ 또는 U^c 유한집합$\}$

3. 실수의 집합 $\mathbb{R}$상에 위상

$$\mathfrak{I} = \{ U \subset \mathbb{R} \mid -1, 1 \in U \} \bigcup \{ \varnothing \}$$

를 준 위상공간 $(\mathbb{R}, \mathfrak{I})$의 연결성분을 모두 구하라. 또한 $X = \mathbb{R} - \{-1\}$일 때, $(\mathbb{R}, \mathfrak{I})$의 부분공간 X의 연결성분을 모두 찾아라.

4. 함수

$$f : S^1 \to [a,b] \subset \mathbb{R}_u$$

가 전사인 연속함수일 때, 임의의 $c(a < c < b)$의 f의 역상 $f^{-1}(c)$은 두 점 이상으로 이루어져 있음을 보여라. 단, 단위원 S^1은 2차원 유클리드 공간 $\mathbb{R}_u^2$의 부분공간이다.

5. 다음 물음에 답하라.

(1) 하극한위상공간 $\mathbb{R}_l$의 연결성분을 모두 구하라.

(2) $\mathbb{Q}^c \times \mathbb{Q}^c$가 보통위상공간 $\mathbb{R}_u^2$의 부분공간일 때, $\mathbb{Q}^c \times \mathbb{Q}^c$의 연결성분을 모두 구하라.

(3) $\mathbb{Q}^c \times \mathbb{Q}$가 보통위상공간 $\mathbb{R}_u^2$의 부분공간일 때, $\mathbb{Q}^c \times \mathbb{Q}$의 연결성분을 모두 구하라.

6. 유클리드 공간 $\mathbb{R}_u$의 부분공간 $[0,1], (0,1), (0,1], [0,1)$은 서로 위상동형이 아님을 보여라.

7. 2차원 보통위상공간 $\mathbb{R}_u^2$의 부분공간 A와 A_k에 대하여, 다음 물음에 답하라.

$$A = \left\{ (x,y) \;\middle|\; y = \frac{x}{n}, 0 \le x \le 1, n = 1,2,3,\ldots \right\} \bigcup \left\{ (\frac{1}{2}, 0), (1,0) \right\},$$

$$A_k = \left\{ (x,y) \;\middle|\; y = \frac{x}{n}, 0 \le x \le 1, n = k, k+1, \ldots \right\} \bigcup \left\{ (\frac{1}{2}, 0), (1,0) \right\}$$

(1) A가 연결공간인지 판별하라.

(2) 임의의 자연수 k에 대하여, A_k가 연결부분공간인지 판별하라.

(3) $\bigcap_{k=1}^{\infty} A_k$가 연결부분공간인지 판별하라.

(4) 다음 명제가 참인지 거짓인지 판별하라.

"임의의 자연수 k에 대하여, A_k가 위상공간 $(X,\mathfrak{I})$의 연결부분공간이고 $A_{k+1} \subset A_k$이면 $\bigcap_{k=1}^{\infty} A_k$가 항상 $(X,\mathfrak{I})$의 연결부분공간이다."

8. 실수의 집합 $\mathbb{R}$상에서 다음과 같이 정의된 위상 $\mathfrak{I}$를 고려하자.

$$\mathfrak{I} = \{U \subset \mathbb{R} \mid \{-1,1\} \subset U\} \cup \{\varnothing\}$$

A가 $\varnothing \subsetneq A \subsetneq \mathbb{R}$를 만족하는 위상공간 $(\mathbb{R},\mathfrak{I})$의 임의의 연결인 부분공간일 때, A의 도집합 A'의 연결성분의 개수가 비가산무한(uncountable infinite)일 수 있는지 판별하라.

(힌트: A'은 항상 연결공간이다.)

9. $X = \{a, b, c, d, e\}$상에서 다음과 같이 정의된 위상 $\mathfrak{I}$를 고려하자.

$$\mathfrak{I} = \{\varnothing, X, \{a\}, \{c, d\}, \{a, c, d\}, \{b, c, d, e\}\}$$

이때, 위상공간 $(X,\mathfrak{I})$의 연결성분을 모두 찾고, 그 이유를 설명하라.

(힌트: 모든 연결성분은 $\{a\}$와 $\{b, c, d, e\}$뿐이다.)

10. 집합 $X = \{1, 2, 3, 4, 5\}$상에 다음과 같은 위상 $\mathfrak{I}$를 준 위상공간 $(X,\mathfrak{I})$를 고려하자.

$$\mathfrak{I} = \{X, \varnothing, \{1\}, \{1, 2\}, \{1, 4\}, \{4\}, \{1, 2, 4\}, \{3, 4, 5\}, \{1, 3, 4, 5\}\}$$

이때, $(X,\mathfrak{I})$의 연결성분을 모두 구하라.

(힌트: $[1] = \{1, 2\}$와 $[3] = \{3, 4, 5\}$)

11. 보통위상공간 $\mathbb{R}_u$와 함수

$$f : \mathbb{R}_u \to \mathbb{Z},\ f(x) = \begin{cases} x, & x \in \mathbb{Z}, \\ n, & n-1 < x < n+1,\ x = \text{홀수의 정수} \end{cases}$$

를 이용하여 $\mathbb{Z}$상에 상위상 $\mathfrak{I}_Q$를 주자. 이때, 다음 물음에 답하라.

(1) 위상공간 $(\mathbb{Z},\mathfrak{I}_Q)$의 연결성분을 모두 구하라.

(2) 위상공간 $(\mathbb{Z},\mathfrak{I}_Q)$의 길연결성분을 모두 구하라

(힌트: $(\mathbb{Z},\mathfrak{I}_Q)$가 길연결공이다.)

12. $A(\neq \varnothing)$가 위상공간 $(X, \mathfrak{I}_X)$의 연결부분공간이고 열린집합이며 동시에 닫힌집합일 때, A가 $(X, \mathfrak{I}_X)$의 한 연결성분임을 보여라.
(힌트: X_α가 $A \neq X_\alpha$와 $A \subset X_\alpha$를 만족하는 연결성분일 때, $B = (X - A) \cap X_\alpha$라 하면 $\{A, B\}$가 X_α의 분리가 되어 모순이다.)

6.5 국소연결성과 국소길연결성

정의 6.5.1 위상공간 X에 대하여 다음이 성립한다.

(1) $x \in X$의 임의의 열린근방 U에 대하여 $x \in V \subset U$를 만족하는 연결된 열린집합 V가 존재할 때, X가 x**에서 국소연결**(locally connected)이라고 한다.

(2) $x \in X$의 임의의 열린근방 U에 대하여 $x \in V \subset U$를 만족하는 길연결된 열린집합 V가 존재할 때, X가 x**에서 국소길연결**(locally path-connected)이라고 한다.

(3) X가 임의의 점 $x \in X$에서 국소연결(또는 국소길연결)일 때, X를 **국소연결**(또는 **국소길연결**)이라 한다.

예제 6.5.2

(1) $\mathbb{R}_u$의 부분공간 $X = [-1,0) \bigcup (0,1]$는 연결공간이 아니지만 국소연결공간이다.

(2) $\mathbb{R}_u^2$의 부분공간

$$Y_1 = \left\{ \left(x, \sin\left(\frac{1}{x}\right) \right) \,\middle|\, x > 0 \right\},\quad Y_2 = \{ (0,y) \mid -1 \le y \le 1 \}$$

에 대하여 $\overline{Y_1} = Y_1 \bigcup Y_2$는 연결공간이지만 국소연결공간은 아니다.

(3) $\mathbb{R}_u$의 부분공간인 유리수의 집합 $\mathbb{Q}$는 연결공간도 아니고 국소연결공간도 아니다.

□

정리 6.5.3 위상공간 X에 대하여 다음이 성립한다.

(1) X가 국소연결공간일 필요충분조건은 X의 임의의 열린집합 U에 대하여 U의 각 연결성분이 X에서 열린집합인 것이다. 특히 X가 국소연결공간일 때, X의 임의의 연결성분은 열린집합이다.

(2) X가 국소길연결공간일 필요충분조건은 X의 임의의 열린집합 U에 대하여 U의 각 길연결성분이 X에서 열린집합인 것이다. 특히 X가 국소길연결공간일 때, X의 임의의 길연결성분은 열린집합이다.

증명 (1) ($\Rightarrow$) C가 U의 연결성분일 때, 임의의 $x \in C$에 대하여 $x \in V \subset U$인 연결된 열린집합 V가 존재한다. 한편 C가 $x \in C$인 연결성분이므로 $V \subset C$이다. 따라서 C는 X에서 열린집합이다.

($\Leftarrow$) 임의의 $x \in X$와 x의 임의의 열린근방 U에 대하여 C가 $x \in C$인 U의 연결성분일 때, 가정에 의해 C는 X에서 열린집합이다. 따라서 $x \in C \subset U$인 연결된 열린집합 C가 존재한다. 즉, X는 국소연결공간이다.

(2)의 증명은 (1)과 비슷하여 생략한다. □

정리 6.5.4 위상공간 X에 대하여 다음이 성립한다.

(1) X의 각 길연결성분은 적당한 연결성분의 부분집합이다.

(2) X가 국소길연결공간일 때, X의 연결성분과 길연결성분은 서로 일치한다. 하지만 그 역은 일반적으로 성립하지 않는다(반례, 보통위상공간 $\mathbb{R}_u$의 부분공간 $\mathbb{Q}$, 하극한위상공간 $\mathbb{R}_l$ 등).

증명 (1) C가 X의 연결성분일 때, 임의의 $x \in C$에 대하여 P를 $x \in P$인 길연결성분이라 하자. 모든 길연결성분은 길연결이고 따라서 연결이다. 즉, $x \in P \subset C$가 성립한다.

(2) X가 국소길연결공간일 때, 위의 (1)에서 $C = P$임을 보이면 충분하다. 실제로, 만약 $P \neq C$라면 C와 만나는 P와 다른 길연결성분들의 모임을 Q라 할 때, $Q \subset C$이고 $C = P \bigcup Q$이다. 한편 [정리 6.5.3]에 의해 P와 Q가 열린집합이다. 따라서 $\{P, Q\}$는 C의 분리가 되어 모순이다. □

6.5 연습문제

1. 위상공간 X가 국소길연결공간일 때, 임의의 연결된 열린집합 $A \subset X$는 길연결임을 보여라.

2. $X = \{(r, 0) \mid r \in \mathbb{Q},\ 0 \le r \le 1\}$일 때, 점 $p = (0, 1)$과 X의 각 점을 선분으로 연결하여 만든 $\mathbb{R}_u^2$의 부분공간을 Y라 하자. 비슷한 방법으로

$$Z = \{(r,1) \mid r \in \mathbb{Q},\ 0 \le r \le 1\}$$

일 때, 점 $q = (1,0)$과 Z의 각 점을 선분으로 연결하여 만든 $\mathbb{R}_u^2$의 부분공간을 W라 하자([그림 6.5.1]). 이때, 다음 물음에 답하라.

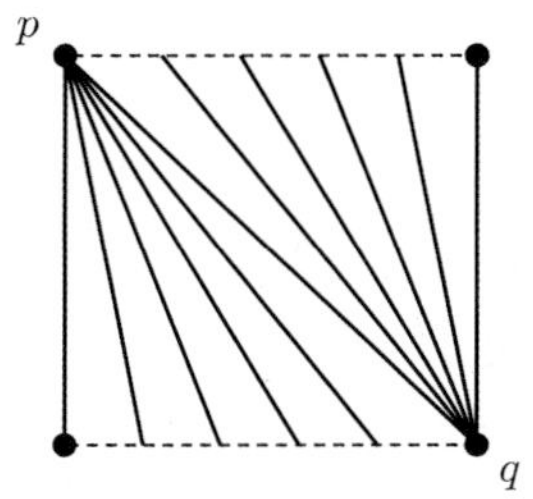

[그림 6.5.1]

(1) Y가 길연결공간이지만 p에서만 국소길연결임을 보여라.

(2) $Y \bigcup W$는 길연결공간이지만 $Y \bigcup W$의 어느 점에서도 국소연결이 아님을 보여라.

3. $K = \left\{ \dfrac{1}{n} \,\middle|\, n \in \mathbb{N} \right\}$이고 $-K = \left\{ -\dfrac{1}{n} \,\middle|\, n \in \mathbb{N} \right\}$일 때, 다음과 같은 $\mathbb{R}_u^2$의 부분공간의 연결성분과 길연결성분을 모두 찾고 국소연결성과 국소길연결성을 논하라.

(1) $A = (K \times [0,1]) \bigcup \{(0,0),(0,1)\}$

(2) $B = A \bigcup ([0,1] \times \{0\})$

(3) $C = (K \times [0,1]) \bigcup (-K \times [-1,0]) \bigcup ([0,1] \times -K) \bigcup ([-1,0] \times K)$

4. 선형연속체인 정사각형 $I_o = [0,1] \times [0,1]$가 국소연결공간이지만 국소길연결공간이 아님을 보여라. 또한, I_o의 길연결성분을 모두 구하라.

5. 실수의 집합 $\mathbb{R}$상에서 다음과 같이 정의된 위상 $\mathfrak{I}$를 고려하자.

$$\mathfrak{I} = \{U \subset \mathbb{R} \mid 0 \in U\} \cup \{\varnothing\}$$

이때, 다음 물음에 답하라.

(1) 위상공간 $(\mathbb{R}, \mathfrak{I})$가 국소연결공간인지 판별하라.
(힌트: $(\mathbb{R}, \mathfrak{I})$가 국소연결공간이다.)

(2) $X = \mathbb{R} - \{0\}$일 때, 위상공간 $(\mathbb{R}, \mathfrak{I})$의 부분공간 $(X, \mathfrak{I}_X)$가 국소연결공간인지 판별하라.
(힌트: $(X, \mathfrak{I}_X)$가 이산공간이므로 국소연결공간이다.)

6. 집합 $X = \{1, 2, 3, 4\}$상에서 정의된 부분기저

$$\mathscr{S} = \{\{1, 2\}, \{2, 3\}, \{2, 3, 4\}\}$$

에 의해 생성된 위상 $\mathfrak{I}_{\mathscr{S}}$ 에 대하여, 위상공간 $(X, \mathfrak{I}_{\mathscr{S}})$가 국소연결공간 또는 국소길연결공간인지 판별하라.

(힌트: $(X, \mathfrak{I}_{\mathscr{S}})$가 국소연결공간이고 국소길연결공간이다.)

7. 두 위상공간 $(X, \mathfrak{I}_X)$와 $(Y, \mathfrak{I}_Y)$에 대하여, $(X, \mathfrak{I}_X)$가 국소연결공간이고 연속함수

$$f : (X, \mathfrak{I}_X) \to (Y, \mathfrak{I}_Y)$$

가 전사이고 열린사상이라 하자. 이때, $(Y, \mathfrak{I}_Y)$가 국소연결공간임을 보여라.

제7장

컴팩트공간

이 장에서는 연속함수에 관련된 유명한 정리 중의 하나인 최대·최솟값 정리(extreme value theorem)에 필요한 개념인 컴팩트(compact)를 소개한다.

최대·최솟값 정리는 닫힌구간 $[a,b]$에서 연속인 함수 $f:[a,b]\to\mathbb{R}$는 최댓값과 최솟값을 상으로 갖는 두 원소가 $[a,b]$에 존재한다는 것이다. 이 정리에서 필요한 두 가지 핵심적인 개념은 바로 함수 f의 연속성과 정의역 $[a,b]$가 유계이고 닫힌집합인 컴팩트공간이라는 것이다. 이 장에서는 닫힌구간 $[a,b]$뿐만 아니라 일반적인 컴팩트공간에서 정의된 실숫값을 갖는 연속함수가 항상 최대·최솟값 정리를 만족함을 보인다.

7.1 컴팩트공간

정의 7.1.1 위상공간 X에 대하여 다음이 성립한다.

(1) $\mathscr{A}=\{C_\alpha\subset X\mid \alpha\in J\}$가 $\bigcup_{\alpha\in J}C_\alpha=X$를 만족할 때, $\mathscr{A}$를 X의 **덮개**(covering)라 한다.

(2) 위의 (1)에서 모든 C_α가 X의 열린집합일 때, $\mathscr{A}$를 X의 **열린덮개**(open covering)라 한다.

정의 7.1.2 위상공간 X의 모든 열린덮개가 유한개로 이루어진 **부분덮개**(subcovering)를 가질 때, X를 **컴팩트공간**(compact space) 또는 단순히 **컴팩트**(compact)라 한다.

예제 7.1.3

유한개로 이루어진 위상공간은 정의에 의해 항상 컴팩트공간이다. 하지만 무한개로 이루어진 이산위상공간은 컴팩트공간이 아니다. □

예제 7.1.4

(1) 보통위상공간 $\mathbb{R}_u$는 컴팩트공간이 아니다. 실제로, $\mathbb{R}_u$의 열린덮개로

$$\mathscr{A}=\{(n,n+2)\mid n\in\mathbb{Z}\}$$

를 택하면, $\mathscr{A}$는 $\mathbb{R}_u$의 유한 부분덮개를 가지고 있지 않다. 사실 $\mathscr{A}$가 $\mathbb{R}_u$의 유한 부분덮개

$$\mathscr{A}' = \{ (n_1, n_1+2), (n_2, n_2+2), \ldots, (n_k, n_k+2) \mid n_1 < n_2 < \cdots < n_k \}$$

을 가지고 있다면

$$\mathbb{R} = \bigcup_{i=1}^{k} (n_i, n_i+2) \subseteq (n_1, n_k+2)$$

가 되어 모순이다.

(2) $X = [0,1)$가 $\mathbb{R}_u$의 부분공간일 때, X는 컴팩트공간이 아니다. 실제로, X의 열린덮개로

$$\mathscr{A} = \{ [0, 1-1/n) \mid n \in \mathbb{N} \}$$

를 택하면, $\mathscr{A}$는 X의 유한 부분덮개를 가지고 있지 않다. 사실 $\mathscr{A}$가 X의 유한 부분덮개

$$\mathscr{A}' = \{ [0, 1-1/n_1), [0, 1-1/n_2), \ldots, [0, 1-1/n_k) \mid n_1 < n_2 < \cdots < n_k \}$$

을 가지고 있다면

$$X = \bigcup_{i=1}^{k} [0, 1-1/n_i) = [0, 1-1/n_k)$$

이 되어 모순이다.

(3) (2)와 비슷한 방법으로 $(0,1) \subset \mathbb{R}_u$도 컴팩트공간이 아님을 보일 수 있다.

(4) $[0,1]$이 K-위상공간 $\mathbb{R}_K$의 부분공간일 때, $[0,1]$은 컴팩트공간이 아니다. 실제로 $[0,1]$의 열린덮개로

$$\mathscr{A} = \left\{ [0,1] - K, \left(\frac{1}{n+2}, \frac{1}{n} \right), \left(\frac{1}{2}, 1 \right] \;\middle|\; n \in \mathbb{N} \right\}$$

로 택하면 $\mathscr{A}$에는 $[0,1]$를 덮는 유한 부분덮개가 없다. 단, 여기서

$$K = \left\{ \frac{1}{n} \;\middle|\; n \in \mathbb{N} \right\}$$

이다. □

예제 7.1.5

(1) $X = \{0\} \bigcup \left\{ \frac{1}{n} \;\middle|\; n \in \mathbb{N} \right\}$가 $\mathbb{R}_u$의 부분공간일 때, X는 컴팩트공간이다. 실제로 $\mathscr{A}$가 X의 임의의 열린덮개일 때, $0 \in C_0 \in \mathscr{A}$인 C_0에 대하여 적당한 $N \in \mathbb{N}$이 존재하여

$\frac{1}{n} \in C_0$, $n \geq N$이 성립한다. 따라서 각각의 $i\,(1 \leq i \leq N-1)$에 대하여 $\frac{1}{i} \in C_i \in \mathscr{A}$를 만족하는 C_i를 택하여

$$\mathscr{A}' = \{ C_0, C_1, \dots, C_{N-1} \}$$

이라 놓으면 $\mathscr{A}'$은 $\mathscr{A}$의 유한 부분덮개이다. 따라서 X는 컴팩트공간이다. 또한 X는 가산개의 연결성분을 가진 전비연결공간이기도 하다.

(2) $Y = \left\{ \frac{1}{n} \,\middle|\, n \in \mathbb{N} \right\}$가 $\mathbb{R}_u$의 부분공간일 때, Y는 컴팩트공간이 아니다. 실제로 Y의 열린덮개로

$$\mathscr{A} = \left\{ \left\{ \frac{1}{n} \right\} \,\middle|\, n \in \mathbb{N} \right\}$$

을 택하면, $\mathscr{A}$는 Y의 유한 부분덮개를 가지고 있지 않음을 [예제 7.1.4]와 같이 보일 수 있다. □

정의 7.1.6 Y가 위상공간 X의 부분공간일 때, X의 부분집합들의 모임

$$\mathscr{A} = \{ A \mid A \subset X \}$$

가 $Y \subset \bigcup_{A \in \mathscr{A}} A$을 만족할 때, $\mathscr{A}$를 **Y의 덮개**라 한다.

다음 보조정리는 부분공간이 컴팩트공간임을 보일 때 유용하게 이용된다.

보조정리 7.1.7 Y가 위상공간 X의 부분공간일 때, 다음 두 명제는 서로 동치이다.

(1) Y가 컴팩트공간이다.

(2) X의 열린집합으로 구성된 Y의 덮개 $\mathscr{A}$는 항상 유한 부분덮개를 가진다.

증명 (1) ⇒ (2) $\mathscr{A}$가 위의 (2)와 같은 덮개일 때,

$$\mathscr{D} = \{ A \cap Y \mid A \in \mathscr{A} \}$$

는 Y의 열린덮개이다. 가정에 의해 Y가 컴팩트공간이므로 $\mathscr{D}$는 유한 부분덮개

$$\mathscr{D}' = \{A_{\alpha_1} \cap Y, A_{\alpha_2} \cap Y, \ldots, A_{\alpha_k} \cap Y\}$$

을 갖는다. 이때, 유한집합 $\mathscr{A}' = \{A_{\alpha_1}, A_{\alpha_2}, \ldots, A_{\alpha_k}\}$은 $\mathscr{A}$의 부분집합으로

$$Y \subset \bigcup_{i=1}^{k} A_{\alpha_i}$$

를 만족한다. 따라서 $\mathscr{A}'$은 Y의 유한 부분덮개이다.

(2) $\Rightarrow$ (1) 반대로 $\mathscr{A}$가 Y의 열린집합으로 구성된 임의의 덮개일 때, 각각의 원소 $A \in \mathscr{A}$를 X의 열린집합 A'을 이용하여 $A = A' \cap Y$로 표현할 수 있다. 이때 $\mathscr{D} = \{A' \mid A \in \mathscr{A}\}$는 X의 열린집합으로 구성된 Y의 덮개이다. 따라서 가정에 의해 $\mathscr{D}$는 유한 부분덮개 $\mathscr{D}'$을 가진다. 이때

$$\mathscr{A}' = \{A \in \mathscr{A} | A' \in \mathscr{D}'\} \subset \mathscr{A}$$

일 때, $\mathscr{A}'$는 Y의 유한 부분덮개이다. 즉 Y는 컴팩트공간이다. □

정리 7.1.8 컴팩트공간 X의 닫힌 부분공간 Y는 항상 다시 컴팩트공간이다.

증명 Y가 컴팩트공간임을 보이기 위해 [보조정리 7.1.7]을 이용한다. 실제로, X의 열린집합으로 이루어진 Y의 임의의 덮개 $\mathscr{A}$에 대하여

$$\mathscr{D} = \mathscr{A} \cup \{X - Y\}$$

일 때, Y가 닫힌집합이므로 $\mathscr{D}$가 X의 열린덮개이다. 따라서 X가 컴팩트공간이므로 $\mathscr{D}$의 유한 부분덮개

$$\mathscr{D}' = \{A_{\alpha_1}, A_{\alpha_2}, \ldots, A_{\alpha_k}, X - Y\} \subset \mathscr{D}$$

이 존재한다. 여기서 $\mathscr{D}'$를 택할 때, 증명을 위해 일부러 $X - Y$를 하나 더 추가하였다. 한편 $X - Y$는 Y를 덮지 못하므로 $Y \subset \bigcup_{i=1}^{k} A_{\alpha_i}$임을 알 수 있다. 따라서 Y를 덮는 $\mathscr{A}$의 부분덮개

$$\mathscr{A}' = \{A_{\alpha_1}, A_{\alpha_2}, \ldots, A_{\alpha_k}\}$$

이 존재하고 [보조정리 7.1.7]에 의해 Y는 컴팩트공간이다. □

정리 7.1.9 T_2-공간(또는 하우스도르프공간) X의 컴팩트 부분공간 Y는 항상 닫힌집합이다.

증명 Y가 닫힌집합임을 보이기 위해 $X-Y$가 열린집합임을 보인다. 실제로, 임의의 원소 $x_0 \in X-Y$와 $y \in Y$에 대하여, $x_0 \neq y$이고 X는 T_2-공간이므로 서로 만나지 않는 x_0와 y의 열린근방 $x_0 \in U_y$와 $y \in V_y$가 존재한다. 이때

$$\mathscr{A} = \{ V_y \mid y \in Y \}$$

라 놓으면, $\mathscr{A}$는 X의 열린집합으로 구성된 Y의 덮개이다. 한편 Y는 컴팩트공간이므로 [보조정리 7.1.7]에 의해 Y를 덮는 $\mathscr{A}$의 유한 부분덮개

$$\mathscr{A}' = \{ V_{y_1}, V_{y_2}, \dots, V_{y_k} \}$$

이 존재한다. 이때

$$U = \bigcap_{i=1}^{k} U_{y_i}, \quad V = \bigcup_{i=1}^{k} V_{y_i}$$

라 놓으면, U는 x_0의 열린근방이고 $U \cap V = \varnothing$이다. 또한 $Y \subset V$이므로

$$x_0 \in U \subset X - V \subset X - Y$$

이다([그림 7.1.1]). x_0가 $X-Y$의 임의의 원소이므로 이것은 $X-Y$가 열린집합임을 의미한다. □

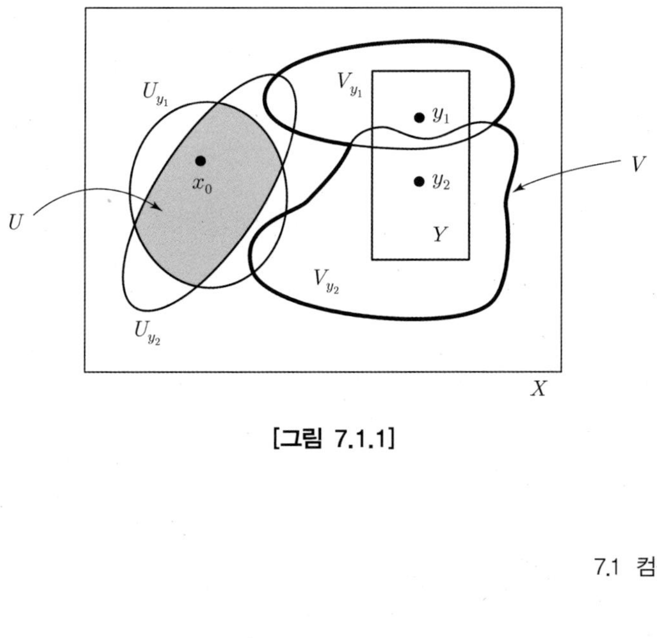

[그림 7.1.1]

위의 [정리 7.1.9]에 의해 T_2-공간인 $\mathbb{R}_u$의 부분공간 $(a,b),(a,b],[a,b)$ 등은 컴팩트공간이 아니다.

예제 7.1.10

전체 위상공간 X가 T_2-공간이 아니면 위의 [정리 7.1.9]가 일반적으로 성립하지 않는다. 실제로, 여유한위상공간 $(\mathbb{R},\mathfrak{I}_f)$는 T_2-공간이 아니고 정의에 의해 전체집합이 아닌 닫힌집합은 유한집합뿐이다. 하지만 $(\mathbb{R},\mathfrak{I}_f)$에서는 임의의 부분집합이 모두 컴팩트공간이다. 실제로, Y가 $\mathbb{R}$의 임의의 부분집합이고 $\mathscr{A}$가 $(\mathbb{R},\mathfrak{I}_f)$의 열린집합으로 구성된 Y의 임의의 열린덮개일 때,

$$\mathscr{A}=\{\mathbb{R}-C_\alpha \mid C_\alpha : \text{유한집합},\ \alpha\in J\}$$

로 주어진다고 가정해도 충분하다. 이때, 다음 두 가지 경우를 고려하자.

(i) $Y\subset\mathbb{R}-C_{\alpha_0}\in\mathscr{A}$인 $\mathbb{R}-C_{\alpha_0}$가 존재한다면 Y를 덮는 $\mathscr{A}$의 유한 부분덮개가 존재하여 증명이 완료된다.

(ii) 일반적인 경우에는 $\mathbb{R}-C_{\alpha_0}\in\mathscr{A}$를 하나 택하여

$$C_{\alpha_0}\bigcap Y=\{y_1,y_2,\ldots,y_k\}$$

라 놓자. 한편 $\mathscr{A}$는 Y의 덮개이므로 각각의 $y_i(1\le i\le k)$에 대하여

$$y_i\in\mathbb{R}-C_{\alpha_i}\in\mathscr{A}$$

가 존재한다. 따라서 $\mathscr{A}'=\{\mathbb{R}-C_{\alpha_i}\mid i=0,1,2,\ldots,k\}\subset\mathscr{A}$는 Y를 덮는 유한덮개이다.

위의 (i), (ii)에 의해 Y는 컴팩트공간이다. □

예제 7.1.11

여가산위상공간 $(\mathbb{R},\mathfrak{I}_c)$는 컴팩트공간이 아니다. 실제로 각각의 $n\in\mathbb{N}$에 대하여

$$U_n=\mathbb{R}-\{k\in\mathbb{N}\mid k\ge n\}$$

은 $(\mathbb{R},\mathfrak{I}_c)$에서 열린집합이다. 이때

$$\mathscr{A}=\{U_n\mid n\in\mathbb{N}\}$$

는 $\mathbb{R}$의 열린덮개이다. 하지만 $\mathscr{A}$는 $\mathbb{R}$의 유한 부분덮개를 가지고 있지 않음을 쉽게 보일 수 있다.

또한 $[0,1]$이 $(\mathbb{R},\mathfrak{J}_c)$의 부분공간일 때, $[0,1]$도 컴팩트공간이 아니다. 실제로, 각각의 $n\in\mathbb{N}$에 대하여

$$V_n = [0,1] - \left\{ \frac{1}{k} \;\middle|\; k \geq n,\ k\in\mathbb{N} \right\}$$

일 때, $\mathscr{D} = \{ V_n \mid n\in\mathbb{N} \}$는 $[0,1]$의 열린덮개이지만 유한 부분덮개를 가지고 있지는 않다. □

위상을 정의하기 위해 닫힌집합을 이용할 수 있는 것과 같이 컴팩트공간을 정의하기 위해 닫힌집합을 이용할 수 있다. 이를 설명하기 위해서는 먼저 다음 정의가 필요하다.

정의 7.1.12 (유한 교집합 성질, finite intersection property) 집합 X의 부분집합들의 모임 $\mathscr{D} = \{ C \mid C \subset X \}$의 임의의 유한 부분집합

$$\mathscr{D}' = \{ C_{\alpha_1}, C_{\alpha_2}, \dots, C_{\alpha_k} \}$$

이 다음 성질을 만족할 때, $\mathscr{D}$가 **유한 교집합 성질**(F.I.P.)을 만족한다고 한다.

$$\bigcap_{i=1}^{k} C_{\alpha_i} \neq \varnothing$$

여기서 $\bigcap_{i=1}^{k} C_{\alpha_i} \neq \varnothing$ 이라는 조건은

$$\left(\bigcap_{i=1}^{k} C_{\alpha_i} \right)^c = \bigcup_{i=1}^{k} C_{\alpha_i}^c \neq X$$

와 동치이므로 $\bigcap_{i=1}^{k} C_{\alpha_i} \neq \varnothing$은 $\{ C_{\alpha_1}^c, C_{\alpha_2}^c, \dots, C_{\alpha_k}^c \}$가 X의 덮개가 되지 못함을 의미한다. 따라서 다음 정리가 성립한다.

정리 7.1.13 위상공간 X에 대하여 다음 두 조건은 동치이다.

(1) X가 컴팩트공간이다.

(2) $\mathscr{D}$가 유한 교집합 성질을 만족하는 임의의 닫힌집합들의 모임일 때,

$$\bigcap_{D\in\mathscr{D}} D\neq\varnothing$$

이다.

증명 (1) $\Rightarrow$ (2) 만약 $\bigcap_{D\in\mathscr{D}} D\neq\varnothing$ 임을 보이면 증명이 완료된다. 따라서

$$\bigcap_{D\in\mathscr{D}} D=\varnothing$$

인 경우가 존재하지 않음을 보이면 된다. 실제로 $\bigcap_{D\in\mathscr{D}} D=\varnothing$ 일 때,

$$X=\varnothing^c=\left(\bigcap_{D\in\mathscr{D}} D\right)^c=\bigcup_{D\in\mathscr{D}} D^c$$

이므로 $\mathscr{A}=\{D^c\mid D\in\mathscr{D}\}$는 X의 열린덮개이다. 한편 가정에 의해 X가 컴팩트공간이므로 X를 덮는 $\mathscr{A}$의 유한 부분덮개

$$\mathscr{A}'=\{D^c_{\alpha_1},D^c_{\alpha_2},\dots,D^c_{\alpha_k}\}$$

이 존재한다. 다시 말해서 $\bigcup_{i=1}^{k} D^c_{\alpha_i}=X$이다. 따라서

$$\varnothing=X^c=\left(\bigcup_{i=1}^{k} D^c_{\alpha_i}\right)^c=\bigcap_{i=1}^{k} D_{\alpha_i}$$

이다. 하지만 이것은 $\mathscr{D}$가 유한 교집합 성질을 만족한다는 가정에 모순이다.

(2) $\Rightarrow$ (1) X가 컴팩트공간임을 보이기 위해 먼저 X의 임의의 열린덮개 $\mathscr{A}$를 택하여

$$\mathscr{D}=\{X-A\mid A\in\mathscr{A}\}$$

라 놓자. $\mathscr{D}$는 X의 닫힌집합들의 모임이다. 이때, $\mathscr{A}$가 X의 유한 부분덮개를 가지지 않는다면 모순이 생김을 보이면 충분하다. 실제로 $\mathscr{A}$가 X의 유한 부분덮개를 가지지 않는다면 $\mathscr{A}$의 임의의 유한 부분집합

$$\mathscr{A}' = \{A_{\alpha_1}, A_{\alpha_2}, \ldots, A_{\alpha_k}\}$$

이 $\bigcup_{i=1}^{k} A_{\alpha_i} \neq X$를 만족한다. 따라서

$$\mathscr{D}' = \{X - A_{\alpha_1}, X - A_{\alpha_2}, \ldots, X - A_{\alpha_k}\} \subset \mathscr{D}$$

은 $\bigcap_{i=1}^{k} (X - A_{\alpha_i}) \neq \varnothing$을 만족한다. 즉 $\mathscr{D}$는 유한 교집합 성질을 만족한다. 따라서 가정에 의해

$$\bigcap_{A \in \mathscr{A}} (X - A) \neq \varnothing$$

이 성립한다. 하지만 이것은

$$\bigcup_{A \in \mathscr{A}} A \neq X$$

를 의미하여 $\mathscr{A}$가 X의 덮개라는 가정에 모순이다. □

7.1 연습문제

1. $i = 1,2,3$에 대하여 실수의 집합 $\mathbb{R}$에 다음과 같은 위상 $\mathfrak{I}_i$를 줄 때, 위상공간 $(\mathbb{R}, \mathfrak{I}_i)$가 컴팩트공간인지 판별하라.

   (1) $\mathfrak{I}_1 = \{\varnothing\} \bigcup \{U \subset \mathbb{R} \mid 0 \in U\}$

   (2) $\mathfrak{I}_2 = \{\mathbb{R}\} \bigcup \{U \subset \mathbb{R} \mid 0 \notin U\}$

   (3) $\mathfrak{I}_3 = \{U \subset \mathbb{R} \mid 0 \notin U \text{ 또는 } U^c \text{ 유한집합}\}$

2. $X = [-1,1] \subset \mathbb{R}$일 때, X상에 위상

   $$\mathfrak{I} = \{U \subset X \mid 0 \notin U \text{ 또는 } (-1,1) \subset U\}$$

   를 준 위상공간 $(X, \mathfrak{I})$가 컴팩트공간인지 판별하라.

3. $\mathfrak{I}$와 $\mathfrak{I}'$이 모두 집합 X의 위상일 때, 다음 물음에 답하라.

   (1) $\mathfrak{I} \subset \mathfrak{I}'$이고 $(X, \mathfrak{I}')$이 컴팩트공간일 때, $(X, \mathfrak{I})$도 컴팩트공간임을 보여라.

(2) $\mathfrak{I} \subset \mathfrak{I}'$이고 $(X,\mathfrak{I})$와 $(X,\mathfrak{I}')$이 모두 컴팩트공간이고 동시에 T_2-공간일 때, $\mathfrak{I} = \mathfrak{I}'$임을 보여라.

4. 여가산위상공간 $(X,\mathfrak{I}_c)$에 대하여 다음 물음에 답하라.

(1) $(X,\mathfrak{I}_c)$가 컴팩트공간일 필요충분조건은 X가 유한집합인 것임을 보여라.

(2) 함수 $f:[0,1] \to (X,\mathfrak{I}_c)$가 연속이면 f가 상수함수임을 보여라. 단, 여기서 $[0,1]$은 $\mathbb{R}_u$의 부분공간이다.

(3) $(X,\mathfrak{I}_c)$가 길연결공간일 필요충분조건은 X가 단집합임을 보여라.

5. A와 B가 T_2-공간의 서로 만나지 않는 컴팩트공간일 때, 다음을 만족하는 열린집합 U, V가 존재함을 보여라.

$$A \subset U,\ B \subset V,\ U \cap V = \varnothing$$

6. $A_0 = [0,1]$가 $\mathbb{R}_u$의 부분공간이고 A_1를 A_0을 3등분하여 가운데 열린구간 $\left(\frac{1}{3}, \frac{2}{3}\right)$를 A_0에서 제거한 후 남은 집합이라 하자. 비슷한 방법으로, A_2는 A_1의 각 연결성분 $\left[0, \frac{1}{3}\right]$과 $\left[\frac{2}{3}, 1\right]$을 3등분하여 가운데 열린구간 $\left(\frac{1}{9}, \frac{2}{9}\right)$와 $\left(\frac{7}{9}, \frac{8}{9}\right)$을 제거한 후 남은 집합이다. 일반적으로 각각의 $n \in \mathbb{N}$에 대하여

$$A_n = A_{n-1} - \bigcup_{k=0}^{3^{n-1}-1} \left(\frac{3k+1}{3^n}, \frac{3k+2}{3^n}\right)$$

으로 주어진다. 이때, $C = \bigcap_{n=1}^{\infty} A_n$을 **칸토어집합**(Cantor set)이라 한다. 다음 물음에 답하라.

(1) C가 컴팩트공간임을 보여라.

(2) C가 전비연결공간임을 보여라.

(3) C의 임의의 점을

$$\sum_{k=1}^{\infty} \frac{x_k}{3^k},\ x_k \in \{0,2\}$$

로 유일하게 표현할 수 있음을 이용하여 C가 비가산 무한집합임을 보여라.

7. 2차원 평면 $\mathbb{R}^2$상에서 정의된 거리함수

$$d : \mathbb{R}^2 \times \mathbb{R}^2 \to \mathbb{R},\ d(\mathbf{x},\mathbf{y}) = \begin{cases} 0, & \mathbf{x} = \mathbf{y}, \\ \max\{\|\mathbf{x}\|, \|\mathbf{y}\|\}, & \mathbf{x} \neq \mathbf{y} \end{cases}$$

를 이용하여 만든 거리위상공간 $(\mathbb{R}^2,d)$를 고려하자. 이때,

$$A=\{(0,0)\}\bigcup\left\{\left(0,\frac{1}{n}\right)\,\middle|\, n\in\mathbb{N}\right\}$$

가 $(\mathbb{R}^2,d)$의 컴팩트 부분공간임을 보여라. 단, 여기서 $\mathbf{x}=(x_1,x_2)$이고 $\|\mathbf{x}\|=\sqrt{x_1^2+x_2^2}$이다.

8. $X=[-1,1]\subset\mathbb{R}$일 때, X상에 위상

$$\mathfrak{I}=\left\{U\subset X\,\middle|\,\left\{0,\frac{1}{2}\right\}\cap U=\varnothing \text{ 또는 } (-1,1)\subset U\right\}$$

를 준 위상공간 $(X,\mathfrak{I})$에 대하여 다음 물음에 답하라.

(1) $A=[-1,1]-\{0\}$와 $B=[-1,1]-\left\{\frac{1}{2}\right\}$가 $(X,\mathfrak{I})$의 컴팩트 부분공간임을 보여라.

(2) $A\cap B=[-1,1]-\left\{0,\frac{1}{2}\right\}$가 $(X,\mathfrak{I})$의 컴팩트 부분공간이 아님을 보여라.

(3) A와 B가 $(X,\mathfrak{I})$의 컴팩트 부분공간일 때, $A\cap B$도 항상 $(X,\mathfrak{I})$의 컴팩트 부분공간인가?

9. $X=\{0\}\cup\left\{\frac{1}{n}\,\middle|\,n\in\mathbb{N}\right\}\subset\mathbb{R}_u$일 때, X가 컴팩트공간이지만 연결성분의 개수가 무한개임을 보여라. 칸토어집합도 같은 성질을 만족하는지 조사하라.

10. 보통위상공간 $(\mathbb{R},\mathfrak{I}_u)$에 대하여, 두 함수 $f,g:\mathbb{R}\to(\mathbb{R},\mathfrak{I}_u)$가 다음과 같다.

$$f(x)=[x],\ \ g(x)=[-x]$$

부분기저

$$\mathscr{S}=\{f^{-1}(U),g^{-1}(U)\mid U\in\mathfrak{I}_u\}$$

에 의해 생성된 위상을 $\mathfrak{I}$라 할 때, 위상공간 $(\mathbb{R},\mathfrak{I})$에서 닫힌구간 $A=[0,2022]$가 컴팩트 부분공간인지 판별하라. 단, 여기서 $[x]$는 x를 넘지 않는 최대의 정수를 나타낸다.

11. 실수 전체의 집합 $\mathbb{R}$에 대하여, 기저 $\mathscr{B}$를 다음 두 조건을 만족하는 $\mathbb{R}$의 부분집합들의 모임으로 정의하자.

(i) 임의의 정수 n에 대하여, $\{n\}$이 $\mathscr{B}$의 원소이다.

(ii) 임의의 정수 n과 음이 아닌 모든 정수 k에 대하여, 열린구간

$$(n-3^{-k},n)$$

이 $\mathscr{B}$의 원소이다.

이때, $A=(0,1)$가 $(\mathbb{R}, \mathfrak{I}_{\mathscr{B}})$의 컴팩트 부분공간인지 판별하라.

(힌트: A가 컴팩트 부분공간이다.)

12. 다음과 같이 정의된 집합 X가 하극한위상공간 $\mathbb{R}_l$의 컴팩트 부분공간인지 판별하라.

$$X=\{0\}\cup\left\{\frac{(-1)^n}{n} \,\middle|\, n\in\mathbb{N}\right\}$$

(힌트: X가 컴팩트 부분공간 아니다.)

13. 실수의 집합 $\mathbb{R}$상에서 다음과 같이 정의된 집합 $\mathscr{B}$를 고려하자.

$$\mathscr{B}=\{(-a, \sqrt{2}\,a] \subset \mathbb{R} \mid a\in\mathbb{R},\ a>0\}$$

이때, 다음 물음에 답하라.

(1) 위상공간 $(\mathbb{R}, \mathfrak{I}_{\mathscr{B}})$가 컴팩트공간인지 판별하라.

(2) $A=(-1, \sqrt{2})$일 때, A가 $(\mathbb{R}, \mathfrak{I}_{\mathscr{B}})$의 컴팩트 부분공간인지 판별하라.

(3) $B=(1, \sqrt{2})$일 때, B가 $(\mathbb{R}, \mathfrak{I}_{\mathscr{B}})$의 컴팩트 부분공간인지 판별하라.

(4) $C=(1, \sqrt{2}]$일 때, C가 $(\mathbb{R}, \mathfrak{I}_{\mathscr{B}})$의 컴팩트 부분공간인지 판별하라.

(5) D가 위상공간 $(X, \mathfrak{I})$의 컴팩트 부분공간일 때, D의 폐포 $\overline{D}$가 항상 컴팩트공간인지 판별하라.

(힌트: $D=\{0\}$라 할 때, D는 $(\mathbb{R}, \mathfrak{I}_{\mathscr{B}})$의 컴팩트 부분공간이다. 하지만 $\overline{D}=\mathbb{R}$이므로 $\overline{D}$가 컴팩트공간이 아니다.)

14. 보통위상공간 $\mathbb{R}_u$와 함수

$$f:\mathbb{R}_u \to \mathbb{Z},\ f(x)=\begin{cases} x, & x\in\mathbb{Z}, \\ n, & n-1<x<n+1,\ x=\text{홀수의 정수} \end{cases}$$

를 이용하여 $\mathbb{Z}$상에 상위상 $\mathfrak{I}_Q$를 주자. 이때, 위상공간 $(\mathbb{Z}, \mathfrak{I}_Q)$의 컴팩트공간인지 판별하라. (힌트: 예를 들어, 열린덮개 $\mathcal{A}=\{\{2m-1, 2m, 2m+1\} \mid m\in\mathbb{Z}\}$를 고려하라.)

15. 실수의 집합 $\mathbb{R}$상에서 다음과 같이 정의된 거리함수 d를 고려하자.

$$d:\mathbb{R}\times\mathbb{R}\to\mathbb{R},\quad d(x,y)=\frac{|x-y|}{1+|x-y|},\quad (x,y)\in\mathbb{R}\times\mathbb{R}$$

이때, 다음 물음에 답하라.

(1) $A = B_d(0,1)$일 때, A가 거리위상공간 $(\mathbb{R}, d)$의 컴팩트 부분공간이 아님을 보여라.

(2) 거리위상공간 $(\mathbb{R}, d)$의 컴팩트공간인지 판별하라.

(힌트: $B_d(0,1) = \mathbb{R}$임을 이용하라.)

7.2 컴팩트 곱공간

이 절에서는 두 컴팩트공간의 곱공간도 컴팩트이고 그 역도 성립함을 보인다. 이를 위해 먼저 다음 정리를 증명한다.

정리 7.2.1 두 위상공간 X, Y와 연속함수 $f: X \to Y$에 대하여 X가 컴팩트공간이면 f의 상 $f(X)$도 Y의 컴팩트 부분공간이다.

증명 편의상 $Z = f(X)$일 때, Z가 Y의 컴팩트 부분공간임을 보인다. 실제로 $\mathscr{A} = \{A_\alpha \mid A_\alpha$는 Y의 열린집합$\}$가 Z의 열린덮개일 때,

$$\mathscr{B} = \{ f^{-1}(A_\alpha) \mid A_\alpha \in \mathscr{A} \}$$

는 X의 열린덮개이다. 한편 X가 컴팩트공간이므로 $\mathscr{B}$의 유한 부분덮개

$$\mathscr{B}' = \{f^{-1}(A_{\alpha_1}), f^{-1}(A_{\alpha_2}), \ldots, f^{-1}(A_{\alpha_k})\}$$

이 존재한다. 따라서

$$\begin{aligned} Z = f(X) &= f\Big(\bigcup_{i=1}^{k} f^{-1}(A_{\alpha_i})\Big) = \bigcup_{i=1}^{k} f(f^{-1}(A_{\alpha_i})) \\ &\subset \bigcup_{i=1}^{k} A_{\alpha_i} \end{aligned}$$

이다. 즉 $\mathscr{A}$의 Z의 유한 부분덮개

$$\mathscr{A}' = \{A_{\alpha_1}, A_{\alpha_2}, \ldots, A_{\alpha_k}\}$$

이 존재하므로 Z는 컴팩트공간이다. □

정리 7.2.2 두 위상공간 X, Y와 전단사 연속함수 $f: X \to Y$에 대하여 X가 컴팩트공간이고 Y가 T_2-공간이면 f가 위상동형사상이다.

증명 가정에 의해 f의 역함수 f^{-1}가 연속임을 보이면 충분하다. 실제로, A가 X의 임의의 닫힌집합일 때, X가 컴팩트공간이므로 [정리 7.1.8]에 의해 A도 컴팩트공간

이다. 따라서 [정리 7.2.1]에 의해 $f(A)$도 컴팩트이고, Y가 T_2-공간이므로 [정리 7.1.9]에 의해 $f(A)$는 닫힌집합이다. 한편

$$(f^{-1})^{-1}(A) = f(A)$$

이므로 이것은 f^{-1}가 연속함수임을 의미한다. □

비슷한 방법으로 다음 정리도 쉽게 증명할 수 있다. 그 증명은 독자에게 맡긴다.

정리 7.2.3 두 위상공간 X, Y와 연속함수 $f : X \to Y$에 대하여 X가 컴팩트공간이고 Y가 T_2-공간이면 f가 닫힌사상이다.

이 절의 목표는 다음 정리를 증명하는 것이고 사영사상

$$\pi_i : \prod_{i=1}^{n} X_i \to X_i, \quad (x_i) \mapsto x_i$$

가 항상 연속함수이므로 [정리 7.2.1]에 의해 그 역이 성립함을 쉽게 알 수 있다.

정리 7.2.4 컴팩트공간 $X_1, X_2, \ldots, X_n$에 대하여, 곱공간 $\prod_{i=1}^{n} X_i$가 컴팩트공간이고 그 역도 성립한다.

위의 정리를 증명하기 위해 먼저 다음 보조정리를 증명한다.

보조정리 7.2.5 (관 보조정리, Tube lemma) 두 위상공간 X, Y와 $x_0 \in X$에 대하여 N이 $\{x_0\} \times Y$를 포함하는 열린집합이고 Y가 컴팩트공간일 때, 다음 조건을 만족하는 x_0의 열린근방 W_{x_0}가 존재한다.

$$\{x_0\} \times Y \subset W_{x_0} \times Y \subset N$$

이때, $\{x_0\} \times Y$를 x_0의 **조각**(slice)이라 하고 $W_{x_0} \times Y$를 $\{x_0\} \times Y$를 포함하는 **관**(tube)이라 부른다([그림 7.2.1]).

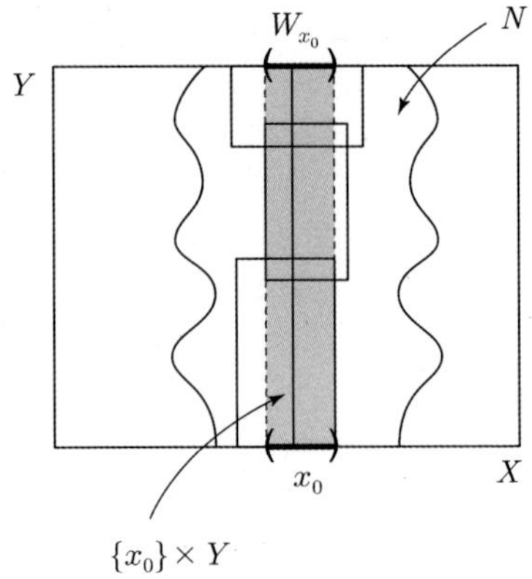

[그림 7.2.1] 관 $W_{x_0}\times Y$

증명 증명을 위해 먼저 x_0의 조각 $\{x_0\}\times Y$를 곱공간 $X\times Y$의 기저원소

$$U_\alpha\times V_\alpha\subset N,\ x_0\in U_\alpha,\ \ \alpha\in J$$

를 이용하여 덮어 $\{x_0\}\times Y$의 열린덮개

$$\mathscr{A}=\{\,U_\alpha\times V_\alpha\subset N\,|\,x_0\in U_\alpha,\ \alpha\in J\}$$

를 만든다. 한편 $\{x_0\}\times Y$는 Y와 위상동형이고 Y가 컴팩트공간이므로 [정리 7.2.1]에 의해 $\{x_0\}\times Y$도 컴팩트공간이다. 따라서 $\mathscr{A}$의 유한 부분덮개

$$\mathscr{A}'=\{\,U_{\alpha_1}\times V_{\alpha_1},U_{\alpha_2}\times V_{\alpha_2},\ldots,U_{\alpha_k}\times V_{\alpha_k}\}$$

이 존재한다. 가정에 의해 모든 $i\,(1\le i\le k)$에 대하여 $x_0\in U_{\alpha_i}$이므로

$$W_{x_0}=\bigcap_{i=1}^{k}U_{\alpha_i}$$

라 놓으면 W_{x_0}는 x_0의 열린근방이고

$$\{x_0\}\times Y\subset W_{x_0}\times Y\subset N$$

을 만족한다. 실제로 $(x,y)\in W_{x_0}\times Y$이면 $(x,y)\in U_{\alpha_i}\times V_{\alpha_i}$인 α_i가 존재한다. 따라서 $(x,y)\in N$이다. □

위의 관 보조정리는 Y가 컴팩트공간이 아니면 일반적으로 성립하지 않는다. 예를 들

어, 보통위상공간 $\mathbb{R}_u^2$에서 한 조각 $\{0\}\times\mathbb{R}$을 포함하는 열린집합

$$N=\mathbb{R}^2-\left\{(x,y)\;\middle|\; y\geq\frac{1}{|x|}\right\}$$

에는 $\{0\}\times\mathbb{R}\subset W_0\times\mathbb{R}\subset N$을 만족하는 관 $W_0\times\mathbb{R}$이 존재하지 않는다.

정리 7.2.6 컴팩트공간 X, Y에 대하여, 곱공간 $X\times Y$가 컴팩트공간이고 그 역도 성립한다.

증명 $X\times Y$가 컴팩트임을 보이기 위해 $X\times Y$의 임의의 열린덮개 $\mathscr{A}$를 택하자. 이때 각각의 $x\in X$에 대하여 조각 $\{x\}\times Y$가 컴팩트공간이므로 $\{x\}\times Y$를 포함하는 $\mathscr{A}$의 유한 부분덮개

$$\mathscr{A}_x=\{A_1^x, A_2^x, \dots, A_{m(x)}^x\},\; m(x)\in\mathbb{N}$$

가 존재한다. 한편 $N_x=\bigcup_{j=1}^{m(x)}A_j^x$일 때, [보조정리 7.2.5]에 의해

$$\{x\}\times Y\subset W_x\times Y\subset N_x$$

을 만족하는 관 $W_x\times Y$가 존재한다. 이때

$$\mathscr{B}=\{W_x\mid x\in X\}$$

는 X의 열린덮개이고 X가 컴팩트공간이므로 $\mathscr{B}$의 유한 부분덮개

$$\mathscr{B}'=\{W_{x_1}, W_{x_2}, \dots, W_{x_k}\}$$

이 존재한다. 따라서

$$\begin{aligned}X\times Y&=\left(\bigcup_{i=1}^{k}W_{x_i}\right)\times Y=\bigcup_{i=1}^{k}W_{x_i}\times Y\\&\subset\bigcup_{i=1}^{k}N_{x_i}=\bigcup_{i=1}^{k}\bigcup_{j=1}^{m(x_i)}A_j^{x_i}\end{aligned}$$

가 성립한다. 즉 $X\times Y$를 덮는 $\mathscr{A}$의 유한 부분덮개 $\mathscr{A}'=\bigcup_{i=1}^{k}\mathscr{A}_{x_i}$가 존재하므로 $X\times Y$는 컴팩트공간이다. □

[정리 7.2.6]과 귀납법에 의해 [정리 7.2.4]가 성립한다. 사실 [정리 7.2.4]는 성분의 개수가 무한개인 경우에도 성립함이 알려져 있다. 그 증명은 복잡하여 생략한다(Munkres, p. 234).

정리 7.2.7 (티호노프 정리, Tychonoff theorem) 임의의 컴팩트공간 $X_\alpha,\ \alpha \in J$에 대하여 곱위상이 주어진 곱공간 $\prod_{\alpha \in J} X_\alpha$가 컴팩트공간이고 그 역도 성립한다.

일반적인 사영사상은 닫힌사상이 아니다. 예를 들어,

$$\pi_1 : \mathbb{R}_u^2 \to \mathbb{R}_u,\ \ (x,y) \mapsto x$$

과 $\mathbb{R}_u^2$의 닫힌집합 $C = \{(x,y) \mid xy = 1\}$에 대하여,

$$\pi_1(C) = (-\infty, 0) \bigcup (0, \infty)$$

이므로 $\pi_1(C)$는 $\mathbb{R}_u$의 열린집합이지만 닫힌집합은 아니다([그림 7.2.2]). 하지만 관 보조정리 [정리 7.2.5]의 또 다른 응용으로 다음 정리를 증명할 수 있다.

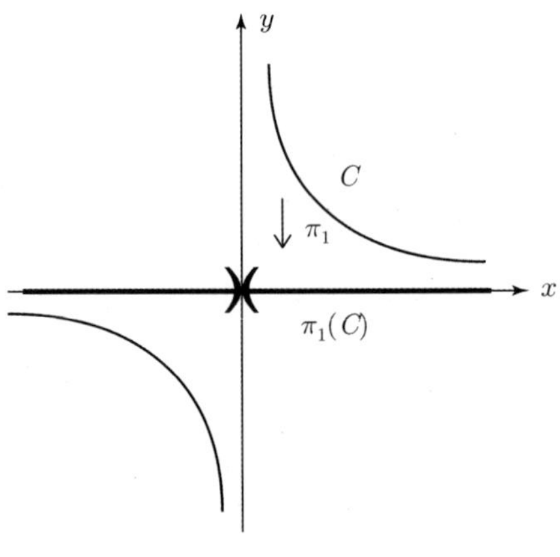

[그림 7.2.2]

정리 7.2.8 위상공간 X, Y와 사영사상

$$\pi_1 : X\times Y \to X,\ (x,y) \mapsto x$$

에 대하여, Y가 컴팩트공간이면 π_1은 항상 닫힌사상이다.

증명 A가 $X\times Y$의 임의의 닫힌집합일 때, 임의의 원소 $x\in X-\pi_1(A)$에 대하여 열린집합 $N=X\times Y-A$는 조각 $\{x\}\times Y$를 포함한다. 따라서 관 보조정리에 의해 x의 열린근방 W_x가 존재하여

$$\{x\}\times Y\subset W_x\times Y\subset N$$

을 만족하는 관 $W_x\times Y$가 존재한다. 즉 $x\in W_x\subset X-\pi_1(A)$이다. 따라서 $X-\pi_1(A)$가 열린집합이고 이것은 $\pi_1(A)$가 닫힌집합임을 의미한다. □

7.3 $\mathbb{R}_u$의 컴팩트 부분공간

정리 7.3.1 닫힌구간 $[a,b]$가 보통위상공간 $\mathbb{R}_u$의 부분공간일 때, $[a,b]$는 컴팩트 공간이다.

증명 $a=b$인 경우는 자명하므로 $a<b$라고 가정하자. $\mathscr{A}$가 $[a,b]$의 열린덮개일 때, $x \neq b$인 임의의 원소 $x \in [a,b]$를 포함하는 $A \in \mathscr{A}$가 존재한다. 한편, $x \neq a$, $x \neq b$일 때, A는 열린집합이므로 $(x-\varepsilon_x, x+\varepsilon_x) \subset A$를 만족하는 적당히 작은 $\varepsilon_x > 0$가 존재한다. 따라서

$$\left[x, x+\frac{\varepsilon_x}{2}\right] \subset A$$

가 성립한다. 비슷한 방법으로 $x=a$이고 $x \neq b$일 때, $a \in A \in \mathscr{A}$인 열린집합 A가 존재하고 또한

$$\left[a, a+\frac{\varepsilon_a}{2}\right] \subset A$$

인 $\varepsilon_a > 0$가 존재한다.

이제

$$C = \{y \in [a,b] \mid y > a\text{이고 } [a,y]\text{가 } \mathscr{A}\text{의 유한개의 원소로 덮힘}\}$$

일 때, $a+\frac{\varepsilon_a}{2} \in C$이므로 C는 공집합이 아니다. 따라서 $c=\sup C$가 $[a,b]$에서 존재한다. 이때, $a<c \leq b$이고 사실은 $c \in C$이고 $c=b$임을 보일 수 있다.

이를 증명하기 위해, $c \notin C$라고 가정하자. $c \in [a,b]$이므로 $c \in A \in \mathscr{A}$인 열린집합 A가 존재하고 위의 논의에 의해

$$\left[c-\frac{\varepsilon_c}{2}, c\right] \subset A$$

를 만족하는 $\varepsilon_c > 0$가 존재한다. 한편 $c=\sup C$이므로 $c-\frac{\varepsilon_c}{2} < z < c$을 만족하는 $z \in C$가 존재한다. 따라서 C의 정의에 의해 $[a,z]$가 $\mathscr{A}$의 유한개의 원소로 덮히고 또한

$$[z,c] \subset \left[c - \frac{\varepsilon_c}{2}, c\right] \subset A \in \mathscr{A}$$

이므로 $[a,c]$가 $\mathscr{A}$의 유한개의 원소로 덮힌다. 따라서 $c \in C$가 되어 모순이다. 한편 $c \neq b$라면 위의 논의에 의해 $\left[a, c + \frac{\varepsilon_c}{2}\right]$가 $\mathscr{A}$의 유한개의 원소로 덮히게 되어 $c = \sup C$에 모순이다. □

이 절의 마지막 부분에서는 $[a,b] \subset \mathbb{R}_u$가 컴팩트공간임을 이용하여 얻을 수 있는 결과들을 정리한다.

정리 7.3.2 A가 유클리드 공간 $\mathbb{R}_u^n$의 부분공간일 때, A가 컴팩트공간일 필요충분조건은 A가 닫힌집합이고 유계인 것이다.

증명 A가 $\mathbb{R}_u^n$에서 유계라는 의미는 $A \subset B_d(0,R)$을 만족하는 $R > 0$이 존재한다는 것이다. 여기서 d는 $\mathbb{R}^n$의 유클리드 거리함수를 나타낸다.
($\Rightarrow$) A가 컴팩트공간일 때,

$$\mathscr{A} = \{B_d(0,m) \mid m \in \mathbb{N}\}$$

가 A의 열린덮개이므로 A의 유한 부분덮개

$$\mathscr{A}' = \{B(0,m_1), B_d(0,m_2), \ldots, B_d(0,m_k) \mid m_1 < m_2 < \cdots < m_k\}$$

이 존재한다. 따라서

$$A \subset \bigcup_{i=1}^{k} B_d(0,m_i) = B_d(0,m_k)$$

이다. 즉 A는 유계이다. 한편 $\mathbb{R}_u^n$은 하우스도르프공간이고 A는 $\mathbb{R}_u^n$의 컴팩트 부분집합이므로 [정리 7.1.9]에 의해 A는 닫힌집합이다.
($\Leftarrow$) A가 유계이므로 $A \subset B_d(0,R)$을 만족하는 $R > 0$이 존재한다. 한편 A는

$$A \subset B_d(0,R) \subset [-R,R] \times [-R,R] \times \cdots \times [-R,R] = [-R,R]^n$$

을 만족하는 닫힌집합이고 $[-R,R]^n$은 컴팩트공간이므로 [정리 7.1.8]에 의해 A가 컴팩트공간이다. □

예제 7.3.3

거리함수 d가 유클리드 거리함수가 아니면 위의 [정리 7.3.2]에서 ($\Leftarrow$) 방향은 일반적으로 성립하지 않는다. 예를 들어, $\mathbb{R}$에 이산거리를 준 이산위상공간 $(\mathbb{R}, d_{\text{dis}})$는 $\mathbb{R} = B_{d_{\text{dis}}}(0,2)$이므로 유계이고 닫힌집합이지만 컴팩트공간은 아니다. 한편 위의 [정리 7.3.2]에서 ($\Rightarrow$) 방향은 거리함수 d의 선택에 관계없이 항상 성립한다. □

정리 7.3.4 (최대·최솟값 정리) 컴팩트공간 X와 연속함수 $f: X \to \mathbb{R}_u$에 대하여

$$f(c) \le f(x) \le f(d),\ \ x \in X$$

인 $c, d \in X$가 존재한다. 이때 $f(c)$는 f의 최솟값이고 $f(d)$는 f의 최댓값이다.

증명 f가 연속함수이고 X가 컴팩트공간이므로 $f(X)$는 $\mathbb{R}_u$의 컴팩트 부분공간이다. 따라서 [정리 7.3.2]에 의해 $f(X)$는 닫힌집합이고 유계이다. 사실 $f(X)$는 최대원소와 최소원소를 가진다. 실제로, 만약 $f(X)$의 최대원소가 존재하지 않는다면

$$\mathscr{A} = \{(-\infty, y) \mid y \in f(X)\}$$

는 $f(X)$의 열린덮개가 된다. 한편 $f(X)$가 컴팩트공간이므로 $\mathscr{A}$의 유한 부분덮개

$$\mathscr{A}' = \{(-\infty, y_k) \mid y_1 < y_2 < \cdots < y_k\}$$

이 존재한다. 즉

$$f(X) = \bigcup_{i=1}^{k} (-\infty, y_i) = (-\infty, y_k)$$

이다. 하지만 $y_k \in f(X) = (-\infty, y_k)$이므로 모순이다.

비슷한 방법으로 $f(X)$의 최소원소가 존재함도 보일 수 있다. □

컴팩트공간에서 정의된 연속함수의 고른연속성을 증명하기 위해, 먼저 몇 가지 선행지식이 필요하다. 함수의 고른연속성의 정의는 [정리 7.3.8]을 참고하기 바란다.

정의 7.3.5 거리위상공간 (X,d)와 공집합이 아닌 부분집합 $A \subset X$에 대하여 다음이 성립한다.

(1)

$$d(x,A) = \inf\{d(x,a) \mid a \in A\}$$

를 x**에서** A**까지의 거리**(distance from x to A)라 한다.

(2) A가 유계일 때,

$$\operatorname{diam}(A) = \sup\{d(a_1,a_2) \mid a_1,a_2 \in A\}$$

를 A**의 직경**(diameter)이라 한다([정의 1.6.9] 참고).

보조정리 7.3.6 거리위상공간 (X,d)와 $\varnothing \neq A \subset X$에 대하여, 함수

$$\rho : X \to \mathbb{R}_u, \ \ \rho(x) = d(x,A)$$

는 고른연속이다.

증명 증명을 위해 먼저 다음 부등식을 증명한다.

$$|\rho(x) - \rho(y)| \le d(x,y), \ \ x,y \in X$$

실제로,

$$\rho(x) = d(x,A) \le d(x,a) \le d(x,y) + d(y,a), \ \ a \in A$$

이므로 $\rho(x) - d(x,y) \le d(y,a)$이다. 한편 이 부등식이 임의의 $a \in A$에 관해 성립하므로 $\rho(x) - d(x,y) \le \rho(y)$을 얻을 수 있다. 따라서

$$\rho(x) - \rho(y) \le d(x,y), \ \ x,y \in X$$

가 성립하고 x와 y의 역할을 바꾸면

$$\rho(y) - \rho(x) \le d(y,x) = d(x,y)$$

도 성립한다. 즉

$$|\rho(x) - \rho(y)| \le d(x,y), \ \ x,y \in X$$

가 증명된다.

이제 ρ가 고른연속임을 보이기 위해, 임의의 $\varepsilon > 0$에 대하여 $\delta = \varepsilon > 0$라 놓으면 $d(x,y) < \delta$일 때

$$|\rho(x) - \rho(y)| < d(x,y) < \delta = \varepsilon$$

이다. □

보조정리 7.3.7 (르베그수 보조정리, Lebesgue number lemma) 거리위상공간 (X,d)가 컴팩트일 때, X의 임의의 열린덮개 $\mathscr{A}$에 대하여 적당한 $\delta > 0$가 존재하여 $\operatorname{diam}(B) < \delta$을 만족하는 X의 임의의 부분집합 B를 포함하는 $A \in \mathscr{A}$가 존재한다. 이때, δ를 **$\mathscr{A}$의 르베그수**(Lebesgue number)라 한다.

증명 증명을 두 가지 경우로 나누어 생각한다.

(1) $X \in \mathscr{A}$인 경우: 이때 $\delta = \frac{1}{2}\operatorname{diam}(X)$라 놓으면 $\operatorname{diam}(B) < \delta$을 만족하는 X의 임의의 부분집합 B는 당연히 $B \subset X \in \mathscr{A}$이다.

(2) $X \notin \mathscr{A}$인 경우: 먼저 X가 컴팩트공간이므로 $\mathscr{A}$의 유한 부분덮개

$$\mathscr{A}' = \{A_1, A_2, \ldots, A_n\}$$

이 존재한다. 그런 다음 각각의 $i(1 \le i \le n)$에 대하여 $C_i = X - A_i$일 때, 다음과 같은 함수 f를 정의하자.

$$f : X \to \mathbb{R}_u,\ f(x) = \frac{1}{n}\sum_{i=1}^{n} d(x, C_i)$$

그러면 다음이 성립한다.

(i) 임의의 $x \in X$에 대하여 $x \in A_i \in \mathscr{A}'$이 존재한다. A_i는 열린집합이므로 $B_d(x,\varepsilon) \subset A_i$을 만족하는 $\varepsilon > 0$을 찾을 수 있다. 따라서 $d(x, C_i) \ge \varepsilon > 0$이고 $f(x) \ge \dfrac{\varepsilon}{n} > 0$이다.

(ii) X가 컴팩트공간이고 f가 연속함수이므로 [정리 7.3.4]에 의해 최솟값 δ가 존재한다. 한편 위의 (i)에 의해 $f > 0$이므로 $\delta > 0$이다. 이때 δ가 르베그수의 역할을 한다. 실제로, B가 $\operatorname{diam}(B) < \delta$인 X의 임의의 부분집합일 때, 임의의 $x_0 \in B$에 대하여

$$B \subset B_d(x_0, \delta)$$

가 성립한다. 한편 $d(x_0, C_m) = \max\{d(x_0, C_i) \mid i = 1, 2, \ldots, n\}$ 일 때,

$$\delta \le f(x_0) \le d(x_0, C_m)$$

이므로 $x_0 \in B \subset B(x_0, \delta) \subset X - C_m = A_m \in \mathscr{A}'$ 이 성립한다. □

거리위상공간 (X, d)가 컴팩트공간이 아닐 때, 일반적으로 [보조정리 7.3.7]이 성립하지 않는다. 예를 들어, $\mathbb{R}_u$의 부분공간 $(0,1)$은 컴팩트 부분공간이 아니다. 이때, $(0, 1)$의 열린덮개

$$\mathscr{A} = \left\{ \left(\frac{1}{n+1}, \frac{1}{n-1} \right) \middle| \, n \in \mathbb{N}, \, n \ge 2 \right\}$$

에 대응하는 르베그수는 존재하지 않는다.

정리 7.3.8 두 거리위상공간 $(X, d_X), (Y, d_Y)$와 연속함수

$$f : (X, d_X) \to (Y, d_Y)$$

에 대하여, (X, d_X)가 컴팩트공간이면 f는 **고른연속**(또는 **평등연속**, uniformly continuous)이다. 즉 임의의 $\varepsilon > 0$에 대하여 적당한 $\delta = \delta(\varepsilon) > 0$가 존재하여 $d_X(x, y) < \delta$일 때,

$$d_Y(f(x), f(y)) < \varepsilon$$

이다.

증명 임의의 $\varepsilon > 0$에 대하여 다음과 같은 Y의 열린덮개 $\mathscr{B}$를 택하자.

$$\mathscr{B} = \left\{ B_{d_Y}\!\left(y, \frac{\varepsilon}{2}\right) \,\middle|\, y \in Y \right\}$$

그러면 $\mathscr{A} = \left\{ f^{-1}\!\left(B_{d_Y}\!\left(y, \frac{\varepsilon}{2}\right)\right) \,\middle|\, y \in Y \right\}$는 X의 열린덮개이다. 한편 X는 컴팩트공간이므로 $\mathscr{A}$의 르베그수 δ가 존재한다. 이때 $d_X(x, y) < \delta$이면 $\{x, y\}$의 직경이 δ보다 작으므로 $\{x, y\} \subset f^{-1}\!\left(B_{d_Y}\!\left(y_0, \frac{\varepsilon}{2}\right)\right) \in \mathscr{A}$가 존재한다. 따라서

$$\{f(x), f(y)\} \subset B_{d_Y}\left(y_0, \frac{\varepsilon}{2}\right)$$

이므로

$$d_Y(f(x), f(y)) \le d_Y(f(x), y_0) + d_Y(y_0, f(y)) < 2 \times \frac{\varepsilon}{2} = \varepsilon$$

이다. □

집합론에서 실수의 집합 $\mathbb{R}$의 닫힌구간 $[a,b], a < b$가 비가산 무한집합임을 **칸토어의 대각법**(Cantor's diagonalization procedure)를 통해 증명했다. 위상에서는 이 사실을 다른 방법으로 증명할 수 있다.

정의 7.3.9 위상공간 X의 한 점 x에 대하여 단집합(singleton) $\{x\}$가 열린집합일 때, x를 **고립점**(isolated point)이라 한다.

정리 7.3.10 공집합이 아닌 위상공간 X가 컴팩트공간이고 동시에 T_2-공간이며 고립점을 가지고 있지 않을 때, X는 비가산 무한집합이다.

증명 다음 절차를 통해 증명을 완료한다.

(1) 임의의 공집합이 아닌 열린집합 U와 임의의 점 $x \in X$에 대하여,

$$V \subset U, \ x \notin \overline{V}$$

를 만족하는 공집합이 아닌 열린집합 V가 항상 존재한다. 실제로, $x \in U$인 경우에는 x는 고립점이 아니므로 $x \neq y$인 점 $y \in U$가 항상 존재한다. 한편 $x \notin U$인 경우에는 $y \in U$인 임의의 점 y는 $y \neq x$이다. $x \neq y$이고 X는 T_2-공간이므로 $x \in W_1$이고 $y \in W_2$인 서로 만나지 않는 열린집합 W_1과 W_2가 존재한다. 이때 $V = W_2 \cap U$라 놓으면 $x \notin \overline{V}$이고 $V \subset U$이다.

(2) 임의의 함수 $f : \mathbb{N} \to X$는 전사함수가 아니다. 이 사실을 증명하기 위해

$$x_n = f(n), \ n \in \mathbb{N}$$

이라 놓고, 위의 (1)의 결론을 각각의 x_n에 적용한다. 실제로, x_1과 $U = X$에

대하여 위의 (1)을 적용하면 $x_1 \notin \overline{V}_1$이고 $V_1 \subset X$인 열린집합 V_1이 존재한다. 그런 다음 x_2와 $U = V_1$에 대하여 위의 (1)을 적용하여 $x_2 \notin \overline{V}_2$이고 $V_2 \subset V_1$인 열린집합 V_2가 존재한다. 이 과정을 귀납적으로 적용하면 임의의 자연수 $n \geq 2$에 대하여 $x_n \notin \overline{V}_n$이고 $V_n \subset V_{n-1}$인 열린집합 V_n이 존재함을 알 수 있다.

이제 $\mathscr{C} = \{\overline{V}_n \mid n \in \mathbb{N}\}$일 때, $\mathscr{C}$는

$$\overline{V}_1 \supset \overline{V}_2 \supset \cdots \supset \overline{V}_n \supset \cdots$$

이므로 **축소적**(nested)이고 유한 교집합 성질을 만족한다. 한편 X는 컴팩트공간이므로 [정리 7.1.13]에 의해

$$x \in \bigcap_{n=1}^{\infty} \overline{V}_n \neq \varnothing$$

인 $x \in X$가 존재한다. 하지만 $x \in X$는 모든 $n \in \mathbb{N}$에 대하여 $x \neq x_n$이므로 f가 전사함수가 아니다. 따라서 X는 비가산 무한집합이다. □

다음 따름정리가 성립한다.

따름정리 7.3.11 $\mathbb{R}$의 모든 닫힌구간 $[a,b]$, $a<b$는 비가산 무한집합이다.

증명 $\mathbb{R}_u$는 T_2-공간이므로 $\mathbb{R}_u$의 모든 닫힌구간 $[a,b]$는 컴팩트공간이고 동시에 T_2-공간이다. 또한 $[a,b]$, $a<b$에는 고립점이 없다. 따라서 [정리 7.3.10]에 의해 정리가 증명된다. □

7.3 연습문제

1. 유클리드 공간 $\mathbb{R}_u^2$의 부분공간 $S^1\bigcap(\mathbb{Q}\times\mathbb{Q})$가 컴팩트인지 판별하라.

2. 곱공간 $\mathbb{R}_l\times\mathbb{R}_p$의 두 개의 부분집합

$$A=[a,b)\times(c,d],\quad B=\left\{(x,y)\in\mathbb{R}^2 \;\middle|\; \frac{x^2}{4}+y^2=1\right\}$$

에 대하여, 다음 물음에 답하라.

(1) A가 닫힌집합인지 판별하라.

(2) A가 컴팩트인지 판별하라.

(3) 위상공간 $\mathbb{R}_l\times\mathbb{R}_p$가 T_2-공간임을 보여라.

(4) B가 컴팩트인지 판별하라.

3. $p:X\to Y$가 전사이고 연속인 닫힌사상일 때, 임의의 $y\in Y$에 대하여 $p^{-1}(y)$가 항상 컴팩트공간이라고 가정하자. 이때, 다음 물음에 답하라.

(1) U가 $p^{-1}(y)$를 포함하는 열린집합일 때, $p^{-1}(W)\subset U$를 만족하는 y의 열린근방 W가 존재함을 보여라.

(2) Y가 컴팩트공간일 때, X도 컴팩트공간임을 보여라.

4. 단위원 S^1이 $\mathbb{R}_u^2$의 부분공간일 때, 다음 물음에 답하라.

(1) 전사인 연속함수 $f:S^1\to\mathbb{R}_u$가 존재하지 않음을 보여라.

(2) 단사인 연속함수 $f:S^1\to\mathbb{R}_u$가 존재하지 않음을 보여라.

5. 유클리드 위상공간 $\mathbb{R}_u^3$의 부분공간인 단위구면

$$S^2=\{(x,y,z)\in\mathbb{R}^3 \mid x^2+y^2+z^2=1\}$$

에 대하여, 단사인 연속함수 $f:S^2\to\mathbb{R}_u$가 존재하는지 판별하라.

6. 임의의 위상공간 $(X,\mathfrak{I}_X)$와 T_2이고 컴팩트인 위상공간 $(Y,\mathfrak{I}_Y)$에 대하여, 함수 $f:X\to Y$를 고려하자. 이때, 다음 두 명제가 서로 동치임을 보여라.

(1) $f:(X,\mathfrak{I}_X)\to(Y,\mathfrak{I}_Y)$가 연속함수이다.

(2) 함수 f의 그래프 $\Gamma_f = \{(x, f(x)) \in X \times Y \mid x \in X\}$가 곱공간 $(X, \mathfrak{I}_X) \times (Y, \mathfrak{I}_Y)$에서 닫힌집합이다.

(힌트: (1) $\Rightarrow$ (2) 임의의 원소 $(x, y) \notin \Gamma_f$에 대하여, $y \neq f(x)$이다. 한편 $(Y, \mathfrak{I}_Y)$가 T_2-공간이므로 서로 만나지 않는 y와 $f(x)$의 열린근방 U_y와 $V_{f(x)}$가 존재한다. 그러면 $(x,y) \in f^{-1}(V_{f(x)}) \times U_y$이고 $f^{-1}(V_{f(x)}) \times U_y \cap \Gamma_f = \varnothing$이다. 즉

$$(x, y) \in f^{-1}(V_{f(x)}) \times U_y \subset \Gamma_f^c$$

함수 f가 연속함수이므로 $f^{-1}(V_{f(x)}) \times U_y$가 열린집합이다. 따라서 Γ_f^c도 열린집합이다. 즉 Γ_f가 닫힌집합이다.

(2) $\Rightarrow$ (1) 임의의 $x \in X$와 $f(x)$의 임의의 열린근방 $V_{f(x)}$에 대하여, Γ_f가 닫힌집합이므로

$$C = \Gamma_f \cap (X \times (Y - V_{f(x)}))$$

도 닫힌집합이다. 한편 $\pi_1 : X \times Y \to Y,\ (x,y) \mapsto x$에 대하여 $(Y, \mathfrak{I}_Y)$가 컴팩트공간이므로 $\pi_1(C)$가 닫힌집합이다 ([정리 7.2.8] 참고). 이때, $U = \pi_1(C)^c$는 x의 열린근방이고 $f(U) \subset V_{f(x)}$를 만족한다. 따라서 x가 X의 임의의 원소이므로 f가 연속함수이다.)

7.4 극한점컴팩트와 수열컴팩트

이 절에서는 일상적인 컴팩트 개념과 관련된 다른 컴팩트 개념으로 종종 유용하게 사용되는 개념인 극한점컴팩트와 수열컴팩트을 소개한다. 이 절에서 소개하는 새로운 컴팩트 개념은 유클리드 공간을 포함한 거리위상공간에서는 앞에서 정의한 컴팩트 개념과 같지만 일반적인 위상공간에서는 더 약한 성질을 가지고 있다(Munkres, p. 181 예제 3 참고).

정의 7.4.1 위상공간 X에 대하여 X의 임의의 무한 부분집합이 극한점(limit point)을 X에서 가질 때, X를 **극한점컴팩트공간**(limit-point compact space)이라 한다. 또한 X가 극한점컴팩트일 때, X가 **볼차노-바이어슈트라스 성질**(Bolzano-Weierstrass property)을 가지고 있다고 말한다.

정리 7.4.2 위상공간 X가 컴팩트공간이면 극한점컴팩트공간이다. 하지만 일반적으로 그 역은 성립하지 않는다.

증명 증명을 위해 A가 X의 임의의 무한 부분집합일 때, A가 X에서 극한점을 가짐을 보인다. 실제로, A의 극한점이 없다면 A의 도집합 $A' = \varnothing$ 이다. 따라서 $\overline{A} = A \bigcup A' = A$ 이고 A는 닫힌집합이다. 하지만 이것은 임의의 원소 $a \in A$에 대하여 $(U_a - \{a\}) \bigcap A = \varnothing$ 을 만족하는 a의 열린근방 U_a가 존재함을 의미한다. 즉 $U_a \bigcap A = \{a\}$ 이다.

이때

$$\mathscr{A} = \{X - A,\ U_a \mid a \in A\}$$

라 놓으면, A는 닫힌집합이므로 $\mathscr{A}$는 X의 열린덮개가 된다. 한편 X는 컴팩트공간이므로 $\mathscr{A}$의 유한 부분덮개가 존재한다. 하지만 이것은 $U_a \bigcap A = \{a\}$ 이므로 A가 유한집합이라는 것을 의미하게 되어 모순이다.

아래 [예제 7.4.3]에 의해 정리의 역이 일반적으로 성립하지 않는다. □

예제 7.4.3

비이산위상공간 $Y=\{a,b\}$와 이산위상공간 $\mathbb{N}$을 이용하여 만든 곱공간

$$X=\mathbb{N}\times Y$$

를 고려하자. 이때 다음이 성립한다.

(1) X는 극한점컴팩트공간이다. 좀 더 일반적으로, 공집합이 아닌 X의 임의의 부분집합 A는 극한점을 X에서 가진다. 실제로, A의 임의의 원소 x는 $x=(n,a)$ 또는 $x=(n,b)$의 형태이다. $x=(n,a)$일 때, $x'=(n,b)\in X$의 임의의 열린근방 $U_{x'}$은 Y가 비이산공간이므로 x를 원소로 가지고 있다. 따라서

$$x\in(U_{x'}-\{x'\})\bigcap A\neq\varnothing$$

이므로 $x'\in A'$이다. 즉 A의 극한점이 존재한다. $x=(n,b)$일 때도 비슷하게 A의 극한점이 존재함을 알 수 있다.

(2) 하지만 X는 컴팩트공간이 아니다. 실제로

$$\mathscr{A}=\{\,U_{(n,a)}\mid U_{(n,a)}=\{(n,a),(n,b)\},\ n\in\mathbb{N}\,\}$$

는 X의 열린덮개로 유한 부분덮개를 가지고 있지 않다. □

예제 7.4.4

$[0,1]$이 하극한위상공간 $\mathbb{R}_l$의 부분공간일 때, $[0,1]$는 극한점컴팩트공간이 아니다. 실제로 무한집합

$$A=\left\{1-\frac{1}{n}\;\middle|\;n\in\mathbb{N}\right\}\ \text{또는}\ B=\left\{\frac{1}{2}-\frac{1}{n+1}\;\middle|\;n\in\mathbb{N}\right\}$$

는 $[0,1]$에서 극한점을 가지고 있지 않다. 특히 $\{1\}$은 $[0,1]\subset\mathbb{R}_l$에서 1의 열린근방이고 따라서 1은 A의 극한점이 아니다. 비슷하게 $\left[\frac{1}{2},1\right]$은 $[0,1]\subset\mathbb{R}_l$에서 $\frac{1}{2}$의 열린근방이다. 따라서 $\frac{1}{2}$는 B의 극한점이 아니다. □

정의 7.4.5 위상공간 X에 대하여 임의의 수열이 항상 수렴하는 부분수열을 가질 때, X를 **수열컴팩트공간**(sequentially compact space)이라 한다.

컴팩트공간이 항상 수열컴팩트공간인 것은 아니고, 또한 일반적으로 그 역도 성립하지 않는다(예를 들어, 박대희-안승호, p. 414, [참고 11.1.12]).

정리 7.4.6 거리위상공간 (X,d)에 대하여 다음 명제는 서로 동치이다.

(1) X가 컴팩트공간이다.

(2) X가 극한점컴팩트공간이다.

(3) X가 수열컴팩트공간이다.

증명 정리를 다음과 같은 순서로 증명한다.

$$(1) \Rightarrow (2) \Rightarrow (3) \Rightarrow (1)$$

한편, 임의의 무한 부분집합에서 수열을 항상 택할 수 있으므로 거리위상공간이 아닌 일반적인 위상공간에서도 (3) ⇒ (2)가 항상 성립함을 알 수 있다.

(1) ⇒ (2)는 [정리 7.4.2]에 의해 일반적인 위상공간에서 성립한다.

(2) ⇒ (3) 임의의 수열 $\{x_n\} \subset X$에 대하여

$$A = \{x_n | n \in \mathbb{N}\}$$

일 때, A가 유한집합이라면 적당한 $N \in \mathbb{N}$이 존재하여

$$x_{n_k} = x_0, \ \ k \geq N$$

이므로 분명히 수렴하는 부분수열이 존재한다. 한편 A가 무한집합이라면 가정에 의해 A의 극한점 $x_0 \in X$가 존재한다. 이것은 임의의 $k \in \mathbb{N}$에 대하여 $x_{n_k} \in B_d(x_0, \frac{1}{k})$를 만족하는 $x_{n_k} \neq x_0$가 존재한다는 것을 의미한다. 이때 수열 $\{x_n\}$의 부분수열 $\{x_{n_k}\}$는 정의에 의해 x_0에 수렴한다.

(3) ⇒ (1)의 증명은 다른 경우보다 조금 더 복잡하다. 실제로 이를 위해 다음 보조정리를 먼저 증명한다.

보조정리 7.4.7 거리위상공간 (X,d)가 수열컴팩트공간일 때, 르베그수 보조정리는 수열컴팩트공간에서도 성립한다.

증명 귀류법을 이용하여 증명하기 위해, 수열컴팩트공간에서 르베그수 보조정리가 성립

하지 않는다고 가정하고 X의 임의의 열린덮개 $\mathscr{A}$를 택하자. 르베그수 보조정리가 성립하지 않으므로 임의의 $n\in\mathbb{N}$에 대하여

$$\operatorname{diam}(C_n) < \frac{1}{n}$$

을 만족하는 집합 C_n을 포함하는 $\mathscr{A}$의 원소가 존재하지 않는다. 이때 각각의 $n\in\mathbb{N}$에 대하여 $x_n\in C_n$을 택하여 수열 $\{x_n\}$을 만든다. 한편 (X,d)는 수열컴팩트공간이므로, 예를 들어 $x_0\in X$로 수렴하는 부분수열 $\{x_{n_k}\}$가 존재한다.

그리고 $\mathscr{A}$는 X의 열린덮개이므로 $x_0\in A\in\mathscr{A}$인 열린집합 A가 존재한다. 따라서 $B_d(x_0,\varepsilon)\subset A$을 만족하는 $\varepsilon>0$을 택할 수 있다. 이때 $\frac{1}{n_k}<\frac{\varepsilon}{2}$과 $d(x_{n_k},x_0)<\frac{\varepsilon}{2}$을 동시에 만족하는 $x_{n_k}\in B_d(x_0,\varepsilon)$가 존재한다. 한편

$$\operatorname{diam}(C_{n_k}) < \frac{1}{n_k}$$

을 이용하여

$$\begin{aligned} d(y,x_0) &\le d(y,x_{n_k}) + d(x_{n_k},x_0) \\ &< \frac{1}{n_k}+\frac{\varepsilon}{2} < \frac{\varepsilon}{2}+\frac{\varepsilon}{2} = \varepsilon,\ \ y\in C_{n_k} \end{aligned}$$

가 성립함을 알 수 있다. 즉 $C_{n_k}\subset B_d(x_0,\varepsilon)\subset A$이다. 하지만 이것은 C_n의 선택에 모순이다. □

보조정리 7.4.8 거리위상공간 (X,d)가 수열컴팩트공간일 때, 임의의 $\varepsilon>0$에 대하여 유한개의 ε-공(ball)만으로도 X를 덮을 수 있다.

증명 이를 증명하기 위해 귀류법을 이용한다. 실제로, 적당한 $\varepsilon_0>0$가 존재하여 X를 유한개의 ε_0-공만으로는 덮을 수 없다고 가정하자. 그러면 임의의 원소 $x_1\in X$을 택할 때, $B_d(x_1,\varepsilon_0)\neq X$이다. 따라서

$$x_2\in X-B_d(x_1,\varepsilon_0)$$

를 택할 수 있다. 한편 가정에 의해

$$B_d(x_1,\varepsilon_0)\bigcup B_d(x_2,\varepsilon_0)\neq X$$

이므로

$$x_3\in X-B_d(x_1,\varepsilon_0)\bigcup B_d(x_2,\varepsilon_0)$$

를 택할 수 있다. 비슷한 방법으로, 각각의 $n\in\mathbb{N}$에 대하여

$$x_{n+1}\in X-\bigcup_{i=1}^{n}B_d(x_i,\varepsilon_0)$$

을 택하여 수열 $\{x_n\}$을 얻을 수 있다.

수열 $\{x_n\}$을 택하는 방법에 의해, 임의의 $n\in\mathbb{N}$에 대하여

$$d(x_{n+1},x_i)\geq\varepsilon_0>0,\ \ i=1,2,\ldots,n$$

이 성립한다. 따라서 임의의 서로 다른 $i,j\in\mathbb{N}$에 대하여

$$d(x_i,x_j)\geq\varepsilon_0>0$$

이므로 수열 $\{x_n\}$은 수렴하는 부분수열을 가질 수 없어 모순이다. □

이제 [보조정리 7.4.7]과 [보조정리 7.4.8]을 이용하여 (3) ⇒ (1)의 증명을 완료한다. 실제로, $\mathscr{A}$가 X의 임의의 열린덮개일 때, X가 르베그수 보조정리를 만족하므로 르베그수 $\delta>0$가 존재한다. 즉 임의의 $\mathrm{diam}(B)<\delta$를 만족하는 부분집합 B를 포함하는 $A\in\mathscr{A}$가 존재한다. 이때 $\varepsilon=\dfrac{\delta}{3}$라 놓으면 [보조정리 7.4.8]에 의해 X를 유한개의 ε-공 $B_1,B_2,\ldots,B_k$으로 덮을 수 있고 각각의 B_i는

$$\mathrm{diam}(B_i)\leq 2\varepsilon\leq\frac{2\delta}{3}<\delta$$

를 만족한다. 따라서 δ가 $\mathscr{A}$의 르베그수이므로 각각의 B_i을 포함하는 $A_i\in\mathscr{A}$가 존재한다. 한편

$$X=\bigcup_{i=1}^{k}B_i\subset\bigcup_{i=1}^{k}A_i$$

이므로 $\mathscr{A}$의 유한 부분덮개 $\mathscr{A}'=\{A_1,A_2,\ldots,A_n\}$이 존재한다. 즉 X는 컴팩트공간이다. □

컴팩트공간과 연관된 극한점컴팩트와 수열컴팩트라는 개념 이외에도 가산컴팩트라는 개념이 있다.

정의 7.4.9 위상공간 X에 대하여 가산개로 구성된 임의의 열린덮개가 유한 부분덮개를 가질 때, X를 **가산컴팩트공간**(countably compact space)이라고 한다.

보통위상공간 $\mathbb{R}_u$와 하극한위상공간 $\mathbb{R}_l$은 가산컴팩트공간도 아님을 쉽게 보일 수 있다. 정의에 의해 컴팩트공간은 가산컴팩트공간이다. 하지만 일반적으로 가산컴팩트공간은 컴팩트공간이 아니다(Munkres, p. 181 예제 3 참고). 또한 T_1-위상공간에서는 가산컴팩트와 극한점컴팩트의 개념이 서로 일치한다(Munkres, p. 181 연습문제 4 참고).

좀 더 일반적으로 다음 사실이 알려져 있다(박대희-안승호, p. 412 참고).

정리 7.4.10 위상공간 X에 대하여 다음이 성립한다.

(1) X가 수열컴팩트이면 가산컴팩트이다.

(2) X가 가산컴팩트이면 극한점컴팩트이다.

(3) X가 수열컴팩트이면 극한점컴팩트이다. 하지만 극한점컴팩트공간이 항상 수열컴팩트공간인 것은 아니다.

마지막으로 컴팩트공간, 수열컴팩트공간, 극한점컴팩트공간, 가산컴팩트공간 등의 함의 관계를 정리하면 다음과 같다.

$$\begin{array}{l} \text{컴팩트공간} \\ \quad\quad\Downarrow \\ \text{가산컴팩트공간} \Rightarrow \text{극한점컴팩트공간} \\ \quad\quad\Uparrow \\ \text{수열컴팩트공간} \end{array}$$

7.5 완비거리공간

완비거리공간은 컴팩트 개념과 밀접하게 관련된 개념이지만 보통 컴팩트공간보다 더 일반적인 공간 중의 하나로 여겨진다. 이 절에서는 완비거리공간의 정의와 성질을 간단히 알아본다.

정의 7.5.1 거리위상공간 (X,d)에 대하여 다음이 성립한다.

(1) 수열 $\{x_n\}$이 임의의 $\varepsilon > 0$에 대하여 적당한 $N \in \mathbb{N}$이 존재하여 다음을 만족할 때, $\{x_n\}$을 **코시수열**(Cauchy sequence)이라 부른다.

$$d(x_n, x_m) < \varepsilon, \quad n, m \geq N$$

(2) 모든 코시수열이 X에서 수렴할 때, (X,d)를 **완비거리공간**(complete metric space)이라 한다.

보조정리 7.5.2 거리위상공간 (X,d)에서 모든 수렴하는 수열 $\{x_n\}$은 코시수열이다.

증명 수열 $\{x_n\}$이 $x \in X$에 수렴할 때, 정의에 의해 임의의 $\varepsilon > 0$에 대하여 적당한 $N \in \mathbb{N}$이 존재하여 다음이 성립한다.

$$d(x_n, x) < \frac{\varepsilon}{2}, \quad n \geq N$$

따라서 모든 $n, m \geq N$에 대하여

$$d(x_n, x_m) \leq d(x_n, x) + d(x, x_m) < \frac{\varepsilon}{2} + \frac{\varepsilon}{2} = \varepsilon$$

이므로 $\{x_n\}$은 코시수열이다. □

예제 7.5.3

(1) 코시수열은 일반적으로 수렴하지 않을 수 있다. 예를 들어 $(0,1)$이 유클리드 공간

$\mathbb{R}_u$의 부분공간일 때, 수열 $\left\{\frac{1}{n}\right\}$은 $(0,1)$에서 코시수열이지만 $(0,1)$에서 수렴하지는 않는다. 실제로, 수열 $\left\{\frac{1}{n}\right\}$은 $\mathbb{R}_u$에서 0으로 수렴한다. 따라서 코시수열이지만 0은 $(0,1)$의 원소가 아니므로 $(0,1)$에서는 수렴하지 않는다. 따라서 $(0,1)$은 완비거리공간이 아니다.

(2) $\mathbb{Q}$가 유클리드 공간 $\mathbb{R}_u$의 부분공간일 때, $\mathbb{Q}$는 완비거리공간이 아니다. 예를 들어 $\sqrt{3}$으로 수렴하는 코시수열 $\{r_n\} \subset \mathbb{Q}$이 존재한다.

$$r_1 = 1.7,\ r_2 = 1.73,\ r_3 = 1.732, \ldots$$ □

예제 7.5.4

완비성은 위상동형사상에 의해 보존되는 성질이 아니므로 **위상적 성질**(topological property)이 아니다. 예를 들어

$$d : \mathbb{R} \times \mathbb{R} \to \mathbb{R},\quad d(x,y) = |x-y|$$

일 때, $(\mathbb{R}, d)$는 유클리드 공간이고 완비거리공간이다. 하지만 $((-1,1),d)$는 완비거리공간이 아니다. 실제로 앞에서와 같이 코시수열 $\left\{1-\frac{1}{n}\right\}$은 $(-1,1)$에서 수렴하지 않는다. 하지만 $((-1,1),d)$와 $(\mathbb{R},d)$ 사이에 위상동형사상

$$f : (-1,1) \to \mathbb{R},\quad f(x) = \tan\left(\frac{\pi x}{2}\right)$$

가 존재한다. □

보조정리 7.5.5 완비거리공간 (X,d)의 닫힌 부분공간 A는 다시 완비거리공간이다.

증명 $d|_A$가 d을 A로 축소하여 얻은 함수일 때, $(A, d|_A)$는 거리위상공간이다. 한편 임의의 코시수열 $\{a_n\} \subset A$는 X의 코시수열이기도 하다. (X,d)가 완비거리공간이므로 $\{a_n\}$는 $x_0 \in X$로 수렴한다. 따라서 x_0는 A의 극한점이다. 한편 가정에 의해 A가 닫힌 부분집합이므로 $x_0 \in A$이다. 즉 수열 $\{a_n\}$은 $x_0 \in A$로 수렴한다. □

정리 7.5.6 거리위상공간 (X,d)에 대하여 다음 두 명제는 서로 동치이다.

(1) (X,d)가 완비거리공간이다.

(2) X의 모든 코시수열은 수렴하는 부분수열을 가진다.

증명 (1) $\Rightarrow$ (2) 정의에 의해 자명하다.

(2) $\Rightarrow$ (1) $\{x_n\}$이 X의 코시수열일 때, 가정에 의해 $x_0 \in X$로 수렴하는 부분수열 $\{x_{n_i}\}$가 존재한다. 이때 수열 $\{x_n\}$도 x_0로 수렴한다. 실제로, $\{x_n\}$가 코시수열이므로 임의의 $\varepsilon > 0$에 대하여 적당한 $N_1 \in \mathbb{N}$이 존재하여

$$d(x_n, x_m) < \frac{\varepsilon}{2}, \quad n, m \geq N_1$$

이 성립한다. 한편 부분수열 $\{x_{n_i}\}$가 x_0로 수렴하므로 적당한 $N_2 \in \mathbb{N}$가 존재하여

$$d(x_{n_i}, x_0) < \frac{\varepsilon}{2}, \quad n_i \geq N_2$$

이 성립한다. $N = \max\{N_1, N_2\}$일 때, 모든 $n \geq N$과 적당한 $n_i \geq N$에 대하여

$$d(x_n, x_0) \leq d(x_n, x_{n_i}) + d(x_{n_i}, x_0) < \frac{\varepsilon}{2} + \frac{\varepsilon}{2} = \varepsilon$$

이 성립한다. 따라서 코시수열 $\{x_n\}$도 x_0로 수렴한다. □

보조정리 7.5.7 (X,d)가 완비거리공간이고 $\overline{d}$가 고른거리함수

$$\overline{d}(x,y) = \min\{d(x,y), 1\}, \quad x, y \in X$$

일 때, 거리위상공간 $(X, \overline{d})$도 완비거리공간이고 그 역도 성립한다.

증명 $\{x_n\}$이 $(X, \overline{d})$의 코시수열일 때, 임의의 $0 < \varepsilon < 1$에 대하여 적당한 $N \in \mathbb{N}$이 존재하여

$$d(x_n, x_m) = \overline{d}(x_n, x_m) < \varepsilon, \quad n, m \geq N$$

이 성립한다. 따라서 $\{x_n\}$이 (X,d)의 코시수열이다. 한편 (X,d)는 완비거리공간이므로 수열 $\{x_n\}$은 $x_0 \in X$로 수렴하고 따라서 $(X, \overline{d})$에서 x_0로 수렴하게 된다.

즉 $(X,\overline{d})$가 완비거리공간이다.

반대방향의 증명은 앞과 비슷하여 생략한다. □

정리 7.5.8 모든 컴팩트 거리위상공간 (X,d)는 완비거리공간이다.

증명 $\{x_n\}$이 (X,d)의 코시수열일 때, [정리 7.4.6]에 의해 컴팩트공간은 수열컴팩트공간이므로 $\{x_n\}$은 수렴하는 부분수열을 갖는다. 따라서 [정리 7.5.6]에 의해 (X,d)는 완비거리공간이다. □

7.5 연습문제

1. $[0,1]$이 $\mathbb{R}_l$의 부분공간일 때, $[0,1]$이 극한점컴팩트공간이 아님을 보여라.

2. 다음과 같이 주어진 무한집합 A를 이용하여 고른위상공간 $([0,1]^\omega, \mathfrak{I}_{\overline{\rho}})$가 극한점컴팩트공간이 아님을 보여라.

$$A = \{\mathbf{x}_n = (x_{nk}) \mid x_{nk} = 0, k \neq n, x_{nn} = 1\}$$

3. 비이산위상공간 $Y = \{a,b\}$와 이산위상공간 $\mathbb{N}$을 이용하여 만든 곱공간

$$X = \mathbb{N} \times Y$$

를 고려할 때, 다음 물음에 답하라.

(1) 사영사상 $\pi_1 : X \to \mathbb{N}$, $(x,y) \mapsto x$이 연속함수임을 보여라.

(2) 이산위상공간 $\mathbb{N}$이 극한점컴팩트공간인지 판별하라.

(3) 극한점컴팩트공간의 연속함수의 상은 일반적으로 극한점컴팩트공간이 아님을 예를 통해 보여라.

(4) X가 수열컴팩트공간인지 판별하라.

4. A가 극한점컴팩트공간 X의 닫힌 부분공간일 때, A가 극한점컴팩트공간임을 보여라.

5. 다음 물음에 답하라.

(1) 자연수의 집합 $\mathbb{N}$상에 기저

$$\mathscr{B} = \{\{3n-2, 3n-1, 3n\} \mid n \in \mathbb{N}\}$$

로 생성된 위상공간 $(\mathbb{N}, \mathfrak{I}_{\mathscr{B}})$가 극한점컴팩트공간임을 보여라.

(2) $(\mathbb{N}, \mathfrak{I}_{\text{dis}})$가 이산위상공간일 때, 다음과 같이 정의된 함수

$$f : (\mathbb{N}, \mathfrak{I}_{\mathscr{B}}) \to (\mathbb{N}, \mathfrak{I}_{\text{dis}}),\ f(x) = \begin{cases} n, & x = 3n-2, \\ n, & x = 3n-1, \\ n, & x = 3n \end{cases}$$

가 연속함수임을 보여라.

(3) f가 극한점컴팩트 위상공간의 연속함수의 상이 항상 다시 극한점컴팩트공간이 아닌 예임을 확인하라.

6. 실수의 집합 $\mathbb{R}$에서 정의된 거리함수 $d : \mathbb{R} \times \mathbb{R} \to \mathbb{R}$에 대하여 다음 물음에 답하라.

$$d(x, y) = \left| \frac{x}{1+|x|} - \frac{y}{1+|y|} \right|$$

(1) 수열 $\{n\}$이 $(\mathbb{R}, d)$에서 수렴하는지 판별하라.

(2) 수열 $\{n\}$이 거리함수 d에 관해 코시수열인지 판별하라.

(3) $(\mathbb{R}, d)$가 완비거리공간인지 판별하라.

7. 거리위상공간 (X, d)에 대하여 다음 물음에 답하라.

(1) 적당한 $\varepsilon > 0$과 임의의 원소 $x \in X$에 대하여 $B_d(x, \varepsilon)$의 폐포가 항상 컴팩트이면 (X, d)가 완비거리공간임을 보여라.

(2) 유클리드 거리위상공간 $(\mathbb{R}, d)$의 부분공간 $(\mathbb{R}-\{0\}, d|_{\mathbb{R}-\{0\}})$가 완비거리공간이 아님을 보여라.

(3) 임의의 원소 $x \in X$에 대하여 적당한 $\varepsilon > 0$이 존재하여 $B_d(x, \varepsilon)$의 폐포가 컴팩트일 때, (X, d)가 항상 완비거리공간인지 판별하라.

8. 2차원 평면 $\mathbb{R}^2$상에서 정의된 거리함수

$$d : \mathbb{R}^2 \times \mathbb{R}^2 \to \mathbb{R},\ d(\mathbf{x}, \mathbf{y}) = \begin{cases} 0, & \mathbf{x} = \mathbf{y}, \\ \max\{\|\mathbf{x}\|, \|\mathbf{y}\|\}, & \mathbf{x} \neq \mathbf{y} \end{cases}$$

를 이용하여 만든 거리위상공간 $(\mathbb{R}^2, d)$에 대하여 다음 물음에 답하라. 단, 여기서 $\mathbf{x} = (x_1, x_2)$이고 $\|\mathbf{x}\| = \sqrt{x_1^2 + x_2^2}$이다.

(1) $A = \{(0, y) \mid 0 < y \leq 1\}$의 도집합을 계산하라.

(2) $A = \{(0, y) \mid 0 < y \leq 1\}$가 극한점컴팩트 부분공간이 아님을 보여라.

9. A가 보통위상공간 $\mathbb{R}_u$의 비가산 무한집합일 때, 다음 물음에 답하라.

(1) $[-R, R] \cap A$가 비가산 무한집합이 되는 양의 실수 R이 존재함을 보여라.
(힌트: 귀류법을 이용하기 위해, 결론을 부정하자. 그러면 임의의 자연수 n에 대하여 $[-n, n] \cap A$가 항상 가산집합이다. 하지만 $A = \cup_{n=1}^{\infty}([-n, n] \cap A)$이므로 A도 가산집합이 되어 모순이다.)

(2) A의 도집합 $A' \neq \varnothing$임을 보여라.
(힌트: 위의 (1)에 의해, $[-R, R] \cap A \subset [-R, R]$이 비가산 무한집합이 되는 양의 실수 R이 존재한다. 한편 $[-R, R]$은 컴팩트공간이고 따라서 극한점컴팩트공간이므로 $[-R, R] \cap A$의 도집합은 공집합이 아니다. 따라서 $A' \neq \varnothing$이다.)

10. $X = [0, 1] \cap \mathbb{Q} \subset \mathbb{R}_u$일 때, X가 컴팩트공간인지 판별하라.

11. 실수의 집합 $\mathbb{R}$에 대하여, 상극한위상공간 $\mathbb{R}_p$와 하극한위상공간 $\mathbb{R}_l$을 고려하자. 이때, 곱위상공간 $\mathbb{R}_l \times \mathbb{R}_p$의 부분공간

$$D = \{(x, y) \in \mathbb{R}^2 \mid |x| + |y| = 1\}$$

이 극한점컴팩트공간인지 판별하라.
(힌트: D가 극한점컴팩트공간이 아니다.)

12. 실수의 집합 $\mathbb{R}$의 부분집합인 열린구간 $X = (0, \infty)$상에서 다음과 같이 정의된 기저

$$\mathscr{B} = \{(0, a) \subset \mathbb{R} \mid a \in \mathbb{R},\ a > 0\}$$

에 의해 생성된 위상을 $\mathfrak{I}_{\mathscr{B}}$ 라 하자. X상에서 다음과 같은 동치관계 $\sim$를 줄 때, 모든 동치류들의 모임

$$X/\sim = \{[x] \mid x \in X\}$$

를 고려하자.

$$\text{임의의 } x, y \in X\text{에 대하여, } x \sim y \Leftrightarrow x - y \in \mathbb{Z}$$

고유사상 $\pi : (X, \mathfrak{I}_{\mathscr{B}}) \to X/\sim,\ \pi(x) = [x]$를 이용하여 $X/\sim$상에 상위상 $\mathfrak{I}_Q$를 줄 때, 곱공간

$$(\mathbb{Z}, \mathfrak{I}_d) \times (X/\sim, \mathfrak{I}_Q)$$

가 극한점컴팩트공간임을 보여라. 단, 여기서 $\mathfrak{I}_d$는 이산위상을 나타낸다.

7.6 국소컴팩트와 컴팩트화

컴팩트공간은 여러 가지 면에서 상당히 좋은 성질을 많이 가지고 있다. 하지만 일반적으로 위상공간과 그 부분공간은 컴팩트공간이 아니다. 이 절에서는 국소적으로 컴팩트인 하우스도르프공간은 한 점을 추가하여 컴팩트공간으로 만들 수 있다는 아주 유용한 성질을 증명한다.

정의 7.6.1 위상공간 X와 $x \in X$에 대하여 다음이 성립한다.

(1) $x \in X$의 적당한 열린근방 U_x와 $x \in U_x \subset C$인 X의 컴팩트 부분공간 C가 존재할 때, X가 x**에서 국소컴팩트**(locally compact)라고 한다.

(2) X가 임의의 원소 $x \in X$에서 국소컴팩트일 때, X가 **국소컴팩트**라고 말한다.

예제 7.6.2

컴팩트공간 X는 X 자신이 열린집합이고 또한 컴팩트공간이므로 정의에 의해 항상 국소컴팩트이다. □

예제 7.6.3

보통위상공간 $\mathbb{R}_u$는 국소컴팩트이다. 실제로 임의의 원소 $x \in \mathbb{R}$에 대하여 $x \in (a,b) \subset [a,b]$인 열린집합 (a,b)와 컴팩트 부분공간 $[a,b]$가 존재한다. 비슷한 방법으로, $n \geq 2$인 경우에도 $\mathbb{R}_u^n$가 국소컴팩트임을 보일 수 있다. □

예제 7.6.4

하극한위상공간 $\mathbb{R}_l$은 국소컴팩트가 아니다. 실제로 $\mathbb{R}_l$이 x에서 국소컴팩트라면 $x \in [x,b) \subset C$인 열린집합 $[x,b)$와 컴팩트 부분공간 C가 존재한다. 이때

$$\mathscr{A} = \left\{(-\infty, x), \left[x, b - \frac{1}{n}\right), [b, \infty) \;\middle|\; b - x > \frac{1}{n},\ n \in \mathbb{N}\right\}$$

라 놓으면 $\mathscr{A}$는 C의 열린덮개이다. 하지만 $\mathscr{A}$는 C의 유한 부분덮개를 가지고 있지 않으

므로 모순이다.

$\mathbb{R}_l$이 국소컴팩트가 아님을 보이기 위해 아래 [보조정리 7.6.6]을 이용할 수도 있다. □

예제 7.6.5

$\mathbb{Q}$가 $\mathbb{R}_u$의 부분공간일 때, $\mathbb{Q}$는 국소컴팩트가 아니다. 실제로, $\mathbb{Q}$가 $x\in\mathbb{Q}$에서 국소컴팩트라면

$$x\in B=(x-q,x+q)\bigcap\mathbb{Q}\subset C,\ \ q\in\mathbb{Q}^c$$

를 만족하는 $\mathbb{Q}$의 컴팩트 부분공간 C가 존재한다. 이때

$$B=[x-q,\,x+q]\bigcap\mathbb{Q}$$

이므로 B가 $\mathbb{Q}$에서 닫힌집합이다. 한편 C가 $\mathbb{Q}$의 컴팩트 부분공간이므로 B도 $\mathbb{Q}$의 컴팩트 부분공간이다. 하지만 이것은

$$\mathscr{A}=\left\{\left(x-q,x+q-\frac{1}{n}\right)\bigcap\mathbb{Q}\ \middle|\ 2q>\frac{1}{n},\ n\in\mathbb{N}\right\}$$

가 B의 열린덮개이지만 유한 부분덮개를 가지고 있지는 않으므로 모순이다. □

사실 T_2-공간인 경우에는 다음 [보조정리 7.6.6]을 이용하여 국소컴팩트임을 판별할 수 있다. 특히 기저로 생성된 위상공간의 경우에는 아래 보조정리에서 x의 열린근방으로 x를 포함하는 기저원소를 택할 수 있다.

보조정리 7.6.6 위상공간 X가 T_2-공간일 때, 다음 두 명제는 동치이다.

(1) X가 국소컴팩트이다.

(2) 임의의 원소 $x\in X$에 대하여, 폐포 $\overline{U_x}$가 컴팩트인 x의 열린근방 U_x가 존재한다.

증명 (1) ⇒ (2) 가정에 의해, 임의의 $x\in X$에 대하여 $x\in U_x\subset C$를 만족하는 열린근방 U_x와 컴팩트 부분공간 C가 존재한다. 한편 X가 T_2-공간이고 C가 컴팩트 부분공간이므로 C는 닫힌집합이다. 따라서

$$x \in \overline{U_x} \subset \overline{C} = C \subset X$$

이고 C가 컴팩트이므로 $\overline{U_x}$도 컴팩트이다.

(2) $\Rightarrow$ (1) 가정에 의해, 임의의 원소 $x \in X$에 대하여, 폐포 $\overline{U_x}$가 컴팩트인 x의 열린근방 U_x가 존재한다. 따라서 $C = \overline{U_x}$로 택하면 X가 x에서 국소컴팩트이다. 한편 $x \in X$는 임의의 원소이므로 X가 국소컴팩트이다. □

예제 7.6.7

위의 [보조정리 7.6.6]에서 X가 T_2-공간이 아니면 (1) $\Rightarrow$ (2)는 일반적으로 성립하지 않는다. 하지만 (2) $\Rightarrow$ (1)은 X가 T_2-공간이 아니어도 항상 성립한다.

실제로, $X = (0,1) \subset \mathbb{R}$일 때, X에 다음과 같은 위상을 주자.

$$\mathfrak{I}_X = \left\{ X, \varnothing, \left(\frac{1}{n}, 1\right) \,\middle|\, n \geq 2,\ n \in \mathbb{N} \right\}$$

(1) $(X, \mathfrak{I}_X)$는 T_2-공간이 아니다. 실제로, 예를 들어, $x = \dfrac{2}{3}$와 $y = \dfrac{3}{4}$에 대하여 서로 만나지 않는 각각의 열린근방은 존재하지 않는다.

(2) $\left(\dfrac{1}{n}, 1\right)$이 컴팩트이다. 이를 보이기 위해, $\mathscr{A}$를 $\left(\dfrac{1}{n}, 1\right)$의 $(0,1)$를 포함하지 않는 열린덮개라 하자. 그러면 $\left(\dfrac{1}{m}, 1\right) \in \mathscr{A}$를 만족하는 $m \geq n$인 자연수 m이 존재한다. 따라서 $\mathscr{A}$의 유한 부분덮개 $\mathscr{A}' = \left\{\left(\dfrac{1}{m}, 1\right)\right\}$이 존재한다.

(3) $(X, \mathfrak{I}_X)$는 국소컴팩트이다. 실제로 임의의 $n \geq 2$에 대하여 $\left(\dfrac{1}{n}, 1\right)$가 컴팩트이고 임의의 $x \in X$에 대하여 $\dfrac{1}{n} < x$인 $n \in \mathbb{N}$이 존재한다. 따라서

$$x \in U_x = \left(\frac{1}{n}, 1\right) \subset \left(\frac{1}{n}, 1\right) = C,\ \ \frac{1}{n} < x$$

를 만족하는 x의 열린근방 U_x와 컴팩트 부분공간 C가 존재한다.

(4) $(X, \mathfrak{I}_X)$는 컴팩트공간이 아니다. 실제로

$$\mathscr{A} = \left\{ \left(\frac{1}{n}, 1\right) \,\middle|\, n \geq 2,\ n \in \mathbb{N} \right\}$$

은 X의 열린덮개로 유한 부분덮개를 가지고 있지 않다.

(5) $n \geq 2$에 대하여 $U = \left(\frac{1}{n}, 1\right)$일 때, $\overline{U} = (0,1)$이다. 따라서 (3)에 의해 $(X, \mathfrak{I}_X)$는 국소컴팩트임에도 불구하고, 임의의 $x \in X$에 대하여 폐포 $\overline{U_x}$가 컴팩트인 x의 열린근방 U_x가 존재하지 않는다. □

예제 7.6.8

곱위상을 가진 곱공간 $(\mathbb{R}^\omega = \prod_{i=1}^{\infty} \mathbb{R}, \mathfrak{I}_p)$는 국소컴팩트가 아니다. 실제로, 임의의 원소 $\mathbf{x} = (x_n) \in \mathbb{R}^\omega$의 기저원소

$$B = \prod_{i=1}^{\infty} U_i, \quad \begin{cases} U_i = (a_i, b_i), \ i = i_1, i_2, \ldots, i_k, \\ U_i = \mathbb{R}, \qquad i \neq i_1, i_2, \ldots, i_k \end{cases}$$

이므로 $\overline{B}$가 컴팩트가 될 수 없다. 따라서 [보조정리 7.6.6]에 의해 $(\mathbb{R}^\omega, \mathfrak{I}_p)$는 T_2-공간이므로 국소컴팩트가 아니다. □

이 절의 나머지 부분에서는 다음 정리를 증명한다.

정리 7.6.9 $(X, \mathfrak{I}_X)$가 위상공간일 때, 다음이 성립한다.

(1) $(X, \mathfrak{I}_X)$가 국소컴팩트이고 T_2-공간일 필요충분조건은 다음 세 가지 조건 (a), (b), (c)를 만족하는 위상공간 $(Y, \mathfrak{I}_Y)$가 존재하는 것이다.

(a) $(X, \mathfrak{I}_X)$가 $(Y, \mathfrak{I}_Y)$의 열린 부분공간이다.

(b) $Y - X$는 닫힌집합 $\{\infty\}$이다.

(c) $(Y, \mathfrak{I}_Y)$가 컴팩트이고 T_2-공간이다.

이때, $(Y, \mathfrak{I}_Y)$를 $(X, \mathfrak{I}_X)$의 **한점컴팩트화**(one-point compactification)라 한다.

(2) $(Y, \mathfrak{I}_Y)$가 $(X, \mathfrak{I}_X)$의 한점컴팩트화이고 $(X, \mathfrak{I}_X)$가 컴팩트공간이 아닐 때, X의 폐포 $\overline{X}$는 Y와 같고 ∞가 X의 극한점이다.

(3) **(한점컴팩트화의 유일성)** $(Y_1, \mathfrak{I}_{Y_1})$과 $(Y_2, \mathfrak{I}_{Y_2})$가 위의 (1)의 세 조건을 만족하는 위상공간일 때, $(Y_1, \mathfrak{I}_{Y_1})$과 $(Y_2, \mathfrak{I}_{Y_2})$ 사이에 $h|_X = Id_X$를 만족하는 위상동형사상 h가 존재한다.

증명 (2) ∞가 X의 극한점임을 증명하면 충분하다. 실제로, ∞가 X의 극한점이 아니면 ∞는 고립점이다. 즉 $\{\infty\}$는 열린집합이다. 한편 가정에 의해 X가 컴팩트가 아니므로 $Y=\{\infty\}\bigcup X$는 컴팩트가 될 수 없어 모순이다.

(3) $Y_1-X=\{x_1\}$이고 $Y_2-X=\{x_2\}$일 때, 함수 $h: Y_1 \to Y_2$를 다음과 같이 정의하자.

$$h: Y_1 \to Y_2, \ h(x)=\begin{cases} x, & x\in X, \\ x_2, & x=x_1 \end{cases}$$

그러면 분명히 h는 전단사함수이다. 또한 h^{-1}는 연속함수이다. 실제로, U가 Y_1의 열린집합일 때, 다음 두 경우를 고려하자.

(i) $x_1 \not\in U$인 경우: U는 X의 열린집합이고 $h(U)=U$이다.

(ii) $x_1\in U$인 경우: $C=Y_1-U$라 놓으면 C는 닫힌집합이고 $C\subset X\subset Y_1$이다. Y_1이 컴팩트공간이므로 C도 X의 컴팩트 부분공간이다. 한편 $X\subset Y_2$이므로 C는 Y_2의 컴팩트 부분공간이기도 하다. 그리고 Y_2가 T_2-공간이므로 C는 Y_2의 닫힌집합이다. 따라서 $h(C)=C$이므로 $h(U)=Y_2-C$이고 열린집합이다.

위의 (i), (ii)에 의해 h^{-1}가 연속이다. 비슷한 방법으로 h도 연속임을 보일 수 있다. 따라서 h는 $(Y_1,\mathfrak{I}_{Y_1})$과 $(Y_2,\mathfrak{I}_{Y_2})$ 사이의 위상동형사상이고 $h|_X=Id_X$를 만족한다.

(1) 먼저 $(X,\mathfrak{I}_X)$가 국소컴팩트라고 가정하자. 이때 $Y=\{\infty\}\bigcup X$라 놓고 Y에 다음과 같은 집합 $\mathfrak{I}_Y$를 고려하자. 단, 여기서 $\infty\not\in X$라고 가정한다.

$$\mathfrak{I}_Y=\{U, Y-C \mid U\in\mathfrak{I}_X, \ C\subset X \text{ 컴팩트 부분공간}\}$$

(i) $\mathfrak{I}_Y$는 Y의 위상이 된다. $\mathfrak{I}_Y$가 위상이 됨을 구체적으로 보이는 것은 어렵지 않으므로 독자에게 맡긴다. 다만, $\mathfrak{I}_Y$가 위상이 됨을 보이기 위해 $C\subset X$가 컴팩트 부분공간이고 U가 X의 열린집합일 때,

$$U\bigcup(Y-C)=Y-(C-U)$$

이고 $C-U$가 컴팩트이므로 $U\bigcup(Y-C)$가 $\mathfrak{I}_Y$의 원소라는 사실이 유용하게 사용됨을 말해둔다.

(ii) $\mathfrak{I}_Y$의 정의에 의해 X가 Y의 열린집합이다.

(iii) Y는 컴팩트이다. 실제로, $\mathscr{A}$가 Y의 열린덮개일 때, $\infty\in Y-C\in\mathscr{A}$를

만족하는 X에서 컴팩트인 집합 C가 존재한다. $C \subset X$가 컴팩트이므로 C를 덮는 $\mathscr{A}$의 부분덮개 $\mathscr{A}'$이 존재한다. 따라서 Y를 덮는 $\mathscr{A}$의 유한 부분덮개 $\mathscr{A}' \bigcup \{Y-C\}$가 존재한다.

(iv) Y는 T_2-공간이다. $x=\infty$와 $y \in X$에 대하여 서로 만나지 않는 각각의 열린근방이 존재함을 보이면 충분하다. 실제로, X가 국소컴팩트이므로 $y \in V_y \subset C \subset X$를 만족하는 y의 열린근방 V_y와 컴팩트 부분집합 C가 존재한다. 따라서 $\infty \in U_\infty = Y - C \in \mathfrak{T}_Y$라 놓으면 $U_\infty \bigcap V_y = \varnothing$이므로 서로 만나지 않는 각각의 열린근방 U_∞와 V_y가 존재한다.

위의 (i), (ii), (iii), (iv)에 의해 위의 (a), (b), (c)를 만족하는 위상공간 Y가 존재한다.

반대로 위의 (a), (b), (c)를 만족하는 위상공간 Y가 존재한다고 가정하자. 이때, Y가 T_2-공간이므로 X도 T_2-공간이다. 또한 임의의 $x \in X$에 대하여, Y가 T_2-공간이고 $x \neq \infty$이므로 서로 만나지 않는 x와 ∞의 열린근방 U_x와 V_∞가 존재한다. 이때 $C = Y - V_\infty$라 놓으면 C는 Y에서 닫힌집합이고 Y가 컴팩트공간이므로 C도 컴팩트 부분공간이다. 또한

$$x \in U_x \subset C \subset X$$

을 만족하는 x의 열린근방 U_x와 컴팩트 부분공간 C가 X에서 존재한다. 따라서 X가 국소컴팩트이다. □

예제 7.6.10

보통위상공간 $\mathbb{R}_u$는 국소컴팩트이고 T_2-공간이다. 따라서 한점컴팩트화 $\mathbb{R} \bigcup \{\infty\}$가 존재한다. 사실 $\mathbb{R} \bigcup \{\infty\}$는 $\mathbb{R}_u^2$의 부분공간인 단위원 S^1과 위상동형임을 **극사영사상** 또는 **입체사영사상**(stereographic projection) $h: S^1 - \{(0,1)\} \to \mathbb{R}$를 통해 알 수 있다.

$$h(x,y) = \frac{x}{1-y}, \quad x^2 + y^2 = 1$$ □

예제 7.6.11

$X = \left\{ \frac{1}{n} \,\middle|\, n \in \mathbb{N} \right\}$가 $\mathbb{R}_u$의 부분공간일 때, X는 국소컴팩트이고 T_2-공간이다. 따라서 X의 한점컴팩트화가 존재하고 그것은 보통위상공간 $\mathbb{R}_u$의 부분공간 $\{0\} \bigcup X$와 위상동형이다. □

7.6 연습문제

1. $X=[0,1)$와 $Y=\left[0,\frac{1}{2}\right)\bigcup\left(\frac{1}{2},1\right]$가 $\mathbb{R}_u$의 부분공간일 때, 다음 물음에 답하라.

(1) X와 Y가 국소컴팩트공간이고 T_2-공간임을 보여라.

(2) X와 Y가 위상동형이 아님을 보여라.

(3) X와 Y의 한점컴팩트화 X^*, Y^*를 찾고, X^*와 Y^*가 서로 위상동형인지 판별하라.

2. X가 비가산 무한집합일 때, X에 다음과 같은 거리함수 d를 주어 거리위상공간 (X,d)를 만들자.

$$d(x,y)=\begin{cases}2, & x\neq y,\\ 0, & x=y\end{cases}$$

이때, 거리위상공간 (X,d)가 국소컴팩트인지 판별하라.

3. 실수 전체의 집합 $\mathbb{R}$에 다음과 같은 위상을 주자.

$$\mathfrak{I}=\{\varnothing,\mathbb{R}\}\bigcup\{(-n,\infty)\mid n\in\mathbb{N}\}.$$

이때, 다음 물음에 자세히 답하라.

(1) 위상공간 $(\mathbb{R},\mathfrak{I})$가 국소컴팩트임을 보여라.

(2) 위상공간 $(\mathbb{R},\mathfrak{I})$가 컴팩트공간인지 판별하라.

(3) $[-3,\infty)$가 컴팩트인지 판별하라.

4. 임의의 위상공간 $(\mathbb{R},\mathfrak{I})$에 한 점 ∞를 더 추가하여 컴팩트 위상공간

$$\mathbb{R}^*=\mathbb{R}\bigcup\{\infty\}$$

를 만드는 것이 항상 가능한지 설명하고, 가능하다면 $\mathbb{R}^*$에 컴팩트가 되도록 위상을 주는 과정을 자세히 설명하라.

5. 다음 물음에 자세히 답하라.

(1) 무리수의 집합 $\mathbb{Q}^c$가 보통위상공간 $\mathbb{R}_u$의 부분공간일 때, $\mathbb{Q}^c$가 국소컴팩트가 아님을 보여라.

(2) 이산위상공간 $(\mathbb{Q}^c,\mathfrak{I}_{\text{dis}})$와 보통위상공간 $\mathbb{R}_u$의 부분공간 $(\mathbb{Q}^c,\mathfrak{I}_{\mathbb{Q}^c})$ 사이에서 정

의된 항등함수를 고려하자.

$$Id:(\mathbb{Q}^c,\mathfrak{I}_{\text{dis}}) \to (\mathbb{Q}^c,\mathfrak{I}_{\mathbb{Q}^c}),\ t \mapsto t$$

이때, 항등함수 Id가 연속함수임을 증명하라.

(3) 국소컴팩트공간의 연속함수의 상은 항상 다시 국소컴팩트공간인지 판별하라.

6. T_2-공간 Y와 서로 다른 두 원소 $p,q\in Y$에 대하여 $X=Y-\{p,q\}$일 때, X가 Y의 조밀한 부분집합(즉, $\overline{X}=Y$)이면 X가 컴팩트 부분공간이 될 수 없음을 보여라(조밀한 부분집합에 대한 더 자세한 사항은 [정의 8.1.11]과 [정리 8.1.13] 참고).

7. T_2-공간 X에 대하여, 다음 두 명제가 서로 동치임을 보여라.

(1) X가 국소컴팩트공간이다.

(2) 임의의 $x\in X$와 x의 임의의 열린근방 U_x에 대하여, 다음 두 조건을 만족하는 x의 열린근방 V_x가 존재한다.

(i) $\overline{V_x}$가 컴팩트공간이다.

(ii) $\overline{V_x}\subset U_x$.

8. 국소컴팩트인 T_2-공간 X와 X의 부분집합 A에 대하여, 만약 A가 열린집합이거나 닫힌집합이면 A가 국소컴팩트공간임을 보여라.

9. 보통위상공간 $\mathbb{R}_u=(\mathbb{R},\mathfrak{I}_u)$와 $\infty\notin\mathbb{R}$을 만족하는 한 점 ∞에 대하여, $\mathbb{R}^*=\mathbb{R}\cup\{\infty\}$라 하자. 이때, $\mathbb{R}^*$에 다음과 같은 위상 $\mathfrak{I}^*$를 주자.

$$\mathfrak{I}^*=\{U,\mathbb{R}-C \mid U\in\mathfrak{I}_u,\ C\text{는 } \mathbb{R}_u\text{의 컴팩트 부분공간}\}$$

다음 물음에 답하라.

(1) $A=(-\infty,0)\cup(1,\infty)$일 때, 위상공간 $(\mathbb{R}^*,\mathfrak{I}^*)$에 대하여 A의 폐포 $\overline{A}$, 내부 A°, 외부 A^e, 경계 ∂A를 구하라.

(2) $S^1=\{(x,y)\in\mathbb{R}^2 \mid x^2+y^2=1\}\subset\mathbb{R}_u^2$일 때, S^1과 $(\mathbb{R}^*,\mathfrak{I}^*)$가 서로 위상동형임을 보여라.

10. 실수의 집합 $\mathbb{R}$에 대하여, 상극한위상공간 $\mathbb{R}_p$와 하극한위상공간 $\mathbb{R}_l$을 고려하자. 이때, 곱위상공간 $\mathbb{R}_l\times\mathbb{R}_p$이 국소컴팩트공간인지 판별하라.

(힌트: $\mathbb{R}_l\times\mathbb{R}_p$가 국소컴팩트공간이 아니다.)

제8장

가산공리와 분리공리

이 장에서는 연결성과 컴팩트 성질과 같이 해석학에서는 자주 등장하는 개념이 아닌 위상수학 자체에서 더 큰 의미가 있는 개념인 가산공리와 분리공리를 다룬다. 사실 앞에서 이미 기본적인 분리공리의 개념인 T_0, T_1, T_2-공간에 대한 정의를 주었지만 이 장에서는 이 공간들보다 더 강한 조건을 가진 T_3, T_4-공간 등의 성질을 알아본다. 또한 이 장에서는 우리손의 거리화가능정리(Urysohn metrization theorem)와 티체의 확장정리(Tietze extension theorem)를 간단히 알아본다. 더 자세한 내용은 참고 문헌을 확인하기 바란다([Munkres, 34-35절] 참고).

8.1 가산공리

8.1.1 제1가산공리

정리 8.1.1 위상공간 X와 $x\in X$에 대하여 다음이 성립한다.

(1) x의 임의의 열린근방에 적어도 하나 포함되는 x의 열린근방들로 이루어진 가산개의 집합 $\mathscr{B}_x$가 존재할 때, X가 **x에서 가산개의 기저**(countable basis)를 가진다고 말한다.

(2) X의 임의의 점에서 가산개의 기저를 가질 때, X가 **제1가산공리**(first countability axiom)를 만족한다고 한다.

예제 8.1.2

(1) 보통위상공간 $\mathbb{R}_u$와 임의의 점 $x\in\mathbb{R}$에 대하여,

$$\mathscr{B}_x=\left\{\left(x-\frac{1}{n},x+\frac{1}{n}\right)\,\middle|\, n\in\mathbb{N}\right\}$$

는 x에서 가산개의 기저이다. 따라서 $\mathbb{R}_u$는 제1가산공리를 만족한다.

(2) 거리위상공간 (X,d)는 항상 제1가산공리를 만족한다. 실제로, 임의의 점 $x\in X$에서

$$\mathscr{B}_x=\left\{B_d\left(x,\frac{1}{n}\right)\,\middle|\, n\in\mathbb{N}\right\}$$

는 x에서 가산개의 기저이다. □

[보조정리 4.3.1]에서 증명된 수열보조정리를 다음과 같이 제1가산공리를 만족하는 공간으로 일반화할 수 있다.

보조정리 8.1.3 위상공간 X와 X의 부분집합 A에 대하여, 다음 명제가 성립한다.

(1) A의 원소로 구성된 수열 $\{a_n\}$이 $x\in X$로 수렴하면 x는 A의 폐포 $\overline{A}$의 원소이다.

(2) 반대로, 위상공간 X가 제1가산공리를 만족하고 $x\in\overline{A}$이면 x로 수렴하는 A의 원소들로 구성된 수열 $\{a_n\}$이 존재한다.

증명 (1) [보조정리 4.3.1]의 (1)의 증명과 같으므로 생략한다.

(2) 가정에 의해 x의 가산개의 기저

$$\mathscr{B}_x = \{B_n \mid n \in \mathbb{N}\}$$

가 존재한다. 이때 각각의 $n \in \mathbb{N}$에 대하여 $C_n = \bigcap_{i=1}^{n} B_i$라 놓으면,

$$\mathscr{C}_x = \{C_n \mid n \in \mathbb{N}\}$$

가 다음 성질 (i), (ii), (iii)을 만족한다.

(i) 모든 $n \in \mathbb{N}$에 대하여, $C_n \subset B_n$이다.

(ii) 모든 $n \in \mathbb{N}$에 대하여, $C_n \supset C_{n+1}$이다.

(iii) 모든 $n \in \mathbb{N}$에 대하여, C_n은 x의 열린근방이다.

따라서 $\mathscr{C}_x$는 x의 또 다른 가산개의 기저이다. 한편 $x \in \overline{A}$이므로

$$a_n \in C_n \cap A \neq \varnothing$$

을 만족하는 수열 $\{a_n\} \subset A$이 존재한다.

이제 U가 x의 열린근방일 때, $\mathscr{C}_x$가 x에서 가산개의 기저이므로

$$x \in C_N \subset U$$

를 만족하는 $N \in \mathbb{N}$이 존재한다. 한편 $\mathscr{C}_x$의 성질에 의해

$$a_n \in C_n \subset C_N \subset U, \ n \geq N$$

이므로 수열 $\{a_n\}$은 x로 수렴한다. □

[정리 4.3.2]를 다음과 같이 제1가산공리를 만족하는 공간으로 확장할 수 있다. 그 증명은 [정리 4.3.2]와 비슷하므로 생략한다.

보조정리 8.1.4 두 위상공간 X, Y와 함수 $f : X \to Y$에 대하여, 다음 명제가 성립한다.

(1) f가 연속이면 $x \in X$로 수렴하는 임의의 수열 $\{x_n\}$에 대하여 수열 $\{f(x_n)\}$이 $f(x)$로 수렴한다.

(2) 반대로, 위상공간 X가 제1가산공리를 만족하고 임의의 $x \in X$와 x로 수렴하는 임의의 수열 $\{x_n\}$에 대하여 수열 $\{f(x_n)\}$이 $f(x)$로 수렴하면 f는 연속이다.

예제 8.1.5

위의 [보조정리 8.1.4]의 (2)는 제1가산공리 조건이 없으면 일반적으로 성립하지 않는다. 예를 들어,

$$f : (\mathbb{R}, \mathfrak{I}_c) \to (\mathbb{R}, \mathfrak{I}_{\text{dis}}),\ f(x) = x,\ x \in \mathbb{R}$$

일 때, $f^{-1}(\mathbb{Q}) = \mathbb{Q} = \mathbb{R} - \mathbb{Q}^c$이므로 $f^{-1}(\mathbb{Q})$는 여가산위상공간 $(\mathbb{R}, \mathfrak{I}_c)$에서 열린집합이 아니다. 따라서 f는 연속이 아니다.

한편 임의의 $x \in \mathbb{R}$와 $(\mathbb{R}, \mathfrak{I}_c)$에서 x로 수렴하는 수열 $\{x_n\}$은 적당한 $N \in \mathbb{N}$이 존재하여

$$x_n = x,\ n \geq N$$

을 만족한다. 따라서

$$f(x_n) = x_n = x = f(x),\ n \geq N$$

이므로 $\{f(x_n)\}$은 $f(x)$로 분명히 수렴한다. 이로부터 [보조정리 8.1.4]에 의해 $(\mathbb{R}, \mathfrak{I}_c)$가 제1가산공리를 만족하지 못함도 알 수 있다. □

예제 8.1.6

여유한위상공간 $(\mathbb{R}, \mathfrak{I}_f)$는 제1가산공리를 만족하지 않는다. 실제로 임의의 $x \in \mathbb{R}$의 가산개의 기저 $\mathscr{B}_x$가 존재한다면

$$\mathscr{B}_x = \{\mathbb{R} - F_n \mid x \in \mathbb{R} - F_n,\ F_n\text{은 유한집합},\ n \in \mathbb{N}\}$$

의 형태로 주어진다고 가정해도 된다. 이때 $\bigcup_{n=1}^{\infty} F_n$는 가산집합이고 $\mathbb{R}$는 비가산 무한집합이므로

$$x_0 \in \mathbb{R} - \bigcup_{n=1}^{\infty} F_n$$

을 만족하는 원소 $x_0 \neq x$가 존재한다. 따라서 $U = \mathbb{R} - \{x_0\}$라 놓으면 U는 x의 열린근방이다. 한편 가정에 의해 $\mathscr{B}_x$는 x에서 기저이므로

$$x \in \mathbb{R} - F_m \subset U = \mathbb{R} - \{x_0\}$$

를 만족하는 $m \in \mathbb{N}$이 존재한다. 즉 $x_0 \in \{x_0\} \subset F_m$이므로 모순이다.

비슷한 방법으로 여가산위상공간 $(\mathbb{R}, \mathfrak{J}_c)$도 제1가산공리를 만족하지 못함을 정의를 이용하여 보일 수 있다. □

8.1.2 제2가산공리

정리 8.1.7 위상공간 X가 가산개의 기저로 생성될 수 있을 때, **제2가산공리**(second countability axiom)를 만족한다고 한다.

예제 8.1.8

(1) 보통위상공간 $\mathbb{R}_u^n$는 다음과 같은 가산개의 기저 $\mathscr{B}$를 가지므로 제2가산공리를 만족한다.

$$\mathscr{B} = \left\{ \prod_{i=1}^{n} (a_i, b_i) \;\middle|\; a_i, b_i \in \mathbb{Q},\ i \in \mathbb{N} \right\}$$

(2) 곱위상공간 $(\mathbb{R}^\omega, \mathfrak{J}_p)$도 다음과 같은 가산개의 기저 $\mathscr{C}$를 갖는다. 따라서 $(\mathbb{R}^\omega, \mathfrak{J}_p)$도 제2가산공리를 만족한다.

$$\mathscr{C} = \left\{ \prod_{i=1}^{\infty} U_i \;\middle|\; U_i = \begin{cases} (a_i, b_i), & i = i_1, i_2, \ldots, i_k, \\ \mathbb{R}, & i \neq i_1, i_2, \ldots, i_k, \end{cases} a_i, b_i \in \mathbb{Q} \right\}$$

□

예제 8.1.9

(1) 위상공간 X가 제2가산공리를 만족하면 정의에 의해 제1가산공리를 만족한다.

(2) 하지만 심지어 거리위상공간도 제2가산공리를 만족하지 못할 수 있다. 예를 들어 비가산 무한집합에 이산거리가 주어진 위상공간은 제2가산공리를 만족하지 못한다. 실제

로, 이산위상공간에서는 모든 단집합이 열린집합이므로 이산위상공간의 기저 $\mathscr{B}$는 모든 단집합을 원소로 가지고 있다. 따라서 $\mathscr{B}$는 항상 비가산 무한집합이다.

(3) 고른거리를 가진 위상공간 $(\mathbb{R}^{\omega},\bar{\rho})$는 제2가산공리를 만족하지 못한다. 실제로, $(\mathbb{R}^{\omega},\bar{\rho})$가 가산개의 기저 $\mathscr{B}$를 갖는다고 가정할 때, 이산 부분공간은 위의 (2)와 같이 모두 가산집합이어야 한다. 한편

$$A=\{\mathbf{x}=(x_n)\mid x_n=0 \text{ 또는 } 1,\ n\in\mathbb{N}\}$$

일 때, A는 이산 부분공간이지만 비가산 무한집합이므로 모순이다. 실제로, A가 이산 부분공간임은 보기 위해, 임의의 서로 다른 $\mathbf{x}=(x_n),\mathbf{y}=(y_n)\in A$을 택하면 $x_m\neq y_m$인 $m\in\mathbb{N}$이 존재한다. 따라서

$$\bar{d}(x_m,y_m)=\min\{d(x_m,y_m),1\}=1$$

이다. 한편

$$\bar{\rho}(\mathbf{x},\mathbf{y})=\sup\{\bar{d}(x_n,y_n)\mid n\in\mathbb{N}\}=1$$

이므로 임의의 $\mathbf{x}\in A$에 대하여 $B_{\bar{\rho}}\left(\mathbf{x},\frac{1}{2}\right)=\{\mathbf{x}\}$이다. 따라서 A는 이산 부분공간이다. □

제1가산공리와 제2가산공리를 만족하는 공간의 부분공간에 관해 다음 정리가 성립한다. 증명은 생략한다.

정리 8.1.10 다음이 성립한다.

(1) 제1가산공리를 만족하는 위상공간의 부분공간은 다시 제1가산공리를 만족하고, 제1가산공리를 만족하는 위상공간들의 가산개의 곱공간도 다시 제1가산공리를 만족한다.

(2) 제2가산공리를 만족하는 위상공간의 부분공간은 다시 제2가산공리를 만족하고, 제2가산공리를 만족하는 위상공간들의 가산개의 곱공간도 다시 제2가산공리를 만족한다.

정의 8.1.11 위상공간 X의 부분집합 Y의 폐포 $\overline{Y}$가 X와 같을 때, Y가 X에서 **조밀**(dense)하다고 한다. 반면에 $(\overline{Y})^\circ = \varnothing$ 이면 Y가 **어디에서도 조밀하지 않다**(nowhere dense)고 말한다. 예를 들어, $\mathbb{Z} \subset \mathbb{R}_u$는 어디에서도 조밀하지 않은 집합이다.

예제 8.1.12

보통위상공간 $\mathbb{R}_u$의 유리수 부분집합 $\mathbb{Q}$는 가산개로 이루어져 있고 $\overline{\mathbb{Q}} = \mathbb{R}$이므로 $\mathbb{R}_u$에서 조밀하다. □

정리 8.1.13 위상공간 X가 제2가산공리를 만족할 때, 다음 두 명제가 성립한다.

(1) X의 임의의 열린덮개는 가산개의 부분덮개를 가진다.

(2) X에 가산개로 이루어진 조밀한 부분집합 Y가 존재한다.

증명 $\mathscr{B}$가 X의 가산개의 기저일 때,

$$\mathscr{B} = \{B_n \mid n \in \mathbb{N}\}$$

라 놓자.

(1) $\mathscr{A}$가 X의 임의의 열린덮개일 때, 임의의 원소 $x \in X$에 대하여 $x \in A \in \mathscr{A}$를 만족하는 A가 존재한다. 한편 $\mathscr{B}$가 기저이므로 $x \in B_m \subset A$를 만족하는 $B_m \in \mathscr{B}$가 존재한다. 이때 B_m을 포함하는 $A \in \mathscr{A}$를 택하여 A_m이라 하고 이와 같은 A_m들을 모아 $\mathscr{A}$의 부분집합

$$\mathscr{A}' = \{A_m \mid m \in J \subset \mathbb{N}\}$$

을 정의하자. 그러면 $J \subset \mathbb{N}$이므로 $\mathscr{A}'$는 가산집합이고 $\mathscr{A}'$은 X 전체를 덮는다.

(2) 각각의 기저원소 $B_n \neq \varnothing$에서 한 개의 원소 x_n을 택하여 새로운 집합 $D = \{x_n \mid n \in \mathbb{N}\}$를 만들자. 정의에 의해 D는 가산집합이고 X에서 조밀하다. 실제로, 임의의 원소 $x \in X$와 x의 임의의 열린근방 U_x에 대하여 $x \in B_m \subset U$를 만족하는 기저원소 $B_m \in \mathscr{B}$가 존재한다. 따라서

$$x_m \in B_m \cap D \neq \varnothing$$

이므로 $U \cap D \neq \varnothing$ 이다. 즉 $x \in \overline{D}$이다. 따라서 $X \subset \overline{D} \subset X$이므로 $X = \overline{D}$ 이다. □

정의 8.1.14 위상공간 X에 대하여 다음이 성립한다.

(1) X의 임의의 열린덮개가 가산개의 부분덮개를 가질 때, X를 **린델뢰프공간**(Lindelöf space)이라 한다.

(2) X에 가산개의 조밀한 부분집합이 존재할 때, X를 **가분공간**(separable space)이라 한다.

예제 8.1.15

(1) 모든 컴팩트공간은 정의에 의해 린델뢰프공간이다.

(2) $\mathbb{R}_u$는 [예제 8.1.12]에 의해 가분공간이다. □

정리 8.1.16 (X,d)가 거리위상공간일 때, X가 가분공간일 필요충분조건은 X가 제2가산공리를 만족하는 것이다.

증명 ($\Leftarrow$) [정리 8.1.13 (2)]에 의해 거리위상공간이 아니어도 성립한다.

($\Rightarrow$) $D = \{x_n \mid n \in \mathbb{N}\}$가 가산개로 이루어진 X의 조밀한 부분집할일 때, 다음과 정의된 집합 $\mathscr{B}$가 가산개의 기저이다. 자세한 증명은 생략한다.

$$\mathscr{B} = \left\{ B_d\left(x_n, \frac{1}{m}\right) \,\middle|\, x_n \in D,\ m \in \mathbb{N} \right\}$$ □

예제 8.1.17

하극한위상공간 $\mathbb{R}_l$은 가분공간이지만 제2가산공리를 만족하지 못한다. 사실 다음이 성립한다.

(1) $\mathbb{R}_l$은 제1가산공리를 만족한다: 임의의 원소 $\mathbb{R}$에 대하여

$$\mathscr{B}_x = \left\{ \left[x, x + \frac{1}{n}\right) \,\middle|\, n \in \mathbb{N} \right\}$$

은 x에서 가산개의 국소기저이다.

(2) $\mathbb{Q}$는 $\mathbb{R}_l$에서 가산개의 조밀한 부분집합이다: 임의의 원소 $x \in \mathbb{R}$와 $[x, x+\varepsilon), \varepsilon > 0$

에 대하여 $r\in[x,x+\varepsilon)$을 만족하는 유리수 r이 존재한다. 따라서 $x\in\overline{\mathbb{Q}}$이다. 즉 $\overline{\mathbb{Q}}=\mathbb{R}$이다.

(3) $\mathbb{R}_l$은 제2가산공리를 만족하지 못한다: $\mathscr{B}$가 $\mathbb{R}_l$의 임의의 기저일 때, 임의의 $x\in\mathbb{R}$에 대하여 $x\in B_x\subset[x,x+1)$을 만족하는 $B_x\in\mathscr{B}$가 존재한다. 이때 $x\neq y$이면 $B_x\neq B_y$가 성립한다. 따라서 함수

$$\Phi:\mathbb{R}\to\mathscr{B},\ x\mapsto B_x$$

는 단사함수이다. 다시 말해서, $\mathscr{B}$는 항상 비가산 무한집합이 되어야 한다.

위의 (2), (3)과 [정리 8.1.16]에 의해 $\mathbb{R}_l$은 거리화가능공간이 아니다. □

예제 8.1.18

$\mathbb{R}_l$은 린델뢰프공간이다(Munkres, p. 192). 하지만 그 곱공간 $\mathbb{R}_l^2$는 린델뢰프공간이 아니다. 실제로, $\mathbb{R}_l^2$은

$$\mathscr{B}=\{[a,b)\times[c,d)\mid a,b,c,d\in\mathbb{R},\ a<b,\ c<d\}$$

를 기저로 가진다. 한편 비가산 무한집합

$$L=\{(x,-x)\mid x\in\mathbb{R}\}$$

은 $\mathbb{R}_l^2$에서 닫힌집합이다. 따라서

$$\mathscr{A}=\{\mathbb{R}^2-L,[a,b)\times[-a,d)\mid a,b,d\in\mathbb{R},\ a<b,-a<d\}$$

는 $\mathbb{R}_l^2$의 열린덮개이다([그림 8.1.1]). 하지만 각각의 $[a,b)\times[-a,d)$는 L과 한 점에서만 만나고 L과 $\mathbb{R}^2-L$는 서로 만나지 않으므로 $\mathscr{A}$는 가산개의 부분덮개를 가질 수 없다.

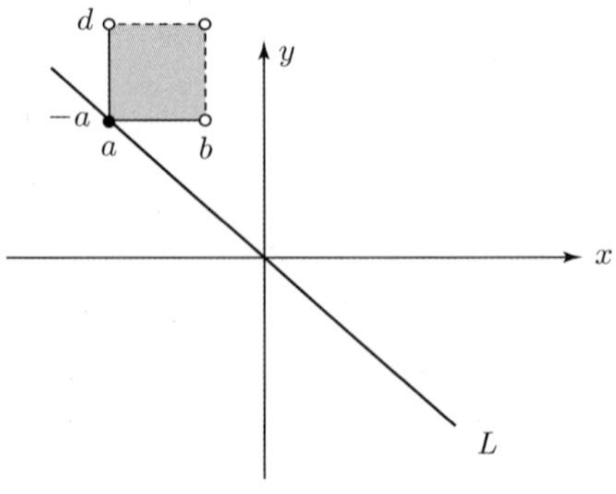

[그림 8.1.1] □

마지막으로 컴팩트공간, 린델뢰프공간, 가분공간, 거리공간, 제1가산공공간, 제2가산공간 등의 함의관계를 정리하면 다음과 같다.

$$
\begin{array}{ccccc}
\text{린델뢰프공간} & \Leftarrow & \text{컴팩트공간} & & \\
\Uparrow & & & & \\
\text{제2가산공간} & \Rightarrow & \text{제1가산공간} & \Leftarrow & \text{거리위상공간} \\
\Downarrow & & & & \\
\text{가분공간} & & & &
\end{array}
$$

8.2 분리공리: 정칙공간과 정규공간

정의 8.2.1 위상공간 X가 T_1-공간일 때, 다음이 성립한다.

(1) 임의의 $x \in X$와 x와 만나지 않는 임의의 닫힌집합 $B \subset X$에 대하여

$$x \in U,\ \ B \subset V,\ \ U \cap V = \varnothing$$

을 만족하는 열린집합 U, V가 존재할 때, X를 **정칙공간**(regular space) 또는 T_3-**공간**이라 한다.

(2) 서로 만나지 않는 임의의 두 닫힌집합 $A, B \subset X$에 대하여

$$A \subset U,\ \ B \subset V,\ \ U \cap V = \varnothing$$

을 만족하는 열린집합 U, V가 존재할 때, X를 **정규공간**(normal space) 또는 T_4-**공간**이라 한다.

정의에 의해 정규공간은 정칙공간이고, 정칙공간은 하우스도르프공간이다. 또한 하우스도르프공간은 T_1-공간이다. 즉 다음과 같은 위계질서(hierarchy)가 성립한다.

$$T_4 \Rightarrow T_3 \Rightarrow T_2 \Rightarrow T_1$$

정리 8.2.2 T_1-공간 X에 대하여 다음이 성립한다.

(1) X가 정칙공간일 필요충분조건은 임의의 $x \in X$와 x의 임의의 열린근방 U에 대하여 $\overline{V} \subset U$를 만족하는 x의 열린근방 V가 존재하는 것이다.

(2) X가 정규공간일 필요충분조건은 임의의 닫힌집합 $A \subset X$와 A의 임의의 열린근방 U에 대하여 $\overline{V} \subset U$를 만족하는 A의 열린근방 V가 존재하는 것이다.

증명 (2)의 증명은 비슷하므로 (1)만 증명한다.

(1) ($\Rightarrow$) $B = X - U$일 때, B는 닫힌집합이다. X가 정칙공간이고 $x \notin B$이므로

$$x \in V,\ \ B \subset W,\ \ V \cap W = \varnothing$$

을 만족하는 열린집합 V, W가 존재한다. 따라서

$$\overline{V} \subset W^c \subset U = B^c$$

가 성립한다.

($\Leftarrow$) 임의의 $x \in X$와 x와 만나지 않는 임의의 닫힌집합 $B \subset X$에 대하여 $U = X - B$일 때, U는 x의 열린근방이다. 가정에 의해

$$\overline{V} \subset U$$

를 만족하는 x의 열린근방 V가 존재한다. 따라서 서로 만나지 않는 x와 B의 열린근방 V와 $X - \overline{V}$가 각각 존재한다. 즉 X는 정칙공간이다. □

정칙공간의 부분공간은 다시 정칙공간이다. 또한 정칙공간들의 곱공간은 곱위상과 상자위상 모두에 대하여 다시 정칙공간이다. 하지만 정규공간의 경우에는 일반적으로 이와 같은 성질이 성립하지 않는다(Munkres, p. 203 참고).

예제 8.2.3

(1) K-위상공간 $\mathbb{R}_K$는 T_2-공간이지만 T_3-공간은 아니다. 실제로, $K = \left\{ \frac{1}{n} \;\middle|\; n \in \mathbb{N} \right\}$는 정의에 의해 0과 만나지 않는 닫힌집합이다. 만약 $\mathbb{R}_K$가 정칙공간이라면

$$0 \in U,\ K \subset V,\ U \cap V = \varnothing$$

을 만족하는 열린집합 U, V가 존재한다. 한편 $U \cap V = \varnothing$이므로 U는 $0 \in (a,b) - K$을 포함해야 한다. 따라서 $\frac{1}{n} \in (a,b)$을 만족하는 충분히 큰 $n \in \mathbb{N}$에 대하여, $\frac{1}{n} \in K \subset V$이므로 $\frac{1}{n} \in (c,d) \subset V$인 열린구간 (c,d)가 존재한다. 하지만

$$((a,b) - K) \cap (c,d) \neq \varnothing$$

이므로 $U \cap V \neq \varnothing$이 되어 모순이다.

(2) 하극한위상공간 $\mathbb{R}_l$은 T_2-공간이고 사실 정규공간이기도 하다. 실제로, A와 B가 서로 만나지 않는 임의의 두 닫힌집합일 때, 임의의 $a \in A$에 대하여

$$[a, x_a) \cap B = \varnothing$$

을 만족하는 $[a, x_a)$가 존재한다. 비슷한 방법으로 임의의 $b \in B$에 대하여

$$[b, x_b) \bigcap A = \varnothing$$

을 만족하는 $[b, x_b)$가 존재한다. 이때

$$U = \bigcup_{a \in A} [a, x_a), \quad V = \bigcup_{b \in B} [b, x_b)$$

라 놓으면 $U \bigcap V = \varnothing$ 이고 $A \subset U,\ B \subset V$가 성립한다.

두 정규공간의 곱공간은 일반적으로 정규공간이 아니다. 실제로 $\mathbb{R}_l^2$는 정규공간이 아니다. □

정규공간에 대하여 다음 사실이 성립한다. 증명은 생략한다(Munkres, Section 32 참고)

정리 8.2.4 다음이 성립한다.

(1) 제2가산공리를 만족하는 정칙공간은 정규공간이다.

(2) 모든 거리화가능공간은 정규공간이다.

(3) 모든 컴팩트 T_2-공간은 정규공간이다.

예제 8.2.5

(1) 보통위상공간 $\mathbb{R}_u$는 유클리드 공간이므로 거리화가능공간이다. 따라서 $\mathbb{R}_u$의 부분공간인 $\mathbb{Q}$와 $\mathbb{Q}^c$도 거리화가능공간이다. [정리 8.2.4]의 (2)에 의해, $\mathbb{R}_u$의 부분공간인 $\mathbb{Q}$와 $\mathbb{Q}^c$는 모두 정규공간이다.

(2) K-위상공간 $\mathbb{R}_K$은 [예제 8.2.3 (1)]에 의해 정칙공간이 아니므로 정규공간도 아니다. 따라서 [정리 8.2.4 (2)]에 의해 거리화가능공간이 아니다. □

예제 8.2.6

$\mathbb{R}_l$은 [예제 8.2.3 (2)]에 의해 정규공간이지만 제2가산공리를 만족하지 못한다. 또한 $\mathbb{R}_l$은 [정리 8.1.16]에 의해 거리화가능공간도 아니다. 따라서 [정리 8.2.4 (1), (2)]의 역은 일반적으로 성립하지 않는다. □

8.2 연습문제

1. 다음 물음에 답하라.

(1) 무리수의 집합 $\mathbb{Q}^c$가 $\mathbb{R}_u$의 부분공간일 때, $\mathbb{Q}^c$가 거리화가능공간이고 제2가산공리를 만족함을 보여라.

(2) $\mathbb{Q}^c$가 $\mathbb{R}_u$의 부분공간일 때, $\mathbb{Q}^c$가 가분공간임을 보이기 위해 가산개의 조밀한 부분집합을 찾아라.

(3) $A = \mathbb{Q}^c - (\sqrt{3}+\mathbb{Q})$가 $\mathbb{R}_u$의 부분공간일 때, A가 가분공간임을 보여라.

2. $(X,\mathfrak{I}_X)$가 위상공간이고 $p \notin X$일 때, $Y = X \bigcup \{p\}$상에 다음과 같은 위상 $\mathfrak{I}_Y$를 주자.

$$\mathfrak{I}_Y = \left\{ U \bigcup \{p\} \mid U \in \mathfrak{I}_X \right\} \bigcup \{\varnothing\}$$

이때, 다음 물음에 답하라.

(1) $A = \{p\}$일 때, A의 폐포를 구하라.

(2) 위상공간 $(Y,\mathfrak{I}_Y)$의 가산개의 조밀한 부분집합을 찾아 $(Y,\mathfrak{I}_Y)$가 가분공간임을 보여라.

3. $X = [-1,1]$일 때, X에 다음과 같은 위상 $\mathfrak{I}$를 주자.

$$\mathfrak{I} = \{ U \subset X \mid 0 \notin U \text{ 또는 } (-1,1) \subset U \}$$

이때, 다음 물음에 답하라.

(1) Y가 X의 조밀한 부분집합일 때, $[-1,1]-\{0\} \subset Y$임을 보여라.

(2) $(X,\mathfrak{I})$가 가분공간인지 판별하라.

4. $p : X \to Y$가 전사이고 연속인 닫힌사상일 때, 임의의 $y \in Y$에 대하여 $p^{-1}(y)$가 항상 컴팩트공간이라고 가정하자. 이때, 다음 물음에 답하라.

(1) X가 T_2-공간이면 Y도 T_2-공간임을 보여라.

(2) X가 T_3-공간이면 Y도 T_3-공간임을 보여라.

5. 실수의 집합 $\mathbb{R}$상에서 다음 기저가 생성하는 위상을 $\mathfrak{I}$라 하자.

$$\mathscr{B} = \left\{ (a,b), (c,d) \bigcap \mathbb{Q} \mid a,b,c,d \in \mathbb{R},\ a < b,\ c < d \right\}$$

이때, 다음 물음에 답하라.

(1) 위상공간 $(\mathbb{R},\mathfrak{I})$가 T_2-공간임을 보여라.

(2) 무리수의 집합 $\mathbb{Q}^c$가 위상공간 $(\mathbb{R},\mathfrak{I})$에서 닫힌집합임을 증명하여 $(\mathbb{R},\mathfrak{I})$가 T_3-공간이 아님을 보여라.

(3) 위상공간 $(\mathbb{R},\mathfrak{I})$가 연결공간임을 보여라.

(4) 위상공간 $(\mathbb{R},\mathfrak{I})$가 길연결공간인지 판별하라. (힌트: [정리 8.2.4]의 (3)을 이용.)

6. 2차원 평면 $\mathbb{R}^2$상에서 정의된 거리함수

$$d:\mathbb{R}^2\times\mathbb{R}^2\to\mathbb{R},\ \ d(\mathbf{x},\mathbf{y})=\begin{cases}0, & \mathbf{x}=\mathbf{y},\\ \max\{\|\mathbf{x}\|,\|\mathbf{y}\|\}, & \mathbf{x}\neq\mathbf{y}\end{cases}$$

를 이용하여 만든 거리위상공간 $(\mathbb{R}^2,d)$에 대하여 다음 물음에 답하라. 단, 여기서 $\mathbf{x}=(x_1,x_2)$이고 $\|\mathbf{x}\|=\sqrt{x_1^2+x_2^2}$이다.

(1) $(\mathbb{R}^2,d)$이 제2가산공리를 만족하지 못함을 보여라.

(2) $Y\subset\mathbb{R}^2$가 $(\mathbb{R}^2,d)$에서 조밀한 부분집합일 때, $\mathbb{R}^2-\{(0,0)\}$가 Y의 부분집합임을 보여라.

(3) $(\mathbb{R}^2,d)$가 가분공간인지 판별하라.

7. 다음 물음에 답하라.

(1) 정칙공간의 임의의 부분공간이 다시 정칙임을 보여라.

(2) 모든 $\alpha\in J$에 대하여 X_α가 정칙공간일 때, 곱공간 $X=\prod_{\alpha\in J}X_\alpha$가 곱위상에 관해 정칙임을 보여라.

(3) 모든 $\alpha\in J$에 대하여 $X_\alpha(\neq\varnothing)$가 위상공간일 때, 곱공간 $X=\prod_{\alpha\in J}X_\alpha$가 곱위상에 관해 정칙이라 하자. 이때, 모든 $\alpha\in J$에 대하여 X_α가 정칙임을 보여라.

8. 다음 물음에 답하라.

(1) 정규공간의 임의의 닫힌 부분공간이 다시 정규임을 보여라.

(2) 모든 $\alpha\in J$에 대하여 X_α가 정규공간일 때, 곱공간 $X=\prod_{\alpha\in J}X_\alpha$가 곱위상에 관해 정규임을 보여라.

(3) 모든 $\alpha\in J$에 대하여 $X_\alpha(\neq\varnothing)$가 위상공간일 때, 곱공간 $X=\prod_{\alpha\in J}X_\alpha$가 곱위상에 관해 정규라 하자. 이때, 모든 $\alpha\in J$에 대하여 X_α가 정규임을 보여라.

9. 다음 물음에 답하라.

(1) 정칙공간의 연속함수의 상은 항상 정칙인지 판별하라.

(힌트: 예를 들어, 항등함수 $Id:\mathbb{R}_{\text{dis}} \to \mathbb{R}_K$, $x \mapsto x$를 고려해 보라.)

(2) 정규공간의 연속함수의 상은 항상 정규인지 판별하라.

10. 집합 X와 위상공간 $(Y, \mathfrak{I}_Y)$에 대하여, 함수 $f:X \to (Y, \mathfrak{I}_Y)$를 고려하자. 이때, X 상의 위상 $\mathfrak{I}_X$를 다음과 같이 정의하자.

$$\mathfrak{I}_X = \{f^{-1}(U) \mid U \in \mathfrak{I}_Y\}$$

그러면 $f:(X, \mathfrak{I}_X) \to (Y, \mathfrak{I}_Y)$는 연속함수이다. 다음 물음에 답하라.

(1) A가 위상공간 $(X, \mathfrak{I}_X)$의 임의의 닫힌집합일 때, A를 위상공간 $(Y, \mathfrak{I}_Y)$의 적당한 닫힌집합 A'을 이용하여 $A = f^{-1}(A')$으로 나타낼 수 있음을 보여라.

(힌트: $A^c \in \mathfrak{I}_X$를 적당한 $U \in \mathfrak{I}_Y$를 이용하여 $A^c = f^{-1}(U)$로 나타낼 수 있다. 따라서 $A' = Y - U$라 할 때,

$$A = X - f^{-1}(U) = f^{-1}(Y) - f^{-1}(U) = f^{-1}(Y - U) = f^{-1}(A')$$

이 성립한다.)

(2) $(Y, \mathfrak{I}_Y)$가 정규공간일 때, $(X, \mathfrak{I}_X)$도 정규공간임을 보여라.

(힌트: A와 B를 $(X, \mathfrak{I}_X)$의 서로 만나지 않는 닫힌집합이라 할 때, $(Y, \mathfrak{I}_Y)$의 닫힌집합 A'과 B'을 이용하여 $A = f^{-1}(A')$과 $B = f^{-1}(B')$으로 나타내자. 그러면 $A \cap B = \varnothing$이므로 $A' \cap B' = \varnothing$이다. 한편 $(Y, \mathfrak{I}_Y)$가 정규공간이므로 $A' \subset U$와 $B' \subset V$를 만족하는 서로 만나지 않는 열린집합 U와 V가 존재한다. 이때, $U' = f^{-1}(U)$와 $V' = f^{-1}(V)$라 하면 $U' \cap V' = \varnothing$이고 $A \subset U'$, $B \subset V'$이 성립한다.)

11. 위상공간 $(X, \mathfrak{I}_X)$가 제1가산공리를 만족할 때, X의 임의의 부분집합 U에 대하여 다음 두 명제가 서로 동치임을 보여라.

(1) $U \in \mathfrak{I}_X$

(2) 임의의 원소 $a \in U$와 a로 수렴하는 임의의 수열 $\{a_n\} \subset X$에 대하여, 다음 조건을 만족하는 적당한 $n_0 \in \mathbb{N}$이 존재한다.

$$a_n \in U, \quad n \geq n_0$$

8.3 우리손 보조정리와 티체 확장정리

이 절에서는 우리손 보조정리(Urysohn lemma), 우리손 거리화가능정리(Urysohn metrization theorem), 티체 확장정리(Tietze extension theorem)를 증명 없이 간단히 소개한다.

정리 8.3.1 (우리손 보조정리, Urysohn lemma) X가 정규공간일 때, 임의의 서로 만나지 않는 닫힌집합 A와 B에 대하여 다음을 만족하는 연속함수 $f: X \to [0,1]$가 존재한다([그림 8.3.1]).

$$f(A)=\{0\}, \ f(B)=\{1\}$$

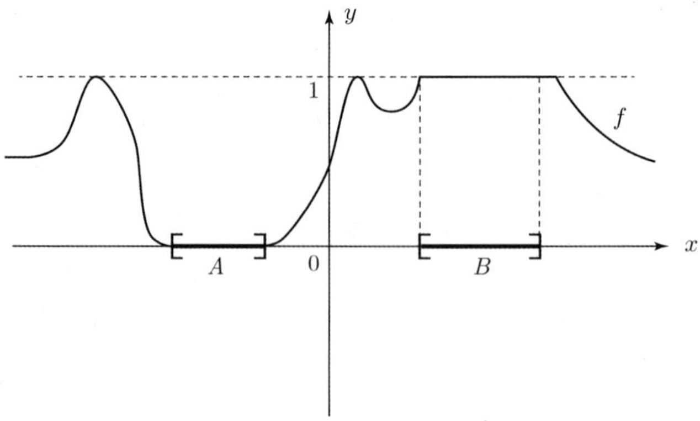

[그림 8.3.1]

이때 A와 B가 연속함수에 의해 분리된다고 한다. 사실

$$U=f^{-1}\left(\left[0,\frac{1}{2}\right)\right), \quad V=f^{-1}\left(\left(\frac{1}{2},1\right]\right)$$

일 때, U와 V는 서로 만나지 않는 각각 A와 B의 열린근방이다. 따라서 다음 따름정리가 성립한다.

따름정리 8.3.2 X가 정규공간일 필요충분조건은 서로 만나지 않는 닫힌집합이 연속함수에 의해 분리되는 것이다.

따름정리 8.3.3 거리위상공간 (X,d)의 서로 만나지 않는 임의의 닫힌집합 A와 B는 연속함수에 의해 분리된다.

증명 [정리 8.2.4]에 의해 거리위상공간은 항상 정규공간이다. 따라서 [정리 8.3.1]에 의해 따름정리의 결과가 성립한다. 사실 이 경우에는 위의 [정리 8.3.1]을 이용하지 않고 다음과 같이 정의된 함수를 이용해도 된다.

$$f(x) = \frac{d(x,A)}{d(x,A)+d(x,B)}$$

일 때, f는 연속함수이고 $0 \le f \le 1$이다. 또한 $f(A)=\{0\}$이고 $f(B)=\{1\}$이다. □

정칙공간에서는 일반적으로 우리손의 보조정리가 성립하지 않는다.

정의 8.3.4 X가 T_1-공간이고 임의의 $x \in X$와 x와 만나지 않는 임의의 닫힌집합 A에 대하여 다음과 같은 연속함수 $f : X \to [0,1]$가 존재할 때, X를 **완전정칙공간**(completely regular space) 또는 **$T_{3\frac{1}{2}}$-공간**이라 한다.

$$f(\{x\}) = \{1\},\ f(A) = \{0\}$$

X가 완전정칙공간이면 정의에 의해,

$$f(x) = 1,\ f(A) = \{0\}$$

을 만족하는 연속함수 $f : X \to [0,1]$가 존재한다. 따라서

$$U = f^{-1}\left(\left[0, \frac{1}{2}\right)\right),\ \ V = f^{-1}\left(\left(\frac{1}{2}, 1\right]\right)$$

일 때, U와 V는 각각 서로 만나지 않는 A와 x의 열린근방이다. 이것은 완전정칙공간은

항상 정칙공간임을 의미한다. 또한 우리손의 보조정리에 의해 정규공간은 완전정칙공간이지만 그 역은 일반적으로 성립하지 않는다. 예를 들어 $\mathbb{R}_l$과 $\mathbb{R}_l^2$은 완전정칙공간이지만 $\mathbb{R}_l^2$는 정규공간이 아니다.

정리 8.3.5 X가 완전정칙공간일 때, A와 B가 서로 만나지 않는 닫힌집합이라고 하자. 이때, A가 컴팩트이면 다음을 만족하는 연속함수 $f: X \to [0,1]$가 존재한다.

$$f(A) = \{0\},\ f(B) = \{1\}$$

증명 X가 완전정칙공간이므로 각각의 $a \in A$에 대하여 다음을 만족하는 연속함수 $h_a : X \to [0,1]$가 존재한다.

$$h_a(a) = 0,\ h_a(B) = \{1\}$$

이때 $U_a = h_a^{-1}([0, \varepsilon)),\ 0 < \varepsilon < 1$이라 놓으면

$$\mathscr{A} = \{ U_a \mid a \in A \}$$

는 A의 열린덮개이다. 한편 A가 컴팩트이므로 $\mathscr{A}$의 유한 부분덮개

$$\mathscr{A}' = \{ U_{a_1}, U_{a_2}, \ldots, U_{a_k} \}$$

이 존재한다. 유한 부분덮개 $\mathscr{A}'$을 이용하여 연속함수 $h: X \to [0,1]$를 다음과 같이 정의하자.

$$h(x) = h_{a_1}(x) \cdot h_{a_2}(x) \cdots h_{a_k}(x),\ x \in X$$

그러면 임의의 $x \in A$에 대하여 $x \in U_{a_i}$인 $U_{a_i} \in \mathscr{A}'$이 존재하므로

$$h(x) = h_{a_1}(x) \cdot h_{a_2}(x) \cdots h_{a_k}(x) \leq 1 \cdot 1 \cdots 1 \cdot \varepsilon \cdot 1 \cdots 1 = \varepsilon$$

이고, 임의의 $x \in B$에 대하여 $h(x) = 1$이다.

마지막으로 함수

$$f: X \to [0,1],\ f(x) = \frac{\max\{h(x), \varepsilon\} - \varepsilon}{1 - \varepsilon}$$

일 때, f는 연속함수이다. 그뿐만 아니라

$$f(A) = \{0\},\ f(B) = \{1\}$$

이 성립한다. □

[정리 8.2.4]에 의해 제2가산공리를 만족하는 정칙공간은 정규공간이고 거리화가능공간은 정규공간이다. 사실 다음 정리가 성립한다.

정리 8.3.6 (우리손의 거리화가능정리, Urysohn metrization theorem) 제2가산공리를 만족하는 정칙공간은 거리화가능공간이다.

예제 8.3.7

비가산 무한집합에 주어진 이산위상에서와 같이 거리화가능공간이 항상 제2가산공리를 만족하는 것은 아니다. 또한 우리손의 거리화가능정리에 의해, 제2가산공리를 만족하는 모든 컴팩트 T_2-공간은 거리화가능공간이다. 또한 컴팩트 거리위상공간은 제2가산공리와 T_2-공리를 만족한다. 따라서 컴팩트인 T_2-공간이 거리화가능일 필요충분조건은 제2가산공리를 만족하는 것이다. 한편 컴팩트인 T_2-공간으로 제2가산공리를 만족하지 않는 예가 존재한다. 예를 들어 $X = \{a,b\}$이고 $\mathfrak{I}_{\text{dis}} = \{\varnothing, X, \{a\}, \{b\}\}$일 때, 비가산 무한집합 J와 $\alpha \in J$에 대하여 $X_\alpha = (X, \mathfrak{I}_{\text{dis}})$라 하자. 이때, 두 개의 원소로 구성된 이산공간 $(X, \mathfrak{I}_{\text{dis}})$를 비가산 무한 번 곱해서 만들어진 곱위상공간 $Y = \prod_{\alpha \in J} X_\alpha$는 컴팩트이고 T_2-공간이지만 첨자집합 J가 비가산 무한집합이므로 Y가 제2가산공리를 만족하지 못한다. □

예제 8.3.8

제2가산공리를 만족하는 T_2-공간이 항상 거리화가능한 것은 아니다. 실제로 $\mathbb{R}_K$는 T_2-공간이고 가산기저

$$\mathscr{B} = \{(a,b),\ (c,d) - K \mid a,b,c,d \in \mathbb{Q},\ a < b,\ c < d\}$$

를 가지고 있어 제2가산공리를 만족한다. 하지만 $\mathbb{R}_K$는 정칙공간이 아니므로 거리화가능공간은 아니다. □

정리 8.3.9 (티체의 확장정리, Tietze extension theorem) X가 정규공간일 때, 임의의 닫힌 부분집합 $A \subset X$에 대하여 다음이 성립한다.

(1) 임의의 연속함수 $f : A \to [0,1]$에 대하여

$$F: X \to [0,1],\ F|_A = f$$

를 만족하는 연속함수 F가 존재한다.

(2) 임의의 연속함수 $f : A \to \mathbb{R}$에 대하여

$$F: X \to \mathbb{R},\ F|_A = f$$

를 만족하는 연속함수 F가 존재한다.

따름정리 8.3.10 티체의 확장정리는 우리손 보조정리를 의미한다.

증명 A와 B가 서로 만나지 않는 임의의 닫힌집합일 때, $A \bigcup B$도 닫힌집합이다. 이때 함수

$$f : A \bigcup B \to [0,1],\ f(x) = \begin{cases} 0, & x \in A, \\ 1, & x \in B \end{cases}$$

는 연속함수이다. 따라서 티체의 확장정리에 의해 연속함수

$$F: X \to [0,1],\ F|_{A \bigcup B} = f$$

가 존재한다. 특히

$$F(x) = 0,\ x \in A \text{이고} \quad F(x) = 1,\ x \in B$$

이다. □

8.3 연습문제

1. 임의의 자연수 k에 대하여 $A_1, A_2, \ldots, A_k$가 정규공간 X의 서로 만나지 않는 닫힌 부분집합일 때, 다음 조건을 만족하는 연속함수 $f : X \to [1,k]$가 존재함을 보여라.

$$f(A_i) = \{i\}, \quad i = 1, 2, \ldots, k$$

2. X가 정규공간일 때, 임의의 서로 다른 $t, s \in X$에 대하여 다음을 만족하는 연속함수 $f : X \to [0,1]$가 존재함을 보여라.

$$0 = f(t) \neq f(s) = 1$$

3. 임의의 정수 $m, n \neq 0$에 대하여

$$B_{m,n} = \{m + kn \mid k \in \mathbb{Z}\}$$

일 때, $\mathscr{B} = \{B_{m,n} \mid m, n(\neq 0) \in \mathbb{Z}\}$라 하자. 이때, 다음 물음에 답하라.

(1) $\mathscr{B}$가 $\mathbb{Z}$상에서 기저가 됨을 보여라.

(2) $B_{m,n}$이 위상공간 $(\mathbb{Z}, \mathfrak{T}_{\mathscr{B}})$에서 닫힌집합임을 보여라.

(3) 위상공간 $(\mathbb{Z}, \mathfrak{T}_{\mathscr{B}})$가 제2가산공리를 만족함을 보여라.

(4) 위상공간 $(\mathbb{Z}, \mathfrak{T}_{\mathscr{B}})$가 정칙공간인지 판별하라.

(5) 위상공간 $(\mathbb{Z}, \mathfrak{T}_{\mathscr{B}})$가 거리화가능인지 판별하라.

■ 부록: 주요 위상공간의 성질

위상공간	성질	Yes/No
여유한위상공간 $\mathbb{R}_f$	T_1-공간	Y
	T_2-공간	N
	연결공간	Y
	길연결공간	Y
	컴팩트공간	Y
	가분공간	Y
	제1가산공리	N
	거리화가능공간	N
여가산위상공간 $\mathbb{R}_c$	T_1-공간	Y
	T_2-공간	N
	연결공간	Y
	길연결공간	N
	컴팩트공간	N
	가분공간	N
	제1가산공리	N
	거리화가능공간	N
K-위상공간 $\mathbb{R}_K$	T_1-공간	Y
	T_2-공간	Y
	연결공간	Y
	길연결공간	N
	컴팩트공간	N
	가분공간	Y
	정칙공간	N
	제2가산공리	Y
	거리화가능공간	N

위상공간	성질	Yes/No
하극한위상공간 $\mathbb{R}_l$	연결공간	N
	컴팩트공간	N
	가분공간	Y
	제1가산공리	Y
	제2가산공리	N
	거리화가능공간	N
	린델뢰프	Y
	정칙공간	Y
	정규공간	Y
곱공간 $\mathbb{R}_l \times \mathbb{R}_l$	린델뢰프	N
	정칙공간	Y
	완전정칙공간	Y
	정규공간	N

■ 참고 문헌

[1] 김진홍(2023). **집합론**, 경문사.

[2] 민경찬, 박진원, 박종서, 조용승 역(2017). **위상수학**, 교우사, J. R. Munkres(2000). **Topology**, Prentice Hall.

[3] 박대희, 안승호(2017). 위상수학, 경문사.

[4] 이흥천 역(2015). 집합론, 경문사, Y.-F. Lin, S.-Y. T. Lin(1974). **Set Theory: An intuitive approach**, Houghton Mifflin Company.

[5] 장영식(2021). 위상수학기초론, 경문사.

[6] 한상언(2021). 위상수학, 경문사.

[7] Y.-F. Lin, S.-Y. T. Lin(1974). **Set Theory: An intuitive approach**, Houghton Mifflin Company.

[8] S. Lipschutz(1985). **Theory and Problems of General Topology: Schaum's outline series**, McGraw-Hill.

[9] J. R. Munkres(2000). **Topology**, Prentice Hall.

[10] C. C. Pinter(1971). **Set Theory**, Addison-Wesley.

■ 찾아보기

저자와의
합의하에
인지를
생략합니다

위상수학 개론 제3판

지은이 김진홍
펴낸이 조경희
펴낸곳 경문사
펴낸날 2019년 3월 5일 1판 1쇄
2023년 10월 31일 3판 1쇄
등 록 1979년 11월 9일 제1979-000023호
주 소 04057, 서울특별시 마포구 와우산로 174
전 화 (02)332-2004 팩스 (02)336-5193
이메일 kyungmoon@kyungmoon.com

값 25,000원

ISBN 979-11-6073-661-8